高等院校电类专业新概念教材·卓越工程师教育丛书

项目驱动
——单片机应用设计基础

周立功　主编
陈明计　王祖麟
朱　旻　王大星　编著

北京航空航天大学出版社

内 容 简 介

以 80C51 单片机为主,通过项目驱动的方法融合相关知识点。内容主要分两部分:第一部分为第 1～4 章,以 SDCC51 编程语言为基础,深入浅出地介绍如何使用嵌入式 C 编程来控制单片机各种外设部件,并给出常用 C 编程算法。第二部分为第 5～7 章,重点介绍 TinyOS51 嵌入式多任务操作系统的基本原理,及其在 80C51 单片机中的实现,并针对同一工程项目给出使用前后台程序和嵌入式多任务操作系统两种不同的编程方法。通过这两种方法的比较,可使读者了解嵌入式多任务操作系统在项目编程中的优势。

本书注重在教学中强化学生的动手训练,强调理论与实践相结合。读者通过本书的学习,可熟练掌握嵌入式 C 的编程方法,并初步掌握嵌入式多任务操作系统的编程知识。

本书可作为大学本科、高职高专电子信息、自动化、机电一体化、计算机等专业的教材,也可作为电子爱好者的自学用书,还可作为从事单片机应用开发工程技术人员的参考资料。

图书在版编目(CIP)数据

项目驱动:单片机应用设计基础 / 周立功主编;
陈明计等编著. -- 北京:北京航空航天大学出版社,
2011.7
 ISBN 978 - 7 - 5124 - 0492 - 2

Ⅰ. ①项… Ⅱ. ①周… ②陈… Ⅲ. ①单片微型计算机－系统设计 Ⅳ. ①TP368.1

中国版本图书馆 CIP 数据核字(2011)第 128115 号

版权所有,侵权必究。

项 目 驱 动
——单片机应用设计基础

周立功　主编

陈明计　王祖麟　　　编著
朱　旻　王大星

责任编辑　李宗华　李开先　刘秉和

*

北京航空航天大学出版社出版发行

北京市海淀区学院路 37 号(邮编 100191)　http://www.buaapress.com.cn
发行部电话:(010)82317024　传真:(010)82328026
读者信箱:bhpress@263.net　邮购电话:(010)82316936
北京时代华都印刷有限公司印装　各地书店经销

*

开本:787×1092　1/16　印张:19　字数:486 千字
2011 年 7 月第 1 版　2014 年 7 月第 2 次印刷　印数:4 001～7 000 册
ISBN 978 - 7 - 5124 - 0492 - 2　定价:33.00 元

若本书有倒页、脱页、缺页等印装质量问题,请与本社发行部联系调换。联系电话:010—82317024

高等院校电类专业新概念教材·卓越工程师教育丛书
编委会

主　编：周立功
编　委：东华理工大学　　　　　　周航慈教授
　　　　北京航空航天大学　　　　夏宇闻教授
　　　　江西理工大学　　　　　　王祖麟教授
　　　　成都信息工程学院　　　　杨明欣教授
　　　　广州致远电子有限公司　　陈明计
　　　　广州致远电子有限公司　　朱　旻

前 言

一、创作起因

从某种意义上来说,当今世界完全处于知识大爆炸的时代,这让我们常常经不起外界的诱惑,大学里课程越开越多,教材越来越厚,而教学课时与实验环节经过压缩之后,却变得越来越少。因而导致培养出来的学生往往是,什么都懂一点,却什么也不精通,解决工程技术问题的能力与实际需求相差甚远。

为了解决教育中存在的问题,作者深入高校开展校企合作,对创新教育进行了积极而有意义的探索。从培养学生创新性思维的角度出发,作者试图从教材创作入手,期望通过项目驱动来融合相关知识点(如数据结构、计算方法、电机控制与检测传感技术等),这就是作者组织创作"高等院校电类专业新概念教材·卓越工程师教育"丛书的原因。

尽管此前作者写过不少畅销的 ARM 嵌入式系统图书,且获得了广大读者的好评,但却不能解决教学中存在的一般性问题。或许本书——《项目驱动——单片机应用设计基础》让人看起来并不起眼,甚至会不屑一顾,但作者认为,对于初学者来说,本书确实具有与众不同的特点,它不仅融合了数据结构、计算方法、直流电机及其功率接口等方面的知识,而且在单片机教学中引入了嵌入式操作系统与程序设计基础的思想。尽管 TinyOS51 是一个基于 80C51 单片机的嵌入式微小内核,但麻雀虽小,五脏俱全。更重要的是,学生能够通过 TinyOS51 真实地了解项目驱动所融合的相关知识点的奥秘和机理。当然,学生仅学习上述内容还不足以全面掌握相关知识点,因此,在后续项目驱动的相关教材中,作者还会根据需要,不断融合更多关键的知识点,以达到卓越计划的教学目标。

二、教学内容的组织安排

之前我们学习的《新编计算机基础教程》[1],是一本初学者入门级教材,也许学生们并没有完全掌握其所有内容,但学习本教材之后,再来回顾《新编计算机基础教程》的相关内容,就会明白什么叫"恍然大悟"。这就同学习游泳一样,不能仅局限于理论学习,边练边学效果则会更好。

本教材按照 56～64 学时的教学内容编写,注重在教学中强化学生的动手训练,强调理论与实践相结合。内容主要分成两大部分,第一部分为第 1～4 章,以 SDCC51 编程语言为基础,深入浅出地介绍如何使用嵌入式 C 编程来控制单片机各种外设部件,并给出常用的 C 编程算法。第二部分为第 5～7 章,重点介绍 TinyOS51 嵌入式多任务操作系统的基本原理,及其在 80C51 单片机中的实现,并针对同一工程项目,给出使用前后台程序和嵌入式多任务操作系统两种不同的编程方法。通过这两种方法的比较,可使学生了解嵌入式多任务操作系统在项目编程中的优势。

前　言

1. 本书第一部分内容

第 1 章——深入理解嵌入式 C。本章是"C 程序设计"课程教学内容的延伸。在传统的单片机教学中几乎都会重复介绍单片机 C 语言。其实，学习新的知识就是要找出单片机 C 语言与"C 程序设计"课程中所介绍的标准 C 语言的差异。因此，本章重点介绍 SDCC51 与标准 C 语言的不同之处，并在此基础上，将 C 语言与汇编语言结合起来学习，从而找出它们之间的关联，破解使用 C 语言编程过程中的疑惑，达到知其然知其所以然的目的。

第 2 章——特殊功能部件与外设。初看起来本章是介绍单片机的特殊功能部件与外设，但其重点在于软件设计。

从事嵌入式软件开发的人员大都是高素质人才，但是有多少人每年能真正完成年初定下的工作计划呢？虽然看起来任何人都会编写代码，但作者从创办企业以来，深深地体会到，在现实生活中，只有真正的专家，才可能通过各种各样的方法设计出质量高、不超过预算并能按时提交的软件。

本章以作者多年来积累的方法和经验为基础，以可移植代码为载体，从实战的角度出发，重点阐述嵌入式软件的设计思想和方法，重在建立开发平台，为软件复用做好充分的准备，帮助初学者迅速跨越基于前后台程序与操作系统编程的鸿沟；通过大量 C 程序设计范例，以作者对 C 语言的理解，对关键知识点进行深入浅出的阐述。上述内容是本书最大特色，非常有助于学生全面深入地理解和掌握 C 程序设计方法。

本书初步介绍了软件分层设计的思想，但由于篇幅所限，有关实现分层设计与系统抽象、降低耦合度，以及使接口与实现相隔离等重要手段，则无法一一展开阐述，有待于作者在新的专著中进一步阐述。

第 3 章——数据结构与计算方法初步。本章重在引导学生入门，使其对数据结构与计算方法能有所了解，并在实战中自觉地学习并强化这方面的知识。

第 4 章——保险箱密码锁控制器（方案一）。安排本章的目的，在于引导学生在入门阶段就掌握构建软件平台的方法，学会尽量避免每次都从头开始编程，尽量复用以前编写的代码，以最快的速度进入项目驱动实战阶段。

2. 本书第二部分内容

第 5 章——TinyOS51 嵌入式操作系统微小内核。本章介绍一个全部使用 C 语言编写的开源微小内核 TinyOS51，希望学生通过学习 TinyOS51 的实现机理，对实时操作系统有所了解。学生有了这些基础之后，再学习高级操作系统就会感到"得心应手"。

第 6 章——程序设计基础。本章介绍基于操作系统的应用程序设计基础。学生之前对 TinyOS51 理解得或许还不到位，学习本章之后，再回头来复习 TinyOS51，感觉就会完全不一样。

第 7 章——保险箱密码锁控制器（方案二）。本章与第 4 章针对的是同一工程项目，而且项目设计的功能要求与第 4 章也完全一样。但本章是基于 TinyOS51 实现的，采用的是不同的编程方法。希望学生通过对第 4 章和本章分别基于"裸机"与"操作系统"的应用程序设计方法的比较，能够深刻体会两种方法的特点和优劣所在。本章大部分内容以复用前面成熟的代码为主，而且层次更加清晰。希望通过第 4 章及本章对保险箱密码锁控制器这一工程项目的设计，使学生体会到程序设计之美，从而打开通向未来之路的大门。

学生如果能够掌握以上内容和关键知识点,就具备了自学任何一种微处理器的能力。

三、更多的资源

事实上,如果仅局限于教材本身的内容,或完全依靠教师在规定学时之内传授的知识,对于学生来说则是远远不够的。学生应当根据自己的兴趣、时代的发展要求以及现有的条件,强化课外的学习。有很多与本书密切相关的参考资料,感兴趣的学生,请到"周立功单片机"网站www.zlgmcu.com"创新教育"专栏中下载。

四、寄语新一代

人们时常问我:"是什么力量让你坚持不懈地学习?"我曾经是一名技校毕业生,从1981年开始涉足电类领域,至今已过去30年。尽管奋斗过程中备尝艰辛,但我深深地体会到,学习专业知识是一个不断自我完善的过程。从某种意义上来说,学习的过程就是一个人不断认识自己、了解自己和超越自己的过程,同时也是对人生思考的过程。尽管人类渴望对知识能够自由地发挥和运用,但最终可能仅有极少数人达到与众不同的境界。虽然很多外来因素会束缚我们的思想与行为,但如果我们努力坚持,放眼未来,埋头苦干,专注于贡献而不是成就,我们就一定能够成功。

本书提供给学生的仅仅是一种训练方法,最终都要落实于实践,我们只有在实践和创新中才能不断地进步。对于每一个学生来说,我相信,无论你有什么样的目标和追求,本书都会对你的成长之路有所启迪。

五、面向对象

本书最早是为电类专业(包括电子信息工程、电气自动化、自动化、电子科学与技术、测控技术、通信、医学电子、机电一体化等专业)编写的。随着嵌入式技术的高速发展,本书内容也成为计算机等相关专业教学内容的基础。因此,本书不仅适用于电类专业,同样也适用于计算机科学与技术、计算机应用与软件工程等专业。

六、结束语

本书由江西理工大学的周立功教授和王祖麟教授、广州致远电子有限公司的陈明计、朱旻与王大星历时3年的构思与实践,联合创作而成,是"高等院校电类专业新概念教材·卓越工程师教育"丛书中的第二册,由周立功担任本书主编,负责全书内容的组织策划、构思设计、修改完善以及最终的审核定稿。

面对传统的教学体制,教改之路依然困难重重。作者经过6年的艰苦实践和试点,在江西理工大学、成都信息工程学院、西安邮电学院、长沙理工大学、宁波大学、南华大学、东华理工大学、东北林业大学、广东工业大学和韶关学院的领导和教师们的大力支持下,终于迈出了关键性的一步,并且取得了明显的效果,在此向上述高校的领导和教师们一并表示感谢。

也感谢每一个影响了我个人之路和奋斗目标的人。尤其是何立民教授,您在我人生初期就帮助我找到了奋斗的方向,从而改变了我的一生。感谢陈章龙教授,您总是为我把握未来的方向,并前瞻性地及时纠正我在前进过程中出现的偏差。感谢周航慈教授与邵贝贝教授,你们是我学习的榜样,始终亦师亦友地指导我的学习和工作。感谢王祖麟教授,10年来您一直与

前言

我风雨同舟，共同探索工程教育创新之路，面对各种挑战披荆斩棘、勇往直前。您深受学生们的爱戴，作为全国模范教师您是当之无愧的。感谢我的爷爷，您在我很小的时候就预言并使我坚信，我能够实现梦想。感谢我的太太，你是我生命中的挚爱，感谢你长期以来对我"不务正业"的支持和信任，祝愿我们的未来更加美好。

本书是作者从业 30 多年的工作总结，难免会有许多不足之处，读者若有意见和建议，欢迎给我写信(zlg3@zlgmcu.com)，作者期盼着与你们的交流。

周立功
2011 年 2 月 25 日

目　录

第1章　深入理解嵌入式 C 1
1.1　概　述 1
　　1.1.1　特　性 1
　　1.1.2　引脚排列与描述 2
　　1.1.3　特殊功能寄存器 4
1.2　单片机最小系统与开发工具 5
　　1.2.1　Tiny51 核心模块 5
　　1.2.2　复位电路 5
　　1.2.3　晶体振荡电路 7
　　1.2.4　单片机在线仿真与编程 7
1.3　SDCC 扩展 9
　　1.3.1　SDCC 简介 9
　　1.3.2　应用示例 10
　　1.3.3　关键字与数据类型 14
1.4　存储器类语言 15
　　1.4.1　存储类型 15
　　1.4.2　存储模式 17
　　1.4.3　特殊功能寄存器数据类型 18
　　1.4.4　位数据类型 18
　　1.4.5　存储器绝对寻址 18
　　1.4.6　指　针 19
1.5　函　数 21
　　1.5.1　函数参数和局部变量 21
　　1.5.2　覆　盖 22
　　1.5.3　使用专用寄存器组 23
1.6　深入理解嵌入式 C 23
　　1.6.1　概　述 23
　　1.6.2　方　法 24
　　1.6.3　函数调用与参数传递 24
　　1.6.4　函数返回 29
　　1.6.5　局部变量存储 31
1.7　经典范例程序设计 35
　　1.7.1　LED 流水灯范例 35

目 录

1.7.2	蜂鸣器驱动范例	36
1.7.3	数码管动态扫描显示驱动范例	38
1.7.4	键盘动态扫描驱动范例	49

第 2 章 特殊功能部件与外设 ... 55

- 2.1 中断系统 ... 55
  - 2.1.1 中断概念 ... 55
  - 2.1.2 80C51 的中断结构 ... 56
  - 2.1.3 相关寄存器 ... 57
  - 2.1.4 中断向量 ... 58
  - 2.1.5 中断操作 ... 58
  - 2.1.6 使能和禁止中断 ... 63
- 2.2 定时/计数器 ... 64
  - 2.2.1 相关寄存器 ... 66
  - 2.2.2 定时/计数器模式 ... 68
  - 2.2.3 定时器查询延时 ... 72
  - 2.2.4 定时器中断延时 ... 75
  - 2.2.5 无源蜂鸣器驱动程序 ... 78
  - 2.2.6 数码管动态扫描演示程序 ... 82
  - 2.2.7 测量负脉冲 ... 83
- 2.3 看门狗 ... 85
  - 2.3.1 看门狗的作用 ... 85
  - 2.3.2 看门狗的工作原理 ... 85
  - 2.3.3 看门狗定时器的结构 ... 87
  - 2.3.4 寄存器描述 ... 88
  - 2.3.5 看门狗周期值设置 ... 88
  - 2.3.6 应用示例 ... 89
- 2.4 I^2C 总线及其驱动程序 ... 91
  - 2.4.1 I^2C 简介 ... 91
  - 2.4.2 决 策 ... 91
  - 2.4.3 软件接口 ... 92
  - 2.4.4 基本时序代码 ... 94
  - 2.4.5 外部接口代码 ... 99
  - 2.4.6 E^2PROM 读/写范例 ... 103
  - 2.4.7 CAT1024 驱动程序 ... 105
  - 2.4.8 温度的测量 ... 108
- 2.5 串行口及其驱动程序 ... 110
  - 2.5.1 硬件基础 ... 110
  - 2.5.2 决 策 ... 115
  - 2.5.3 软件接口 ... 116

  2.5.4 初始化 ··· 117
  2.5.5 发送数据 ··· 119
  2.5.6 接收数据 ··· 121
  2.5.7 测试用例 ··· 123

第3章 数据结构与计算方法初步 ··· 126
 3.1 简单阈值控制算法 ·· 126
  3.1.1 算法原理 ··· 127
  3.1.2 应用实例 ··· 129
 3.2 循环队列 ·· 130
  3.2.1 队列的逻辑结构和基本运算 ·· 130
  3.2.2 队列的存储结构 ·· 131
  3.2.3 循环队列的运算 ·· 133
 3.3 常用检错算法 ·· 134
  3.3.1 奇偶校验 ··· 134
  3.3.2 和校验 ·· 135
  3.3.3 循环冗余校验 ··· 136
 3.4 应用实例 ·· 140
  3.4.1 Hex 文件 ··· 140
  3.4.2 通信编程 ··· 141

第4章 保险箱密码锁控制器（方案一） ··· 147
 4.1 概　述 ·· 147
  4.1.1 保险箱 ·· 147
  4.1.2 锁芯机械结构 ··· 147
  4.1.3 密码锁控制器 ··· 148
  4.1.4 密码锁工作原理 ·· 149
 4.2 准备工作 ·· 149
  4.2.1 概　述 ·· 149
  4.2.2 使用说明 ··· 149
  4.2.3 硬件概要设计 ··· 150
  4.2.4 软件概要设计 ··· 151
 4.3 硬件驱动设计 ·· 152
  4.3.1 延时驱动 ··· 152
  4.3.2 锁驱动 ·· 155
  4.3.3 可复用的硬件驱动 ··· 157
 4.4 虚拟驱动设计 ·· 157
  4.4.1 虚拟锁驱动 ·· 157
  4.4.2 虚拟键盘驱动 ··· 159
  4.4.3 虚拟蜂鸣器驱动 ·· 164
  4.4.4 虚拟显示器驱动 ·· 166

目　录

  4.4.5　虚拟存储器驱动 …………………………………………………… 166
 4.5　主程序设计 …………………………………………………………………… 168
  4.5.1　准备工作 …………………………………………………………… 168
  4.5.2　编写代码 …………………………………………………………… 170
 4.6　直流电机及其功率接口 ……………………………………………………… 175
  4.6.1　概　述 ……………………………………………………………… 175
  4.6.2　直流电机的工作原理 ………………………………………………… 176
  4.6.3　直流电机的单向驱动 ………………………………………………… 176
  4.6.4　直流电机的双向驱动 ………………………………………………… 179

第 5 章　TinyOS51 嵌入式操作系统微小内核 ………………………………… 185

 5.1　基础知识 ……………………………………………………………………… 185
  5.1.1　概　述 ……………………………………………………………… 185
  5.1.2　＜setjmp.h＞头文件 ………………………………………………… 189
  5.1.3　变量命名规则 ………………………………………………………… 192
  5.1.4　范例分析 …………………………………………………………… 193
  5.1.5　setjmp 与 longjmp 的实现 …………………………………………… 195
 5.2　最简单的多任务模型 ………………………………………………………… 199
  5.2.1　双任务切换模型 ……………………………………………………… 199
  5.2.2　待解决的问题 ………………………………………………………… 200
  5.2.3　setTaskJmp()的实现 ………………………………………………… 201
  5.2.4　任务切换模型范例分析 ……………………………………………… 202
 5.3　协作式多任务操作系统 ……………………………………………………… 205
  5.3.1　整体规划 …………………………………………………………… 205
  5.3.2　任务控制块 ………………………………………………………… 208
  5.3.3　内部变量初始化 ……………………………………………………… 209
  5.3.4　创建任务 …………………………………………………………… 210
  5.3.5　启动多任务环境 ……………………………………………………… 212
  5.3.6　任务切换 …………………………………………………………… 212
  5.3.7　删除任务 …………………………………………………………… 214
  5.3.8　小　结 ……………………………………………………………… 214
 5.4　时间片轮询多任务操作系统 ………………………………………………… 215
  5.4.1　概　述 ……………………………………………………………… 215
  5.4.2　整体规划 …………………………………………………………… 216
  5.4.3　任务控制块 ………………………………………………………… 218
  5.4.4　内部变量初始化 ……………………………………………………… 218
  5.4.5　创建任务 …………………………………………………………… 218
  5.4.6　启动多任务环境 ……………………………………………………… 220
  5.4.7　任务调度 …………………………………………………………… 220
  5.4.8　时钟节拍中断 ………………………………………………………… 221

5.4.9　longjmpInIsr() ……………………………………………… 222
　　5.4.10　任务延时 ……………………………………………………… 223
　　5.4.11　删除任务 ……………………………………………………… 224
5.5　信号量 ………………………………………………………………… 225
　　5.5.1　概　述 ………………………………………………………… 225
　　5.5.2　整体规划 ……………………………………………………… 226
　　5.5.3　任务控制块 …………………………………………………… 228
　　5.5.4　内部变量初始化 ……………………………………………… 230
　　5.5.5　信号量定义 …………………………………………………… 230
　　5.5.6　创建信号量 …………………………………………………… 230
　　5.5.7　获得信号量 …………………………………………………… 232
　　5.5.8　发送信号量 …………………………………………………… 234
　　5.5.9　删除任务 ……………………………………………………… 235
5.6　消息邮箱 ……………………………………………………………… 236
　　5.6.1　概　述 ………………………………………………………… 236
　　5.6.2　整体规划 ……………………………………………………… 236
　　5.6.3　任务标志与消息邮箱 ………………………………………… 239
　　5.6.4　创建消息邮箱 ………………………………………………… 239
　　5.6.5　获得消息 ……………………………………………………… 240
　　5.6.6　发送消息 ……………………………………………………… 242

第6章　程序设计基础 …………………………………………………… 245

6.1　任务设计 ……………………………………………………………… 245
　　6.1.1　任务的分类 …………………………………………………… 245
　　6.1.2　任务的划分 …………………………………………………… 247
6.2　系统函数使用概述 …………………………………………………… 247
　　6.2.1　系统函数总览 ………………………………………………… 247
　　6.2.2　中断服务程序调用函数的限制 ……………………………… 248
　　6.2.3　系统函数的分类 ……………………………………………… 248
6.3　系统函数的使用场合 ………………………………………………… 248
　　6.3.1　时间管理 ……………………………………………………… 248
　　6.3.2　资源同步 ……………………………………………………… 250
　　6.3.3　行为同步 ……………………………………………………… 250
6.4　时间管理 ……………………………………………………………… 251
6.5　临界区 ………………………………………………………………… 253
6.6　信号量 ………………………………………………………………… 254
　　6.6.1　简　介 ………………………………………………………… 254
　　6.6.2　信号量的工作方式 …………………………………………… 255
　　6.6.3　任务同步中断服务程序 ……………………………………… 256
　　6.6.4　任务间同步 …………………………………………………… 257

目 录

6.6.5 资源同步 ·· 259
6.7 消息邮箱 ·· 260
 6.7.1 简 介 ·· 260
 6.7.2 消息邮箱的工作方式 ································· 261
 6.7.3 中断服务程序与任务通信 ·························· 261
 6.7.4 任务间数据通信 ······································· 263

第7章 保险箱密码锁控制器(方案二) ··············· 266
7.1 软件开发流程 ·· 266
7.2 决 策 ·· 267
 7.2.1 概 述 ·· 267
 7.2.2 总体目标 ·· 267
 7.2.3 使用说明 ·· 267
 7.2.4 限制条件 ·· 267
 7.2.5 具体开发目标 ·· 268
 7.2.6 其他决策内容 ·· 268
7.3 模块划分 ·· 269
 7.3.1 概 述 ·· 269
 7.3.2 硬件层 ··· 269
 7.3.3 设备驱动层 ··· 269
 7.3.4 虚拟设备层 ··· 270
 7.3.5 应用层 ··· 270
7.4 接口定义 ·· 270
 7.4.1 密码的输出、存储与显示 ·························· 270
 7.4.2 应用层接口 ··· 270
 7.4.3 虚拟设备层接口 ······································· 271
 7.4.4 设备驱动层接口 ······································· 272
7.5 编写代码 ·· 272
 7.5.1 概 述 ·· 272
 7.5.2 可复用的驱动 ·· 273
 7.5.3 I^2C 驱动 ·· 273
 7.5.4 CAT1024 驱动 ·· 274
 7.5.5 虚拟键盘驱动 ·· 275
 7.5.6 虚拟蜂鸣器驱动 ······································· 278
 7.5.7 人机交互程序 ·· 280
 7.5.8 主程序 ··· 284
7.6 测试、验收与小结 ·· 286

参考文献 ·· 287

第 1 章

深入理解嵌入式 C

> **本章导读**
>
> 单片机的 C 语言是在标准 C 语言的基础上扩展而成的,在此我们仅需学习与单片机紧密关联的扩展部分,即可达到快速掌握 C51 高级语言的目的。
>
> 事实上,在学习"C 程序设计"课程的过程中,我们还有很多疑惑没有得到清晰的答案,因此本章将结合《新编计算机基础教程》[1]所学的汇编语言,进一步深入到软硬件底层,以达到知其然知其所以然的目的。

1.1 概 述

1.1.1 特 性

P89V51RB2 是一款由美国 NXP 半导体公司(原 Philips 公司半导体部)提供的增强型 80C51 微控制器,包含 16 KB Flash 程序存储器和 1 KB 数据 RAM,且在功能上完全覆盖标准 80C51 系列单片机,其内部功能框图详见图 1.1。

P89V51RB2 的典型特性是它的 X2 方式选项,其应用程序既可以传统的 80C51 时钟频率(每个机器周期包含 12 个时钟)运行,也可以 X2 方式的时钟频率(每个机器周期包含 6 个时钟)运行。如果选择 X2 方式,则可在相同时钟频率下获得 2 倍的吞吐量;如果将时钟频率减半,将依然保持特性不变,且可极大地降低电磁干扰 EMI(Electromagnetic Iterference),功耗也会大大降低。

Flash 程序存储器支持并行编程、串行在系统编程 ISP(In System Programming)和在程序运行中编程 IAP(In Application Programming)3 种方式。并行编程方式适用于大批量用户,如使用 SmartPRO T9000-Plus 量产型高速通用编程器,可大大提高编程的速度和可靠性;串行在系统编程 ISP 允许对单片机在板重复编程,该方式非常适合产品开发和小批量试产;在程序运行中编程 IAP,允许随时对正在运行的 Flash 程序存储器升级。P89V51RB2 主要特性如下:

➢ 80C51 内核,5 V 工作电压,工作频率为 0~40 MHz;
➢ 16 KB 片内 Flash 存储器,1 KB 片内 SRAM;
➢ 通过软件或 ISP 选择支持 12 时钟(默认)或 6 时钟模式;

第 1 章 深入理解嵌入式 C

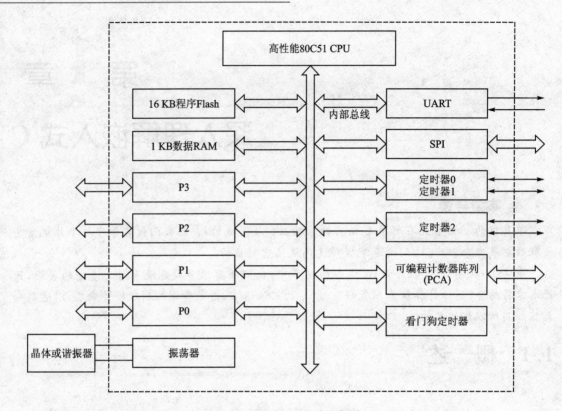

图 1.1 P89V51RB2 功能框图

- SPI 串行通信接口和增强型 UART；
- PCA（可编程计数器阵列），具有 PWM 和捕获/比较功能；
- 4 个 8 位 I/O 口,含有 3 个高电流 P1 口（每个 I/O 口的电流为 16 mA）；
- 8 个中断源，4 个中断优先级，3 个 16 位定时/计数器，1 个可编程看门狗定时器（WDT）；
- 2 个 DPTR 寄存器；
- 低 EMI 方式（ALE 禁止），并兼容 TTL 和 CMOS 逻辑电平；
- 具有掉电检测功能和低功耗模式：由外部中断唤醒的掉电模式和空闲模式；
- 具有 3 种封装，分别为 DIP、QFP 和 PLCC。

1.1.2 引脚排列与描述

P89V51RB2 除了 V_{CC}、GND、XTAL1、XTAL2、ALE、$\overline{PSEN}$、$\overline{EA}$ 等功能引脚之外，可用的 GPIO 多达 32 个。如图 1.2 所示为 P89V51RB2 DIP 封装的引脚排列图。表 1.1 详细描述了 P89V51RB2 相关引脚的功能特性。

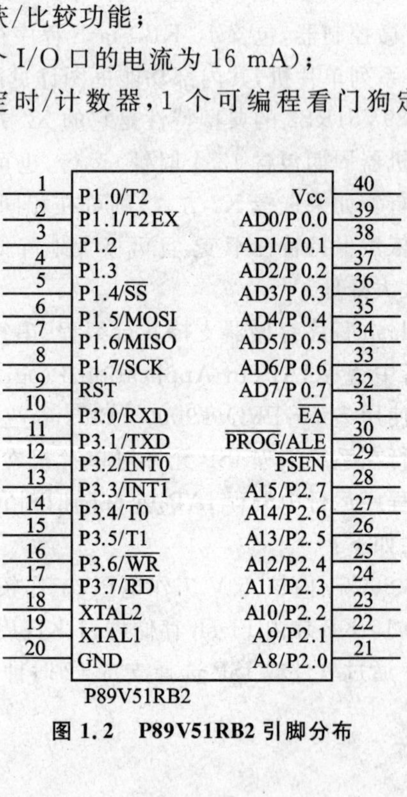

图 1.2 P89V51RB2 引脚分布

表 1.1　P89V51RB2 引脚描述

符号	DIP-40 引脚	类型	描述
P0.0～P0.7	32～39	I/O	P0口：开漏双向 I/O 口。当写入"1"时，P0 口悬浮，可用做高阻态输入。当访问外部程序和数据存储器时，P0 口复用为低 8 位地址/数据总线。P0 口用做通用 I/O 口时，均须连接外部上拉电阻
P1.0～P1.7	1～8	I/O	P1口：带内部上拉的 8 位双向口。当写入"1"时，P1 被内部上拉拉高，可用做输入。当用做输入时，由于内部上拉的存在，P1 口被外部器件拉低时将吸收电流(IIL)。此外 P1.5，P1.6，P1.7 还有 16 mA 的高电流驱动能力
P2.0～P2.7	21～28	I/O	P2口：带内部上拉的 8 位双向口。当写入"1"时，P2 被内部上拉拉高，可用做输入。当用做输入时，由于内部上拉的存在，P2 口被外部器件拉低时将吸收电流(IIL)。当从外部程序存储器取指或访问 16 位地址的外部数据存储器时，P2 口发送高位地址
P3.0～P3.7	10～17	I/O	P3口：带内部上拉的 8 位双向口。当写入"1"时，P3 被内部上拉拉高，可用做输入。当用做输入时，由于内部上拉的存在，P3 口被外部器件拉低时将吸收电流(IIL)
P3.0	10	I	RXD：串行口输入
P3.1	11	O	TXD：串行口输出
P3.2	12	I	$\overline{INT0}$：外部中断 0 输入
P3.3	13	I	$\overline{INT1}$：外部中断 1 输入
P3.4	14	I	T0：定时/计数器 0 的外部计数输入
P3.5	15	I	T1：定时/计数器 1 的外部计数输入
P3.6	16	O	$\overline{WR}$：外部数据存储器写选通信号
P3.7	17	O	$\overline{RD}$：外部数据存储器读选通信号
$\overline{PSEN}$	29	I/O	$\overline{PSEN}$：外部程序存储器的读选通信号。当执行内部程序存储器的程序时，$\overline{PSEN}$ 无效(高电平)；当执行外部程序存储器的程序时，每个机器周期内 $\overline{PSEN}$ 2 次有效，但当访问外部数据存储器时，2 个有效 $\overline{PSEN}$ 脉冲将被跳过
RESET	9	I	复位：当振荡器工作时，该引脚上 2 个机器周期的高电平逻辑状态将使器件复位，RESET 也常简写为 RST
$\overline{EA}$	31	I	外部访问使能：$\overline{EA}$ 引脚可承受 12 V 的高压。若要从外部程序存储器取指，则 $\overline{EA}$ 必须与 Vss 相连；若要执行内部程序存储器的程序，则 $\overline{EA}$ 必须与 Vcc 相连
ALE	30	I/O	地址锁存使能：ALE 是一个输出信号，当访问外部存储器时，将地址低字节锁存。通常 ALE[1] 以 1/6 的振荡频率[2] 输出，可用作外部定时或外部时钟。当每次访问外部数据存储器时，总有一个 ALE 脉冲被跳过
XTAL1	19	I	晶振 1：反相振荡放大器的输入和内部时钟发生电路的输入
XTAL2	18	O	晶振 2：反相振荡放大器的输出

续表 1.1

符 号	DIP-40 引脚	类 型	描 述
Vcc	40	I	电源
GND	20	I	地

注：(1) ALE 负载：如果复位时 ALE 引脚驱动较大的负载(>30 pF)，微控制器可能进入正常工作模式以外的其他工作模式，解决的方法是在引脚上(如 ALE 引脚)增加一个连接到 Vcc 的 3~50 kΩ 的上拉电阻。
(2) 在 6 时钟模式下，ALE 信号以 1/3 振荡频率输出。

1.1.3 特殊功能寄存器

对于标准 80C51 而言，寄存器 IP、IE、TMOD、TCON、SCON、PCON 包含中断系统、定时/计数器，以及串行口的相关控制位和状态位，如表 1.2 所列为 P89V51RB2 的常用特殊功能寄存器(SFR)。

表 1.2　SFR 列表

名 称	定 义	地址	位功能和位地址								复位值
ACC*	累加器	E0H	E7	E6	E5	E4	E3	E2	E1	E0	00H
AUXR#	辅助功能寄存器	8EH	—	—	—	—	—	—	—	A0	xxxxxxx0B①
AUXR1#	辅助功能寄存器 1	A2H	—	—	—	—	—	GF2	0	—	DPS	02H①
B*	B 寄存器	F0H	F7	F6	F5	F4	F3	F2	F1	F0	00H
DPTR	数据指针(双字节)										
DPH	指针高字节	83H									00H
DPL	指针低字节	82H									00H
IE*	中断使能	A8H	AF	AE	AD	AC	AB	AA	A9	A8	0x000000B
			EA	—	ET2	ES	ET1	EX1	ET0	EX0	
IP*	中断优先级	B8H	BF	BE	BD	BC	BBB	BA	B9	B8	xx000000B
			—	—	PT2H	PSH	PT1H	PX1H	PT0H	PX0H	
IPH#	中断优先级高字节	B7H	B7	B6	B5	B4	B3	B2	B1	B0	xx000000B
			—	—	PT2H	PSH	PT1H	PX1H	PT0H	PX0H	
P0*	P0 口	80H	87	86	85	84	83	82	81	80	FFH
			AD7	AD6	AD5	AD4	AD3	AD2	AD1	AD0	
P1*	P1 口	90H	97	96	95	94	93	92	91	90	FFH
			—	—	—	—	—	—	T2EX	T2	
P2*	P2 口	A0H	A7	A6	A5	A4	A3	A2	A1	A0	FFH
			AD15	AD14	AD13	AD12	AD11	AD10	AD9	AD8	
P3*	P3 口	B0H	B7	B6	B5	B4	B3	B2	B1	B0	FFH
			RD	WR	T1	T0	$\overline{INT1}$	$\overline{INT0}$	TxD	RxD	
PCON#①	电源控制寄存器	87H	SMOD1	SMOD0	—	POF②	GF1	GF0	PD	IDL	00xxx000B
PSW*	程序状态字	D0H	D7	D6	D5	D4	D3	D2	D1	D0	000000x0B
			CY	AC	F0	RS1	RS0	OV	—	P	
RACAP2H#	定时器 2 捕获高字节	CBH									00H
RACAP2L#	定时器 2 捕获低字节	CAH									00H
SADDR#	从地址	A9H									00H

续表 1.2

名称	定义	地址	位功能和位地址								复位值
SADEN#	从地址屏蔽	B9H									00H
SBUF	串行口数据缓冲区	99H									xxxxxxxxB
SCON*	串行口控制	98H	9F	9E	9D	9C	9B	9A	99	98	00H
			SM0/FE	SM1	SM2	REN	TB8	RB8	TI	RI	
SP	堆栈指针	81H									07H
TCON*	定时器控制	88H	8F	8E	8D	8C	8B	8A	89	88	00H
			TF1	TR1	TF0	TR0	IE1	IT1	IE0	IT0	
T2CON*	定时器2控制	C8H	8F	8E	8D	8C	8B	8A	89	88	00H
			TF2	EXF2	RCLK	TCLK	EXEN2	TR2	C/$\overline{T2}$	CP/$\overline{RL2}$	
T2MOD#	定时器2模式控制	C9H	—	—	—	—	—	—	T2OE	DCEN	xxxxxx00B
TH0	定时器0高字节	8CH									00H
TH1	定时器1高字节	8DH									00H
TH2#	定时器2高字节	CDH									00H
TL0	定时器0低字节	8AH									00H
TL1	定时器1低字节	8BH									00H
TL2#	定时器2低字节	CCH									00H
TMOD	定时器模式	89H	GATE	C/$\overline{T}$	M1	M0	GATE	C/$\overline{T}$	M1	M0	00H

注：① 复位值由复位源确定；② 此位不受复位影响。

带"*"号的 SFR 可位寻址。带"#"号的 SFR 表示从 80C51 的 SFR 修改而来或新增加的。

"—"表示保留位。

1.2 单片机最小系统与开发工具

1.2.1 Tiny51 核心模块

如图 1.3 所示是基于 P89V51RB2 单片机的 Tiny51 最小系统电路图，其中，EA 接高电平，即选用内部 Flash 存储器；CAT1025 为内置 I^2C 总线与 256 字节 E^2PROM 存储器的复位监控器件；S11 为手动 RST 复位键；S1 为 KEY1 独立按键；P1.0 和 P1.1 外接 10 kΩ 上拉电阻，可分别用作模拟 I^2C 总线的 SCL 时钟信号线和 SDA 数据信号线，以方便扩展具有 I^2C 接口的外围器件；P0 口外接 8 个 10 kΩ 上拉电阻。所有 I/O 口均可引出，以方便用户扩充外围器件。此外，还有必需的晶体振荡电路、ISP 下载接口和 LED 来电显示发光二极管。

1.2.2 复位电路

如图 1.4 所示为使用 CAT1025 构成的单片机复位电路。当 P1.0、P1.1 需要作为第二功能使用时，则可以断开"0 电阻"。$\overline{RST}$ 引脚必须外接上拉电阻，RST 必须外接下拉电阻。其中 CAT1025 的 $\overline{MR}$ 引脚通过按键与 GND 连接。当 RST 按下时，整个系统处于复位状态。

除了类似 CAT1025 这样的多功能复位器件之外，还有仅具有复位功能的监控器件，比如，CAT809（低电平复位）与 CAT810（高电平复位），以及集成 WDT 看门狗的监控器件，还有

第1章 深入理解嵌入式 C

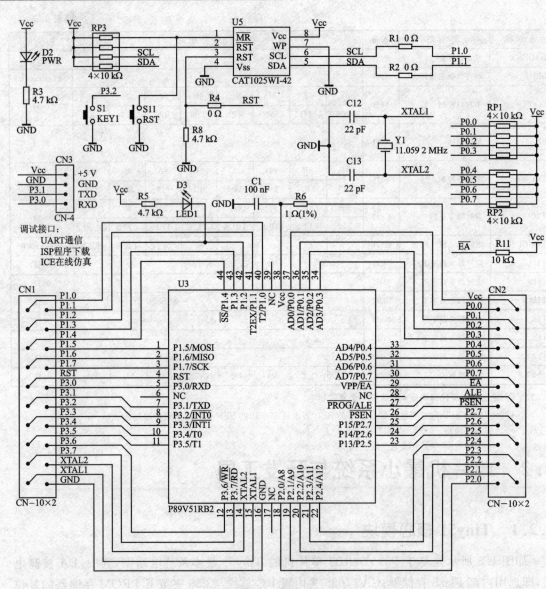

图 1.3 Tiny51 最小系统电路图

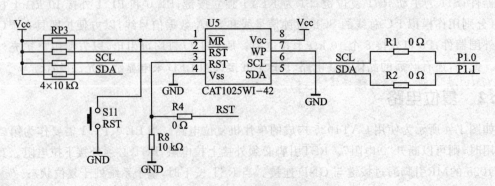

图 1.4 单片机复位电路

在 LDO 内部集成复位功能的器件，比如 SP6201，因此可根据具体的要求选择性价比更高的复位器件来保证系统的可靠性。

1.2.3 晶体振荡电路

标准 80C51 单片机有多种时钟输入方式，如图 1.5 所示，通过单片机的 XTAL1、XTAL2 引脚外接晶体谐振器及补偿电容，配合芯片内部反相器电路产生时钟源，为 MCU 提供稳定可靠的时钟信号。之所以选用 11.0592 MHz 晶振，是因为其频率可以被 16 整除，从而保证计算串行口波特率不会产生误差，即为串行口通信提供了精准的时钟源，支持高达 57 600 的波特率。

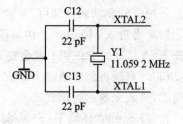

图 1.5 晶振电路

1.2.4 单片机在线仿真与编程

1. 概 述

SDCC（Small Device C Compiler）是专为 8 位单片机开发的免费 C 语言编译器，支持 80C51 系列单片机的编译与调试。广州致远电子有限公司历时多年开发的一款功能强大的集成开发环境 TKStudio IDE 支持 SDCC，不仅可以在 TKStudio 中创建工程、编辑和编译程序，而且还可以通过 TKStudio 对 P89V51RB2 实现在线仿真与 ISP 下载编程。因此，掌握 TKStudio 的使用方法对学习单片机的编程，甚至对于将来的产品开发都有很大的帮助。

TKStudio IDE 集成开发环境是一款具有强大内置编辑器的多内核编译/调试环境，支持 80C51、ARM7、ARM9、ARM11、XScale、Cortex－M0、Cortex－M1、Cortex－M3、Cortex－M4、Cortex－A8、Cortex－A9、Cortex－R4 及 AVR 等更多的内核，可以完成从工程建立和管理，到编译、链接、目标代码生成及软件仿真功能，通过连接 TKScope 系列仿真器实现实时硬件仿真等完整的开发流程。TKStudio IDE 内置多种调试工具软件，比如，串行口调试助手、μC/OS－II 调试插件、文件比较器、图片字模助手、数据转换工具、ASCII 码查询工具、文件捆绑/转换工具、波特率计算器、配置信息编辑工具与 K－Flash 在线编程软件，而且由单一的工具链 KEIL C51 发展到 SDCC 51、ADS ARM、GCC ARM、Realview MDK、IAR ARM、AVR GCC、IAR AVR。通过多年的技术积累和攻关，TKStudio IDE 全球首创在 Windows 环境下调试嵌入式 Linux 操作系统内核、驱动与应用层软件。

TKStudio 软件自带 SDCC 工具链，按照提示安装好后即可在"安装目录\Build\SDCC\bin"目录下看到 SDCC 的各个工具文件了。

2. Tiny－ICE 仿真器

由于 P89V51RB2 在出厂之前内置了 Monitor51 仿真监控功能软件，所以可通过计算机的串行口与单片机的 UART 通信，实现功能强大的单片机在线仿真和 ISP 下载编程功能，即可将可执行代码（Hex 文件）下载到芯片的 Flash 程序存储区。

在 80C51－Study 上有两种方法可以与计算机进行串行通信，一种是自带的 RS－232 接口，通过串行电缆可以直接与计算机的 DB9 串行口（通常是 COM1）通信。如果计算机不带 DB9 接口，则可以选用另一种方式，通过 USB 转 UART 的方法进行通信，这就是 Tiny51－ICE 仿真器。在两种不同的通信方式下,对于程序的下载和仿真操作基本上是一样的。

如图 1.6 所示是由一片美国 EXAR 半导体公司出品的高性能 USB 转 UART 桥接芯片 XR21V1410 设计而成的 Tiny51-ICE 单片机在线仿真器和 ISP 下载编程器,而用户只需要安装一下相应的驱动软件即可。

如果要进入 Monitor51 仿真模式,应先按住 KEY1 键不放,然后按一次 RST 键,约 2 s 后松开 KEY1,此时 P89V51 就会进入 ICE 仿真待命状态。接着启动调试进入仿真模式,同时,TKStudio 自动将程序通过 ISP 方式下载到芯片中。如果按一下复位键,则退出 Monitor51 仿真模式,进入全速运行模式。

在 TKStudio 环境下,P89V51RB2 的 ISP 过程非常简单,在芯片进入 Monitor51 仿真环境以后,TKStudio 已经将程序代码通过 ISP 方式同步下载到芯片的 Flash 中,然后仅需按一下复位键(或使系统重新上电),系统即处于全速运行状态。

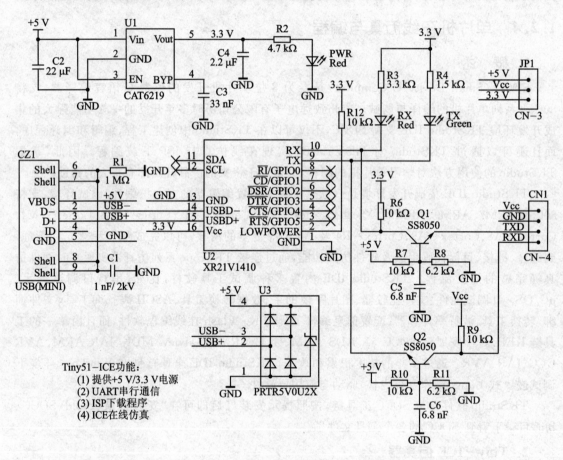

图 1.6 Tiny51-ICE 单片机在线仿真器和 ISP 下载编程器电路

1.3 SDCC 扩展

1.3.1 SDCC 简介

SDCC（Small Device C Compiler）是为 8 位单片机开发的免费 C 编译器，支持符合 ANSI 标准 C 语言程序设计。尽管兼容多种不同体系结构，但 SDCC 编译器更适合 80C51 内核，同时针对 80C51 单片机硬件资源特点进行了一些扩展，特别是在存储器类型、指针和函数方面进行了一些扩充。下面讲述与 ANSI C 中不同的部分，相同之处可查看有关 C 程序设计的书籍。

SDCC 是命令行固件开发工具，含预处理器、编译器、汇编器、链接器和优化器。安装文件中还捆绑了 SDCDB，类似于 gdb（GNU 调试器）的源码级调试器。无错的程序采用 SDCC 编译、链接后，生成一个 Intel 十六进制格式的加载模块。

SDCC 编译器工具链由以下各部分组成（位于"安装目录\Build\SDCC\bin"目录下）：

sdcc——C 编译器；

sdcpp——C 预处理器；

asx8051——8051 汇编器；

aslink.exe——8051 链接器；

s51——ucSim8051 软件仿真器；

sdcdb——源码调试器；

packihx——Intel hex 转换器。

一个软件开发工程是由一个或多个源文件组成的，这些文件可以是 C 或汇编源文件。如图 1.7 所示为 SDCC 构建目标工程示意图，它可分为两个步骤。

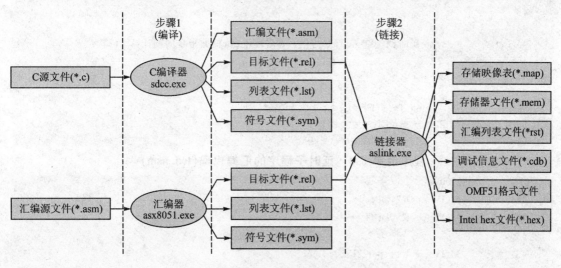

图 1.7 SDCC 构建目标工程示意图

步骤 1：将工程中所有源文件分别进行编译，C 源文件对应 C 编译器 sdcc.exe，汇编源文件对应汇编器 asx8051，形成目标文件 *.rel 及各种辅助文件。*.rel 文件是单个源文件的目标文件,它将源文件中的各条语句编译为相应二进制机器码,但它不能解释外部符号和可重定位单元等全局符号。

步骤 2：对工程中所有的 *.rel 文件一起进行链接,解析各目标文件中所用外部符号,对可重定位单元进行全局定位,最后形成烧片所需的十六进制文件 *.hex、各种调试文件及辅助文件。

1.3.2 应用示例

1. 软件延时子程序

因为 80C51 比外部功能部件跑得快,所以程序中往往需要延时。而程序延时有多种方式实现,最简单的是软件延时。延时子程序代码详见程序清单 1.1,对应的汇编代码见程序清单 1.2。至于汇编代码如何获得,将在 1.6 节中进一步介绍。

☞ **备 注**

① 程序清单 1.1 和程序清单 1.2 每行前面的数字为代码在文件中的行号,后续章节也会这样标注。例如,正文中提及"程序清单 1.1(40)",则指程序清单 1.1 中行号为 40 的那一行;又如,"程序清单 1.1(47~49)",则指程序清单 1.1 中行号为 47~49 的那些行。

② 程序清单 1.1 和程序清单 1.2 只包含源代码中与本节相关的内容,后续章节也会这样裁剪。

程序清单 1.1　延时子程序的 C 语言代码(led.c)

```
38    void delay100us (unsigned int uiDly)      //uiDly：以 100 μs 为单位的延时时间
39    {
40        unsigned char i;
41
42        do {
43
44            /*
45             *   延时约 100 μs,计算方法：查看反汇编,根据指令周期计算
46             */
47            i=46;
48            do {
49            } while (--i!=0);
50        } while (--uiDly!=0);
51    }
```

程序清单 1.2　延时子程序的汇编代码(led.asm)

```
415    _delay100us:
424        MOV     R2,DPL
425        MOV     R3,DPH
430    00108$:
431        MOV     R4,#0x2E
432    00101$:
435        DJNZ    R4,00101$
438        DEC     R2
439        CJNE    R2,#0xff,00115$
```

```
440        DEC      R3
441   00115$:
442        CJNE     R2, #0x00, 00108$
443        CJNE     R3, #0x00, 00108$
446        RET
```

现在计算一下程序清单1.1的延时时间,我们暂时无须关心程序清单1.2的细节,但是需要知道,程序清单1.1(47~49)与程序清单1.2(131~135)之间的对应关系,delay100us()一次循环需要$1+(2\times 46)=93$个指令周期。当主频为11 059 200 Hz时,执行时间约为100 μs。

2. 单个LED闪烁程序

如图1.8所示为独立LED驱动与键盘管理电路,只要给LED一个低电平,它就会点亮。一般来说,正常点亮LED仅需要1~10 mA电流,LED的亮度取决于电流的大小。

一般来说,LED闪烁的过程如下:点亮LED一段时间,然后熄灭LED一段时间,依次循环。以图1.8所示P1.2口驱动LED1为例,就是让P1.2持续保持低电平一段时间,再持续保持高电平一段时间,依次循环。在SDCC51中,使用"P1_2=0;"将P1.2置为低电平,使用"P1_2=1;"将P1.2置为高电平。

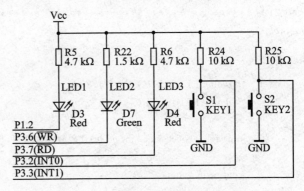

图1.8 LED驱动与键盘管理电路

LED闪烁需要让指定I/O口的高电平或低电平持续一段时间,事实上就是将I/O设置为指定电平后,只要不再对此I/O操作,指定电平就会持续下去。因此,这里需要一个延时程序,让80C51在给定的时间点将I/O设置为指定的电平。

利用程序清单1.1的延时子程序,很容易编写LED闪烁程序,详见程序清单1.3。虽然程序清单1.3(1~21)和程序清单1.3(72~74)不是必需的,但如果加上这些信息则对管理代码非常有用。其中,程序清单1.3(1~21)为C语言文件头,要如实编写,代码每次升级都要进行相应的记录。将来即便代码出了问题,也可以通过完整的文件版本管理追溯原因。而程序清单1.3(72~74)明确地告诉程序员,此C文件已经结束。C语言的*.h头文件也应该包含这两段代码。为了节省篇幅,本书的其他代码均未包含这些代码,请读者自行补充。

程序清单1.3 单个LED闪烁程序范例(led.c)

```
1   /******************************Copyright(c)********************************
2   **                      广州周立功单片机发展有限公司
3   **
4   **                          http://www.zlgmcu.com
5   **
6   **------------------------------File Info----------------------------------
7   ** File name:            led.c
```

```
8       ** Latest modified date:    2010-01-26
9       ** Latest Version:          1.0
10      ** Descriptions:            LED单灯闪烁测试用例
11      **-----------------------------------------------------------
12      ** Created by:
13      ** Created date:            2010-01-26
14      ** Version:                 1.0
15      ** Descriptions:            The original version
16      **-----------------------------------------------------------
17      ** Modified by:
18      ** Modified date:
19      ** Version:
20      ** Descriptions:
21      ******************************************************************/
22
23      #include<8051.h>         //每个文件都必须包含<8051.h>，这里用于添加模块引用的头文件
24
28      #define LED1_ON()    P1_2=0              //点亮 LED1
29      #define LED1_OFF()   P1_2=1              //熄灭 LED1

//将 void delay100us (unsigned int uiDly)代码复制在这里,与其他代码共同组成 led.c 文件,后面不再提醒

60      void main (void)
61      {
62          while (1) {
63
64              LED1_ON();                       //点亮 LED
65              delay100us(2500);                //延时 0.25 s
66
67              LED1_OFF();                      //熄灭 LED
68              delay100us(2500);                //延时 0.25 s
69          }
70      }
72 /*****************************************************************
73      END FILE
74 ******************************************************************/
```

由于 C 语言不具备布尔型,因此在测试时用的都是整型表达式,0 值被解释为"假",非 0 值被解释为"真"。由此可见,由于程序清单 1.3(62)中 while(1)表达式的值始终为"真"非 0,则一直循环执行 while 后面的语句,让 LED 闪烁。

还有一种情形,程序员特意将 while 语句设计为 while(1)"死循环"结构。比如,当计算机的 CPU 无事可做时,不能让 CPU 闲下来,否则程序计数器 PC 就不知道指向哪里了,CPU 就会乱跑(跑飞),那么,操作系统如何处理这种情况呢？方法之一是定义一个全局变量,让它不断地进行加 1 计数。即:

```
while(1){
    __GuIdleCtr++;
}
```

> **注意**：while(1)还可写成 while(true)、while(1==1)、while((bool)1)等形式。

有时，while 语句在表达式中就可以完成整个语句的任务，于是循环体无事可做，这时循环体可用空语句来表示。比如：

```
While((ch=getchar())!=EOF&&ch!='\n')
    ;                          //空语句只包含一个分号，并不执行任何任务
```

3. 独立按键延时去抖动程序

通过前面的学习，大家已经掌握了按键消除抖动的原理。下面依然以图 1.8 所示电路为例，编写独立按键延时去抖动程序，选取 P3.2 所连接的按键。要求如下：当 KEY1 按下时，LED1 点亮；当 KEY1 断开时，LED1 熄灭。

当 KEY1 没有按下时，P3.2 为高电平；当 KEY1 按下时，P3.2 为低电平。由此可见，判断 KEY1 是否闭合就是判断 P3.2 是否为 0。如果 P3.2 为 0，则说明 KEY1 已经按下；如果 P3.2 为 1，则说明 KEY1 已经断开，详见程序清单 1.4。判断按键按下和断开的过程非常相似，可以利用一些技巧将两部分代码统一为一样的代码。

程序清单 1.4　独立按键延时去抖动程序范例

```
28    #define LED1_ON()      P1_2=0
29    #define LED1_OFF()     P1_2=1
30    #define KEY1           P3_2           //定义按键使用的 I/O

61    void main (void)
62    {
63
64        while (1) {
65
66            KEY1=1;                       //设置 KEY1 为输入状态
68            /*
69             *  等待按键按下
70             */
71            while (1) {
72                while (KEY1==1) {         //当 KEY1=1 时，说明无键按下，循环检测
73                }
74                delay100us(100);          //当 KEY1=0 时，说明有键按下，延时 10 ms
75                if (KEY1 !=1) {           //如果 KEY1 还是为 0，说明确实有键按下
76                    break;                //退出循环，往下执行程序清单 1.4(80)
77                }                         //如果 KEY1 为 1，说明无键按下，继续检测
78            }
79
```

```
80              LED1_ON();                  //点亮 LED
82              /*
83               *   等待释放按键
84               */
85              while (1) {
86                  while (KEY1==0) {       //如果 KEY1 还是为 0,说明按键未释放
87                  }
88                  delay100us(100);        //延时 10 ms
89                  if (KEY1 !=0) {         //如果 KEY1 为 1,说明按键已经释放
90                      break;              //退出循环,往下执行程序清单 1.4(94)
91                  }
92              }
94              LED1_OFF();                 //熄灭 LED
95          }
96      }
```

请注意,在任何情况下,if 语句始终用于分支"选择",即根据条件执行语句,并用 while 语句实现循环控制。另外,在 while 中使用 break 语句,用于"永久终止循环",且在执行完 break 语句后,执行紧接循环体后面的一条语句就是循环正常结束后应该执行的那条语句。

☞ **特别提示:历史的经验和教训**

上面介绍的两个应用示例,对于初学者来说,似乎非常简单,因为一看就懂,所以很多人不屑于在计算机上输入代码进行编译、下载和调试。各位读者,我们不向任课教师与读者提供源代码,请从这里开始学习如何调试程序。

1.3.3 关键字与数据类型

SDCC 支持 ANSI C 中的所有关键字,同时它们又扩充了如下关键字:
at   far   sbit   idata   sfr   interrupt   sfr16   bit   code   pdata   using
data   reentrant   xdata   critical   naked

SDCC 支持的数据类型详见表 1.3。

表 1.3 SDCC 支持的数据类型

类型	宽度	默认类型	带符号范围	不带符号范围
bool	1 位	unsigned	—	0~1
char	8 位,1 字节	signed	−128~+127	0~+255
short	16 位,2 字节	signed	−32 768~+32 767	0~+65 535
int	16 位,2 字节	signed	−32 768~+32 767	0~+65 535
long	32 位,4 字节	signed	−2 147 483 648~+2 147 483 647	0~+4 294 967 295
float	4 字节	signed	1.175 494 351E−38~3.402 823 466E+38	
pointer	1、2、3 或 4 字节	generic		

1.4 存储器类语言

如图 1.9 所示为 80C51 单片机的存储器结构,它由内部数据存储器、外部数据存储器和程序存储器三个相互独立的部分组成。每一个部分都有自己独立的寻址空间,都可以存放数据和变量,而且同一个存储空间可能会有多种不同的寻址方式。例如,内部数据存储器的低 128 字节,既可用直接寻址,也可用间接寻址。若在 C 语言中有一个变量定义 int i,那么 SDCC 编译器会将这个变量 i 分配到哪一个区呢?这就是本节要解决的问题。

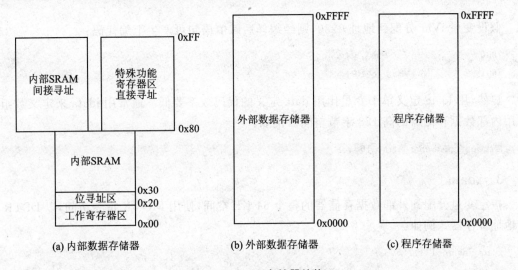

图 1.9 80C51 存储器结构

1.4.1 存储类型

为了使编译器将变量分配到指定的存储器空间,在标准 C 存储类型的基础上,SDCC 扩展了一系列指定存储类型的关键字。C51 所支持的存储类型及说明详见表 1.4。

表 1.4 SDCC 扩展存储类型及说明

存储类型	说 明
data	直接寻址的内部 SRAM 低 128 字节空间,访问速度最快
idata	间接寻址的内部 SRAM 整个 256 字节空间
xdata	外部数据存储器整个 64 KB 空间,用 MOVX @DPTR 指令访问
pdata	分页寻址的外部数据存储器 256 字节空间,用 MOVX @Ri 指令访问
code	外部程序存储器整个 64 KB 空间,用 MOVC 指令访问

1. data / near

指定变量分配到内部数据存储器低 128 字节存储空间,且使用直接寻址,这时变量的访问速度最快。例如:

```
data unsigned char dVar;
dVar=1;
```

假设变量 dVar 分配到地址 0x30,则经编译后赋值语句可产生汇编代码:

```
753001    MOV    0x30,#1
```

2. idata

指定变量分配到内部数据存储器 256 字节存储空间,其中,低 128 字节与 data 访问相同的物理地址,且使用以 R0 或 R1 为地址寄存器的间接寻址。例如:

```
idata unsigned char iVar;
iVar=1;
```

假设变量 iVar 分配到地址 0x30,则经编译后赋值语句可产生汇编代码:

```
7830    MOV    R0,#0x30
7601    MOV    @R0,#1
```

显然,用 idata 定义单个变量比用 data 定义的代码效率要低。通常用 idata 来定义数组或使用内部数据存储器的高 128 字节空间。例如:

```
idata unsigned char Array[16];
```

3. xdata

指定变量分配到外部数据存储器的整个 64 KB 空间,使用 MOVX 指令访问,以 DPTR 作为地址寄存器。例如:

```
xdata unsigned char xVar;
xVar=1;
```

假设变量 iVar 分配到地址 0x0000,则经编译后赋值语句可产生汇编代码:

```
900000    MOV     DPTR,#0
7401      MOV     A,#1
F0        MOVX    @DPTR,A
```

4. pdata

指定变量分配到分页寻址外部数据存储器的 256 字节空间,仅使用 xdata 空间的低 8 位地址,高 8 位地址由 P2 口指定,使用 MOVX 指令访问,以 R0 或 R1 作为地址寄存器。例如:

```
pdata unsigned char pVar;
pVar=1;
```

假设变量 iVar 分配到地址 0x00,则经编译后赋值语句可产生汇编代码:

```
7800    MOV     R0,#0
7401    MOV     A,#1
F2      MOVX    @R0,A
```

5. code

指定变量分配到程序存储器的整个 64 KB 空间,使用 MOVC 指令访问,以 A+DPTR 作为基址加变址寄存器。例如:

```
code unsigned char cVar=1;
data unsigned char dVar;
dVar=cVar;
```

因在单片机运行期间程序存储器不可改写,故 cVar 为常量,在定义时必须赋初值。假设 cVar 分配到地址 0x1000,dVar 分配到内部 SRAM 地址 0x08,则经编译后赋值语句可能产生汇编代码:

```
901000      MOV     DPTR,#0x1000
E4          CLR     A
93          MOVC    A,@A+DPTR
F508        MOV     0x08,A
```

code 类型可用于定义程序中经常用的常量,例如,7 段 LED 笔形码表就可定义为该类型:

`code unsigned char TAB[10]={0x3F,0x06,0x5B,0x4F,0x66,0x6D,0x7D,0x07,0x7F,0x6F};`

1.4.2 存储模式

在标准 C 的变量定义格式中,"存储类型"仅仅是一个可选项,在定义变量时若省略这个可选项,例如,"unsigned char Var;",那么所定义的变量将定位在哪个存储区呢?

在 SDCC 编译器命令行中用 small、medium 和 large 存储模式控制命令指定默认存储类型,所有未指定存储类型的变量均定位在默认存储类型所指定的存储区中,例如:

`sdcc --model-small sdcctest.c`

SDCC 允许 80C51 代码有 3 种存储器模式:小模式、中模式和大模式。在不同存储模式下编译的模块不能组合在一起,否则结果将是不可预知的。在编译器的支持下,库例程分别被编译成小模式、中模式以及大模式的代码。被编译的库模块分别包含在小模式、中模式和大模式的目录下,这样即可根据需要链接合适的库。

若在 SDCC 编译器命令行中未提供存储模式控制命令,则默认使用小模式——small。

1. 小模式: --model-small

在本模式中,缺省情况下的所有变量位于 80C51 片内数据存储器。这与 data 存储类型标识符明确声明是一样的。在本模式中变量访问非常快,建议一般情况下都使用本模式。

2. 中模式: --model-medium

在本模式中,缺省情况下的所有变量都放在外部数据区的一页中,就像用 pdata 声明一样。该存储模式最多可提供 256 字节的变量,SDCC 编译器用以@R0 和@R1 为操作数的 MOVX 指令来访问外部存储区。R0 和 R1 是字节寄存器,只提供地址的低字节,如果 medium 模式使用大于 256 字节的外部存储区,则高字节地址或页由 80C51 的 P2 提供。此时必须初始化 P2,以便使用正确的外部存储页。这可在启动代码中实现,同时必须指定 PDATA 的起始地址。

3. 大模式: --model-large

在本模式中,缺省情况下的所有变量都放在可达 64 KB 的外部数据存储区。这与用 xdata 存储类型标识符明确声明是一样的。数据指针 DPTR 用做地址指针,用 MOVX 指令访问。

比起使用大模式来,明智地使用处理器专门的存储类型和可重入函数类型将产生更有效的代码。在大模式情况下编译程序,一些优化器将被关闭,因此除非有特殊要求,一般都推荐使用小模式。

4. 外部堆栈

外部堆栈(--xstack 选项)被定位在 pdata 存储空间中(通常在外部 RAM 的开始段),并且使用 pdata 中所有未被使用的空间。当使用--xstack 选项来编译程序时,所有的可重入函数中的参数和局部变量都将分配在该区域。该选项在程序需要大量堆栈空间时使用。当使用了--stack-auto 选项时,所有的参数和局部变量都将分配在外部堆栈里。编译器输出外部 RAM 段的高字节地址到端口 P2 中,因此当使用外部堆栈选项时,应用程序可以不关心 P2 端口的使用情况。

1.4.3 特殊功能寄存器数据类型

在 80C51 单片机片内数据存储器中,有一块位于地址 0x80~0xFF 的特殊功能寄存器存储区,这些特殊功能寄存器可控制定时/计数器、中断、串行口等外设的工作和运行。SDCC 提供了 sfr/sfr16/sfr32/sbit 数据类型,可以字节、字和位的形式访问它们,这些关键字同时表示数据类型和存储类型。

特殊功能寄存器的声明方式必须用关键字 at(address)指明它们的地址,例如:

```
sfr       at(0x90) P1;            //特殊功能寄存器 P1 定位在地址 0x90
sfr16     at(0x8C8A) TMR0;        //定义 16 位定时器 0,高字节定位在 0x8C,低字节定位在 0x8A
sbit      at(0xAF) EA;            //定义全局中断使能位,位地址为 0xAF
```

只有地址能被 8 除尽的特殊功能寄存器才可以位寻址,特殊功能寄存器中某一位的位地址等于这个特殊功能寄存器的地址加上该位的位置。要求以某一顺序访问的 16 位和 32 位特殊功能寄存器组最好不要用 sfr16 和 sfr32 来声明,尽管 SDCC 通常最先访问最低字节,请注意,这是不能保证的。

1.4.4 位数据类型

为了访问片内数据存储器位寻址区中的位,SDCC 提供了一个位数据类型——bit。与 sfr 一样,关键字 bit 同时表示数据类型和存储类型。所有的位变量定位于内部数据存储器的 16 字节位寻址区(0x20~0x2F),共有 128 个位,位地址范围为 0x00~0x7F。

位变量的定义和声明与其他变量一样,例如:

```
bit flag;                         //位变量定义
flag=1;
```

假设位变量 flag 分配到地址 0x00,则经编译后赋值语句可产生汇编代码:

```
D200        SETB       0x00
```

必须注意的是,bit 不能声明为指针,如"bit * bitpt;",同时也不支持 bit 数组。

1.4.5 存储器绝对寻址

若设计者利用 80C51 外部数据存储器空间扩展外设,则这些外设的寄存器地址是固定的。SDCC 提供了附加到存储类型的关键字 at(address)来为变量分配一个绝对地址,使得在 C 程序中可以很方便地访问这些外设中的寄存器。例如:

```
xdata at(0x7FFE) unsigned int chkSum;
```

上例中的变量 chkSum 将被定位于外部数据存储器的 0x7FFE 和 0x7FFF 地址。

> **注意**:编译器不会为以这种方法声明的变量保留任何空间(等效于汇编程序),编程者必须确保不会和未使用绝对寻址声明的变量产生覆盖,可以通过汇编列表文件.lst、链接输出文件.rst 及.map 文件来查看覆盖情况。

然而,如果为变量声明提供一个初始化,将发生实际的内存分配,覆盖将被链接器检测出来。例如:

```
code at(0x7ff0) char Id[5]="SDCC";
```

上面例子中,变量 Id 将被分配到程序存储区 0x7FF0~0x7FF4。

如果 I/O 映射到了存储空间,则应使用 volatile 关键词,以确保 C 编译器对外设的访问不进行优化和移除,例如:

```
volatile xdata at(0x8000) unsigned char PORTA_8255;
```

对于一些体系结构(80C51)来说,对一些以块边界(256 字节)为起始位置的(xdata/far)数组进行访问会更加高效。所有存储类型的变量都可以指定其绝对地址,例如:

```
bit at(0x02) bvar;
```

上面的例子将分配一个位变量在位寻址空间的 0x02 处。实际上,没有必要这样去为变量分配绝对地址,除非想精确地控制所有已经分配的变量。还有一种指定绝对地址的可能,就是编写特殊硬件驱动程序。

1.4.6 指　针

通过语言扩展 SDCC 允许指针显式地指向 80C51 的任何存储器空间。除了显式指针,编译器也使用默认的通用指针。SDCC 指针声明举例:

➤ 显式指针 p 存放于内部 RAM,指向外部 RAM:

```
xdata unsigned char * data p;
```

➤ 显式指针 p 存放于外部 RAM,指向内部 RAM:

```
data unsigned char * xdata p;
```

➤ 显式指针 p 存放于默认存储空间,指向外部 RAM:

```
xdata unsigned char * p;
```

➤ 显式指针 p 存放于程序空间,指向程序空间:

```
code unsigned char * code p;
```

第 1 章 深入理解嵌入式 C

➢ 通用指针 p 存放于外部 RAM：

```
unsigned char * xdata p;
```

➢ 通用指针 p 存放于默认存储空间：

```
unsigned char * p;
```

➢ 存放于内部 RAM 的函数指针 fp：

```
char ( * data fp)(void);
```

所有没有修饰的指针都作为 3 字节通用指针。

通用指针的最高次序字节包含数据空间信息。汇编器支持被调用的程序无论何时都可以使用通用指针去读取数据或写数据,这对于可重用库程序非常有用。显式指针类型将会产生最高效的代码。

1. 通用指针

通用指针与标准 C 指针的声明相同。例如：

```
char * str;
char * xdata p;
int * pnum;
long * pcount;
```

通用指针用 3 字节保存,最高次序字节包含数据空间信息,低两个字节保存地址本身。最高次序字节可能的值如下：

0x00——外部数据存储器 RAM(xdata/far)；

0x40——内部数据存储器 RAM(idata/near)；

0x60——外部数据存储器页 RAM(pdata)；

0x80——代码存储器 ROM(code)。

通用指针可以用来访问所有存储类型的变量(除了 bit),而不管变量存储在哪个存储空间中,因而许多库函数都使用通用指针。通用指针用起来很方便,但是也很慢。在所指向目标的存储空间不明确的情况下,它们用得最多。

2. 显式指针

显式指针在定义时包括一个存储类型说明,并且总是指向此类型存储器空间。例如：

```
data char data * str;          //指向内部 RAM 中的字符
xdata int * numtab;            //指向外部 RAM 中的整型数据
code long data * powtab;       //指向程序空间中的长整型数据
```

正是由于存储类型在编译时已经确定,所以通用指针中用来表示存储器类型的字节就不再需要了。指向 idata、data 和 pdata 的存储器指针用一个字节保存,指向 code 和 xdata 的存储器指针用两个字节保存。

虽然使用显式指针比使用通用指针效率高、速度快,但显式指针的使用却不太方便。一般来说,在所指向的目标存储空间明确不会变化的情况下,它们用得最多。

3. 显式指针和通用指针的比较

使用显式指针可以显著地提高 80C51 程序的代码效率，表 1.5 的示例程序说明了使用不同的指针在代码长度、占用数据空间和运行时间上的不同。

表 1.5 显式指针与通用指针比较示例

描述	idata 指针	xdata 指针	通用指针
C 源程序	idata char * ip; char val; val= * ip;	xdata char * xp; char val; val= * xp;	char * p; char val; val= * p;

编译后的汇编代码	MOV R0, ip
	MOV val, @R0
		MOV DPL, xp+1
		MOV DPH, xp
		MOVX A, @DPTR
		MOV val, A
			MOV DPL, p
			MOV DPH, p+1
			MOV B, p+2
			LCALL __gptrget

指针大小	1 字节	2 字节	3 字节
代码长度	4 字节	9 字节	11 字节＋库调用
运行时间	4 周期	7 周期	远大于 13 周期

1.5 函 数

1.5.1 函数参数和局部变量

可以将函数中的自动(局部)变量和参数分配到堆栈或者数据空间。SDCC 编译器默认的做法是分配这些变量和参数到内部 RAM 中(小模式)或者外部 RAM 中(中模式或大模式)，这实际上使它们类似于静态局部变量，这样默认函数都是不可重入函数(有关可重入函数的概念将在 2.1.5 小节讲述)。

通过使用--stack-auto 选项，或者使用♯pragma stackauto，或者在函数声明里使用 reentrant 关键字，可以将它们分配到堆栈。例如：

```
unsigned char foo(char i) reentrant
{
    ...
}
```

因 80C51 的堆栈空间有限，故关键字 reentrant 或者--stack-auto 选项应尽量少用。

注意：关键字 reentrant 仅仅意味着参数和局部变量将被分配到堆栈，而使函数变得可重入，并不是指函数有独立的寄存器组。

如果局部变量被指定存储类型或使用了绝对地址分配，编译器将按指定的存储类型或地

址为局部变量分配空间,而不再在堆栈空间中分配,这一点需要注意。例如:

```c
unsigned char foo()
{
    xdata unsigned char i;
    bit bvar;
    data at (0x31) unsigned char j;
    ...
}
```

上例中,变量 i 将被分配到外部 RAM 中,变量 bvar 被分配到位寻址空间,变量 j 被分配到内部 RAM 中。当使用--stack-auto 选项编译或者声明函数时,指定 reentrant 关键字,这些变量只会作为类似静态变量处理。

1.5.2 覆 盖

对于非可重入函数,SDCC 将通过覆盖函数的参数和局部变量(如果可能),来减小内部 RAM 空间的使用。如果在 SMALL 存储模式下函数没有调用其他函数并且函数是不可重入的,那么函数的参数和局部变量将被分配在一个可覆盖的段中。如果显式地指定了一个变量的存储类型,该变量将不会被覆盖。

需要注意的是,编译器(而不是链接器)决定数据项是否可覆盖。被中断服务程序调用的不可重入函数应该在函数定义前加上#pragma nooverlay,例如:

```c
#pragma save
#pragma nooverlay
void set_error(unsigned char errcd)
{
    P3 = errcd;
}
#pragma restore
void some_isr () interrupt 2
{
    ...
    set_error(10);
    ...
}
```

在上面的例子中,如果#pragma nooverlay 不存在,函数 set_error()的参数 errcd 将被分配到可覆盖的段中,当中断服务程序调用该函数时,可能导致不可预知的运行结果。#pragma nooverlay 确保函数参数和局部变量将是不可覆盖的。

另外需要注意的是,编译器不会对内嵌汇编进行任何处理,因此,如果内嵌汇编代码调用其他可能使用可覆盖段的 C 语言函数,编译器可能错误地分配函数的局部变量和参数到可覆盖段。如果那样的话,则应该使用#pragma nooverlay。包含 16 位或 32 位乘法或除法的函数中的参数和变量将是不可覆盖的,因为这是通过调用外部函数实现的。

1.5.3 使用专用寄存器组

80C51 体系结构支持快速切换寄存器组。SDCC 通过在函数声明后面加上 using 这个属性来支持这个特性,告诉编译器使用除了默认组 0 以外的寄存器组。如:

```
void quitswap(char a) using 2
{ ... }
```

它应该被用在中断函数中,在大多数情况下,这会使所产生的中断服务代码更有效率,因为它不必将寄存器保存到堆栈。using 属性不会影响非中断代码的生成。

使用非 0 寄存器组的中断函数可以任意使用该寄存器组并且不需要保存。因为在 80C51 及其同类中,高优先级中断可以打断低优先级中断。如果一个高优先级中断 ISR 和一个低优先级中断 ISR 使用同一个寄存器组,将会产生极其严重的错误。为了防止发生这种情况,高优先级中断 ISR 不应该与低优先级中断 ISR 使用同一个寄存器组。所有高优先级中断 ISR 使用一个寄存器组和所有低优先级中断 ISR 使用另外一个寄存器组是很容易做到的。如果有一个能够动态改变优先级的中断服务程序,建议使用默认寄存器组 0,这样会有一点性能损失。

最有效的方法是在中断服务程序中不调用其他函数。如果必须调用其他函数,较有效的方法是使这些函数与中断服务程序使用相同的寄存器组,其次是被调用的函数使用寄存器组 0。非常糟糕的情况是,在中断服务程序中调用的函数使用不同的寄存器组且非 0 寄存器组。

1.6 深入理解嵌入式 C

1.6.1 概　述

我们知道,单片机只能执行机器指令,不能执行 C 语言甚至汇编语言,而现在一般都不会直接使用机器语言编程。因此,需要将编写好的程序转换成机器语言后,单片机才能执行。这样的转换工作不需要人工完成,而是由特定的应用程序来实现。对于高级语言来说,这样的应用程序统称为编译器;对于汇编语言来说,称为汇编器。例如,本书介绍的 SDCC51,它既包含编译器也包含汇编器。

从表面上来看,高级语言与机器语言没有任何联系,但实际上汇编语言与机器语言之间的联系却非常紧密,它们几乎是完全对应的关系。因此,深入理解嵌入式 C 语言其实就是搞清楚一段 C 语言对应的汇编语言是什么。

在计算机专业中,有一门叫做"编译原理"的课程就是专门介绍高级语言如何变成汇编语言的理论知识。不过对于非计算机专业的读者来说,只要了解一些比较特殊的 C 语言是如何与汇编语言对应起来的即可,没有必要深入研究,因此专门学习编译原理意义不大。

值得注意的是,对于相同的 C 语言代码,不同版本的编译器生成的汇编语言是不一样的。即使使用同一个版本的编译器,编译参数不同,生成的汇编语言也是不一样的。甚至同样的 C 语言代码,仅仅因为周围的 C 语言代码不一样,其生成的汇编语言也可能不同。因此,作为初学者,若在自己的机器上获得的结果与本书不同,不要大惊小怪。

本书所使用的 SDCC51 编译器版本为 2.7.0,编译参数为-mmcs51 --model-small --stdsdcc89 --int-long-reent --stack-auto --debug,即使用小模式,所有函数编译成可重入,Integer 和 Long 库编译成可重入。若读者使用相同版本的编译器和相同的参数设置,则生成的汇编语言差别会很小。

1.6.2 方　法

对于非计算机专业的读者来说,要深入理解嵌入式 C 语言,可以从两个方面着手:
➤ 阅读编译器手册;
➤ 查看编译器生成的汇编代码。

一般的编译器都带有编译器手册,会介绍很多与编程相关的内容,并包含 C 语言转换成汇编语言的部分规则。不过,编译器手册毕竟是编程指导,侧重于 C 语言编程,对 C 语言转换成汇编语言的规则介绍得不全,且大部分分散在其他章节中,不容易阅读。一般来说,阅读编译器手册不一定会获得我们想要了解的知识。

而通过查看编译器生成的汇编代码,则可以帮助我们直观地理解 C 语言与汇编语言的对应关系,进而推论出 C 语言转换成汇编语言的规则。查看编译器生成的汇编代码又有两种常用方法:
➤ 直接查看编译器生成的汇编源文件;
➤ 调试时查看反汇编代码。

一般来说,C 语言编译器都提供编译参数以将 C 语言源文件编译成汇编源文件。例如,使用 TKStudio 建立 SDCC51 的工程,编译 main.c 后会在输出目录生成 main.asm 文件,就是 main.c 对应的汇编程序。不过,将 C 语言源文件编译成汇编源文件一般是用宏汇编语言编写,与反汇编在调试时看到的代码有所不同。

☞ **小知识:宏汇编**

简单地说,宏汇编就是可以模块化编程的汇编。宏汇编借鉴了高级语言的特征,让汇编语言也可以模块化编程,其最大的特征是代码和变量的地址由编译程序决定而不是程序员决定。而代码和变量的地址由程序员决定的汇编一般称为"小汇编"。使用宏汇编的好处有:
- 很容易模块化编程;
- 可减少程序员工作量;
- 可以与高级语言混合编程。

因此,编译器一般使用宏汇编语言。

在本节中,采取直接查看编译器生成的汇编源文件方法来探索 SDCC51 的编译规则。

1.6.3 函数调用与参数传递

函数调用是 C 语言最基本的操作之一。C 语言函数可以没有参数,也可以有一个或多个参数。由于 C 语言函数的调用方式多种多样,因此不可能一一分析。

限于 80C51 体系结构,SDCC51 汇编语言对有符号变量和无符号变量不加区分,因此,变量类型仅限于变量的尺寸。下面详细分析几种典型情况。

1. 无参数的函数调用

最简单的 C 语言函数调用就是无参数函数调用,其应用示例详见程序清单 1.5,经过 SDCC51 编译后,其相应的汇编代码详见程序清单 1.6。

程序清单 1.5　无参数函数调用的 C 语言代码(call1.c)

```
1    extern void func2(void);
2
3    void func1 (void)
4    {
5        while (1) {
6            func2();
7        }
8    }
```

程序清单 1.6　无参数函数调用的汇编代码(call1.asm)

```
99   _func1:
110  00102$:
113      LCALL    _func2
116      SJMP     00102$
```

由此可见,无参数函数调用(参考程序清单 1.5(6))对应的汇编代码非常简单,仅有一条 LCALL 指令(程序清单 1.6(113))。

2. 单字节参数的函数调用

通过上面的学习,我们看到无参数的函数调用是非常简单的,那么再复杂一点的函数调用就是一个参数,而一个参数中最简单的就是单字节参数了。在 SDCC51 中,单字节变量有 char、unsigned char 和 signed char 三种类型。下面以 unsigned char 类型为例,分析其调用规则。一个单字节参数函数调用 C 代码详见程序清单 1.7,其相应的汇编代码详见程序清单 1.8。

程序清单 1.7　单字节参数函数调用 C 语言代码(call2.c)

```
1    extern void func2(unsigned char);
2
3    void func1 (void)
4    {
5        while (1) {
6            func2(1);
7        }
8    }
```

程序清单 1.8　单字节参数函数调用汇编代码(call2.asm)

```
99   _func1:
110  00102$:
113      MOV      DPL, #0x01
114      LCALL    _func2
117      SJMP     00102$
```

由此可见，单字节参数是由特殊功能寄存器 DPL 传递的（程序清单 1.8(113)），真实的调用依然是使用 LCALL 指令（程序清单 1.8(114)）。

3. 双字节参数的函数调用

在 SDCC51 中，双字节变量主要有 int、unsigned int 和 signed int 三种类型。而函数只有一个双字节参数的情况是很常见的。一个双字节参数函数调用 C 代码详见程序清单 1.9，其相应的汇编代码详见程序清单 1.10。

程序清单 1.9　双字节参数函数调用 C 语言代码（call3.c）

```
1    extern void func2(unsigned int);
2
3    void func1 (void)
4    {
5        while (1) {
6            func2(1);
7        }
8    }
```

程序清单 1.10　双字节参数函数调用汇编代码（call3.asm）

```
99   _func1:
110  00102$:
113       MOV      DPTR, #0x0001
114       LCALL    _func2
117       SJMP     00102$
```

由此可见，双字节参数是由特殊功能寄存器 DPTR 传递的（程序清单 1.10(113)），真实的调用依然是使用 LCALL 指令（程序清单 1.10(114)）。

4. 三字节参数的函数调用

在 SDCC51 中，如果一个指针没有显性或隐含地指明其存储位置，那么其长度就是三字节，比如，void * 类型变量一般就是三字节变量。一个三字节参数函数调用 C 代码详见程序清单 1.11，其相应的汇编代码详见程序清单 1.12。

程序清单 1.11　三字节参数函数调用 C 语言代码（call4.c）

```
1    extern void func2(void *);
2
3    void func1 (void)
4    {
5        while (1) {
6            func2(0);
7        }
8    }
```

程序清单 1.12　三字节参数函数调用汇编代码（call4.asm）

```
99   _func1:
110  00102$:
113       MOV      DPTR, #0x0000
```

```
114        MOV        B,#0x00
115        LCALL      _func2
118        SJMP       00102$
```

由此可见，三字节参数是由特殊功能寄存器 DPTR（程序清单 1.12(113)）和 B（程序清单 1.12(114)）传递的，真实的调用依然是使用 LCALL 指令（程序清单 1.12(115)）。

5. 四字节参数的函数调用

SDCC51 的 long、unsigned long 和 signed long 类型变量是四字节类型变量。四字节参数函数调用 C 代码详见程序清单 1.13，其相应的汇编代码详见程序清单 1.14。

程序清单 1.13　四字节参数函数调用 C 语言代码(call5.c)

```
1    extern void func2(unsigned long);
2
3    void func1 (void)
4    {
5        while (1) {
6            func2(1);
7        }
8    }
```

程序清单 1.14　四字节参数函数调用汇编代码(call5.asm)

```
99     _func1:
110    00102$:
113        MOV        DPTR,#(0x01&0x00ff)
114        CLR        A
115        MOV        B, A
116        LCALL      _func2
119        SJMP       00102$
```

由此可见，四字节参数是由特殊功能寄存器 DPTR（程序清单 1.14(113)）、B（程序清单 1.14(115)）和 A（程序清单 1.14(114)）传递的，真实的调用依然是使用 LCALL 指令（程序清单 1.14(116)）。

6. 两个参数的函数调用

比一个参数更复杂的情况就是两个参数了。因为两个字节参数的类型太多，本节仅以两个参数都是 unsigned int 的情况为例进行分析。C 代码详见程序清单 1.15，其相应的汇编代码详见程序清单 1.16。

程序清单 1.15　两个参数函数调用 C 语言代码(call6.c)

```
1    extern void func2(unsigned int, unsigned int);
2
3    void func1 (void)
4    {
5        while (1) {
6            func2(1, 2);
7        }
```

程序清单1.16 两个参数函数调用汇编代码(call6.asm)

```
99      _func1:
110     00102$:
113         MOV     A,#0x02
114         PUSH    ACC
115         CLR     A
116         PUSH    ACC
117         MOV     DPTR,#0x0001
118         LCALL   _func2
119         DEC     SP
120         DEC     SP
123         SJMP    00102$
```

由此可见,从左往右数,函数的第一个参数是通过特殊功能寄存器DPTR(程序清单1.16(117))传递的,第二个参数是通过堆栈(程序清单1.16(114~116))传递的,同时占用的堆栈空间由调用函数释放(程序清单1.16(119、120))。

7. 三个参数的函数调用

从语法上来看,C语言的参数个数可以是任意多个,在前面已经分析了一个参数和两个参数的情况。要将所有的情况一一分析是不现实的,但通过分析三个参数的情况,可推论SDCC51的函数调用规则。三个参数的情况也很多,本节仅分析三个参数都是unsigned int 的情况。C代码详见程序清单1.17,其相应的汇编代码详见程序清单1.18。

程序清单1.17 三个参数函数调用C语言代码(call7.c)

```
1   extern void func2(unsigned int, unsigned int, unsigned int);
2
3   void func1 (void)
4   {
5       while (1) {
6           func2(1,2,3);
7       }
8   }
```

程序清单1.18 三个参数函数调用汇编代码(call6.asm)

```
99      _func1:
110     00102$:
113         MOV     A,#0x03
114         PUSH    ACC
115         CLR     A
116         PUSH    ACC
117         MOV     A,#0x02
118         PUSH    ACC
119         CLR     A
120         PUSH    ACC
```

121	MOV	DPTR, #0x0001
122	LCALL	_func2
123	MOV	A, SP
124	ADD	A, #0xfc
125	MOV	SP, A
128	SJMP	00102$

由此可见,从左往右数,函数的第一个参数是通过特殊功能寄存器 DPTR(程序清单 1.18(121))传递的,第二个参数和第三个参数是通过堆栈(程序清单 1.18(114~120))传递的,并按照反序压栈(即最先压栈最后一个参数,最后压栈第一个参数),同时占用的堆栈空间由调用函数释放(程序清单 1.18(123~125))。

8. 小　结

根据上述分析,假设参数由左往右编号,第一个参数编号为 1,则在 SDCC51 中:

① 1 号参数通过特殊功能寄存器传递,根据参数大小依次使用特殊功能寄存器 DPL、DPTR、DPTR+B、DPTR+B+A;

② 当多余一个参数时,则从 2 号参数开始使用堆栈传递参数;

③ 参数压栈的顺序为参数编号的反序;

④ 参数压栈后由调用函数释放。

1.6.4　函数返回

C 语言的函数可以没有返回值,也可以有一个返回值。限于 80C51 体系结构,SDCC51 的汇编语言对有符号变量和无符号变量不加区分。因此,变量类型仅限于变量的尺寸,函数返回只有无返回值、返回单字节变量、返回双字节变量、返回三字节变量和返回四字节变量 5 种情况。下面一一进行分析。

1. 无返回值

无返回值的函数参考代码详见程序清单 1.19,其对应的汇编代码详见程序清单 1.20。

程序清单 1.19　无返回值函数的 C 语言代码(ret1.c)

1	void func2 (void)
2	{
3	}

程序清单 1.20　无返回值函数的汇编代码(ret1.asm)

| 99 | _func2: |
| 112 | RET |

通过程序清单 1.19 和程序清单 1.20 可以看出,无返回值的函数返回代码非常简单,仅一条 RET 指令而已(程序清单 1.20(112))。

2. 单字节返回值

单字节返回值的函数参考代码见程序清单 1.21,其对应的汇编代码见程序清单 1.22。

程序清单 1.21　单字节返回值函数的 C 语言代码(ret2.c)

| 1 | unsigned char func2 (void) |

```
2    {
3        return 1;
4    }
```

程序清单1.22 单字节返回值函数的汇编代码(ret2.asm)

```
99     _func2:
110        MOV    DPL, #0x01
113        RET
```

通过程序清单1.21和程序清单1.22可以看出,函数的返回值是保存在特殊功能寄存器DPL(程序清单1.22(110))中的,函数通过RET指令返回(程序清单1.22(113))。

3. 双字节返回值

双字节返回值的函数参考代码详见程序清单1.23,其对应的汇编代码详见程序清单1.24。

程序清单1.23 双字节返回值函数的C语言代码(ret3.c)

```
1    unsigned int func2 (void)
2    {
3        return 1;
4    }
```

程序清单1.24 双字节返回值函数的汇编代码(ret3.asm)

```
99     _func2:
110        MOV    DPTR, #0x0001
113        RET
```

通过程序清单1.23和程序清单1.24可以看出,函数的返回值是保存在特殊功能寄存器DPTR(程序清单1.24(110))中的,函数通过RET指令返回(程序清单1.24(113))。

4. 三字节返回值

三字节返回值的函数参考代码详见程序清单1.25,其对应的汇编代码详见程序清单1.26。

程序清单1.25 三字节返回值函数的C语言代码(ret4.c)

```
1    void  * func2 (void)
2    {
3        return 0;
4    }
```

程序清单1.26 三字节返回值函数的汇编代码(ret4.asm)

```
99     _func2:
110        MOV    DPTR, #0x0000
111        MOV    B, #0x00
114        RET
```

通过程序清单1.25和程序清单1.26可知,函数的返回值是保存在特殊功能寄存器DPTR(程序清单1.26(110))和B(程序清单1.26(111))中的,函数通过RET指令返回(程序清单 1.26(114))。

5. 四字节返回值

四字节返回值的函数参考代码详见程序清单 1.27,其对应的汇编代码详见程序清单 1.28。

程序清单 1.27　四字节返回值函数的 C 语言代码(ret5.c)

```
1    unsigned long func2 (void)
2    {
3        return 1;
4    }
```

程序清单 1.28　四字节返回值函数的汇编代码(ret5.asm)

```
99    _func2:
110        MOV    DPTR, #(0x01&0x00ff)
111        CLR    A
112        MOV    B, A
115        RET
```

通过程序清单 1.27 和程序清单 1.28 可以看出,函数的返回值是保存在特殊功能寄存器 DPTR(程序清单 1.28(110))、B(程序清单 1.28(112))和 A(程序清单 1.28(111))中的,函数通过 RET 指令返回(程序清单 1.28(115))。

6. 小　结

综上所述,函数的返回值通过特殊功能寄存器传递,根据参数大小依次使用特殊功能寄存器 DPL、DPTR、DPTR+B、DPTR+B+A。

1.6.5　局部变量存储

与全局变量的不同之处,C 语言中动态存储局部变量的存储空间是动态申请的,因此,对于凡是使用了局部变量的函数,在进入函数时,需要为局部变量分配存储空间;在退出函数之前,需要释放局部变量使用的存储空间。

① 如果没有使用或优化后没有使用局部变量,则不分配存储空间。比如:

```
a=100;
func2(a);
```

就被优化为

```
func2(100);
```

也就是说,系统不会为变量 a 分配存储空间。因此,分析局部变量存储规则时,必须保证变量确实存在。

② 为了提高执行效率,编译器会将局部变量尽量分配到寄存器中,比如 SDCC51 的 R0~R7。由于分配到寄存器的规则比较复杂,因此,分析局部变量的存储规则有一定的难度。而事实上,分配到寄存器的局部变量并不是真正意义上的 C 语言变量。C 语言规定,变量是有地址的,可用"&"对其进行"取地址"操作。而寄存器却没有地址,即使是 80C51 单片机,

第1章 深入理解嵌入式C

R0～R7的地址也不是固定不变的,因此,对其进行"取地址"操作是没有意义的。

我们分析局部变量存储规则的目的,主要是为了帮助初学者了解真正意义的C语言局部变量的存储规则。如果编写一段测试代码,其局部变量被分配到寄存器中,那么也就失去了分析的意义。如果迫使编译器将局部变量分配到内存中(这样才有地址),则必须对局部变量进行有意义的"取地址"操作。

1. 一个局部变量

C语言函数可能没有局部变量,也可能有局部变量;可能仅有一个局部变量,也可能有多个局部变量。下面先分析只有一个局部变量的情况,为了节省篇幅,假设变量为 unsigned int 类型,C代码详见程序清单1.29,其相应的汇编代码详见程序清单1.30。

程序清单1.29　一个局部变量函数的C语言代码(ret6.c)

```
1    extern void func2(data unsigned int *);
2
3    void func1 (void)               //函数名即是函数的首地址
4    {
5        unsigned int uiTmp1;        //在内存中定义一个局部变量 uiTmp1
6
7        uiTmp1=1;                   //将数据保存到内存地址为 &uiTmp1 的单元中
8        func2(&uiTmp1);
9    }
```

程序清单1.30　一个局部变量函数的汇编代码(ret6.asm)

```
100    _func1:
109        PUSH     _bp
110        MOV      _bp, SP
111        INC      SP
112        INC      SP

115        MOV      R0, _bp          ;将局部变量的高字节保存在变量的高地址中
116        INC      R0
117        MOV      @R0, #0x01
118        CLR      A
119        INC      R0
120        MOV      @R0, A

123        MOV      DPL, _bp
124        INC      DPL
125        LCALL    _func2
126        MOV      SP, _bp
127        POP      _bp

130        RET
```

由此可见,局部变量分配在堆栈中,且局部变量的高字节保存在变量的高地址中。程序清单1.29与程序清单1.30的对应关系如表1.6所列。

表 1.6 一个局部变量函数 C 与汇编程序的对应关系

C 程序	汇编程序	备注
程序清单 1.29(3)	程序清单 1.30(100)	
	程序清单 1.30(109~112)	为局部变量分配存储空间
程序清单 1.29(7)	程序清单 1.30(115~120)	
程序清单 1.29(8)	程序清单 1.30(123~125)	
	程序清单 1.30(126~127)	释放分配的存储空间
程序清单 1.29(9)	程序清单 1.30(130)	

通过程序清单 1.30 发现,变量 _bp 在 C 语言中没有定义。而事实上,_bp 是 SDCC51 强加的用于局部变量操作的变量。通过程序清单 1.30(109~112)可以看出,局部变量分配在堆栈中。从理论上来分析,实际上不需要 _bp 来辅助操作局部变量,只要使用 SP 操作局部变量就可以了。其原因如下:

① 兼容不同模式下的局部变量操作。这里以小模式为例来分析可重入方式下局部变量的存储规则,此时局部变量保存在硬件堆栈中。由于 SDCC51 还有其他模式,比如大模式,在可重入方式下其局部变量保存在位于 XDATA 的软件堆栈中,此时将不能使用 SP 操作。

② 方便编译器的实现。事实上很多 CPU,比如 Intel 的 X86,在 CPU 的内部专门定义了 bp 寄存器,用于简化局部变量的操作。为方便编译器的实现并减少错误,SDCC51 也定义了这个变量。

2. 两个局部变量

C 语言函数可能有多个局部变量,其中,两个局部变量是一种特例,通过分析这种情况可以获得局部变量的分配顺序。C 代码详见程序清单 1.31,其相应的汇编代码详见程序清单 1.32。

程序清单 1.31 两个局部变量函数的 C 语言代码(ret7.c)

```
1    extern void func2(data unsigned int *);
2
3    void func1 (void)
4    {
5        unsigned int uiTmp1;
6        unsigned int uiTmp2;
7
8        uiTmp1=1;
9        uiTmp2=2;
10       func2(&uiTmp1);
11       func2(&uiTmp2);
12   }
```

程序清单 1.32 两个局部变量函数的汇编代码(ret7.asm)

```
101    _func1:
110        PUSH       _bp
```

111	MOV	A, SP
112	MOV	_bp, A
113	ADD	A, #0x04
114	MOV	SP, A
117	MOV	R0, _bp
118	INC	R0
119	MOV	@R0, #0x01
120	CLR	A
121	INC	R0
122	MOV	@R0, A
125	MOV	R0, _bp
126	INC	R0
127	INC	R0
128	INC	R0
129	MOV	@R0, #0x02
130	CLR	A
131	INC	R0
132	MOV	@R0, A
135	MOV	DPL, _bp
136	INC	DPL
137	LCALL	_func2
140	MOV	A, _bp
141	ADD	A, #0x03
142	MOV	DPL, A
143	LCALL	_func2
144	MOV	SP, _bp
145	POP	_bp
148	RET	

通过程序清单 1.32(117～132)可以看出，局部变量由低到高的存储顺序就是局部变量的定义顺序。程序清单 1.31 与程序清单 1.32 的对应关系详见表 1.7。

表 1.7 两个局部变量函数 C 与汇编程序的对应关系

C 程序	汇编程序	备 注
程序清单 1.31(3)	程序清单 1.32(101)	
	程序清单 1.32(110～114)	为局部变量分配存储空间
程序清单 1.31(8)	程序清单 1.32(117～122)	
程序清单 1.31(9)	程序清单 1.32(125～132)	
程序清单 1.31(10)	程序清单 1.32(135～137)	
程序清单 1.31(11)	程序清单 1.32(140～143)	
	程序清单 1.32(126～127)	释放分配的存储空间
程序清单 1.31(9)	程序清单 1.32(130)	

3. 小　结

由上述分析可知，SDCC51 局部变量的存储规则如下：

① 优化掉部分未使用的局部变量，优化掉部分没有用的局部变量；
② 尽可能将局部变量保存在 R0~R7 中，其他局部变量保存在堆栈中；
③ 局部变量的高字节保存在变量的高地址中；
④ 局部变量由低到高的存储顺序就是局部变量的定义顺序。

虽然上面选择了一些经典示例来帮助初学者深入理解嵌入式 C，但还是不能完全解决初学者在学习 C 语言的过程中遇到的所有疑惑。比如，为什么用 const 修饰的变量是只读变量呢？其实，通过与 C 对应的汇编语言即可看出，系统将 const 所修饰的变量分配到代码区，而代码区往往放在只读存储器中，因此不能直接修改。同时，C 语言语法禁止直接修改 const 修饰的变量。尽管 C 语言禁止直接修改只读变量，但可以通过强制类型转换来修改。如果程序的代码区放在 RAM 中，则可以通过这种手段修改只读变量的值。而事实上，对于初学者来说，类似这样的问题可能比比皆是，但只要结合 C 与汇编语言一起来分析所遇到的问题，一切疑惑均可一一破解。因此，本节所述方法和内容仅仅起到抛砖引玉的作用，更深入的了解还需要初学者加强自我学习。

1.7　经典范例程序设计

在学习《新编计算机基础教程》[1]的过程中，使用汇编语言设计了一系列经典范例程序，下面仅仅换了一种编程语言 C 来实现同样的功能而已。为什么还要重复呢？读者一定听说过"卖油翁"的故事吧！所谓专业就是"熟能生巧"的结果。而事实上，对于初学者来说，提高程序设计能力的最佳方法就是"一题多解"，即分别用不同的方法和思路来实现同样的功能，然后通过对比实验发现各种方法的优劣。只有这样才能搞清楚来龙去脉，达到烂熟于心的程度。

1.7.1　LED 流水灯范例

在《新编计算机基础教程》中，我们使用汇编语言编程实现了 LED 流水灯。为了帮助初学者快速入门，下面将使用 C51 高级语言编程实现同样的功能。

如图 1.10 所示为 LED 流水灯实验电路，80C51 单片机的 P1.0~P1.7 口通过 74HC04 反相器控制 8 个 LED。当单片机输出高电平时，点亮 LED；当单片机输出低电平时，熄灭 LED。

关于 LED 流水灯的程序设计思想在《新编计算机基础教程》[1]中已经进行了详细的分析，在此不再重复。不过还是需要再一次提醒大家，在设计程序时一定确定好定时间隔，如果时间间隔调整恰当(100 ms 量级)，则循环点亮的 LED 看起来就像流水一样在流动。

这个实验虽然看起来很简单，但稍微推广一下，就会在实际生活中发现它广泛应用的案例，比如，护栏 LED 动画、LED 广告灯、建筑物 LED 夜景装饰等。下面来看一看程序清单 1.33 所示的使用 C51 高级语言编写 LED 流水灯的程序设计思想。

第1章 深入理解嵌入式 C

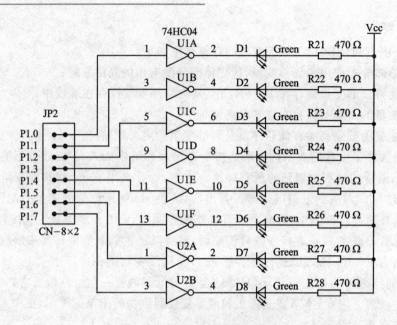

图 1.10 LED 流水灯实验电路

程序清单 1.33 LED 流水灯例程（water_lights.c）

```
23      #include<8051.h>

54      void main (void)
55      {
56          unsigned char i;                    //定义 i 为循环计数器变量
57          unsigned char ucTmp1;               //定义 ucTmp1 为暂存器变量
58
59          while (1) {
60
61              ucTmp1=0x01;
62
63              for (i=0; i<8; i++) {
64                  P1=ucTmp1;                  //如果低电平有效，则修改为 P1=～ucTmp1
65
66                  delay100us(1000);           //延时 100 ms
67                  ucTmp1=ucTmp1<<1;
68              }
69          }
70      }
```

请读者使用 TKStudio 集成开发环境，打开与 C 代码相应的汇编代码进行分析，进一步加深理解。

1.7.2 蜂鸣器驱动范例

在《新编计算机基础教程》中，我们学习了交流蜂鸣器驱动电路的设计与编程。而事实上，从结构上蜂鸣器又可以分为有源蜂鸣器和无源蜂鸣器两大类。有源蜂鸣器称为直流蜂鸣器，无源蜂鸣器称为交流蜂鸣器。直流蜂鸣器的使用非常简单，只要在其两端加上特定的电压就能自行发出蜂鸣声，因为其内部已经自带振荡电路。而交流蜂鸣器的内部由于没有振荡电路，所以要使其发声就要从外部加载振荡的驱动信号，发声频率等于驱动信号的频率。

如图 1.11 所示的蜂鸣器驱动电路，既适用于交流蜂鸣器，也适用于直流蜂鸣器。如果控制直流蜂鸣器，则只要 P3.5 输出低电平就能使其发声，输出高电平即关闭。而在本例中，采用的仍然是交流蜂鸣器，所以应从 P3.5 输出方波来控制蜂鸣器发声。

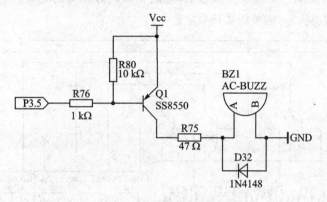

图 1.11　蜂鸣器驱动电路

编程的关键还是如何控制延时。依然可以利用 1.3.2 小节的延时函数，这样驱动交流蜂鸣器就不再是一件困难的事情了，其相应的代码详见程序清单 1.34。

程序清单 1.34　蜂鸣器发声例程(buzzer.c)

```
23    #include<8051.h>
28    #define ZY_BUZZER_PIN        P3_5            //定义控制蜂鸣器的输出口

59    void main (void)
60    {
61        unsigned int i;
62
63        /*
64         * 蜂鸣器发出 1000 Hz 的声音并持续 1.5 s,3 000×0.5 ms=1.5 s
65         */
66        for (i=0; i<3000; i++){
67            ZY_BUZZER_PIN=!ZY_BUZZER_PIN;       //蜂鸣器控制信号取反,两个循环为
                                                  //一个周期
68
69            delay100us(5);                      //等待半个周期
70        }
71
72        while (1) {                             //无限循环,相当于汇编语言的 AJMP
73        }
74    }
```

1.7.3 数码管动态扫描显示驱动范例

1. 硬件电路

如图 1.12 所示为 6 位共阳极 LED 数码管驱动电路,其中 J2 为数码管位选端(Com),Com1~Com6 分别对应 P1.2~P1.7;J4 为数码管段选端(Seg),SegA~SegH 分别对应 P0.0~P0.7。当 Com 输出信号为 0 时,三极管进入饱和导通状态,高电平信号随即加载到数码管位选端。此时,如果 Seg 信号为低电平,将点亮数码管相应的笔段。当 Com 输出信号为 1 时,三极管处于截止状态,则关闭数码管。

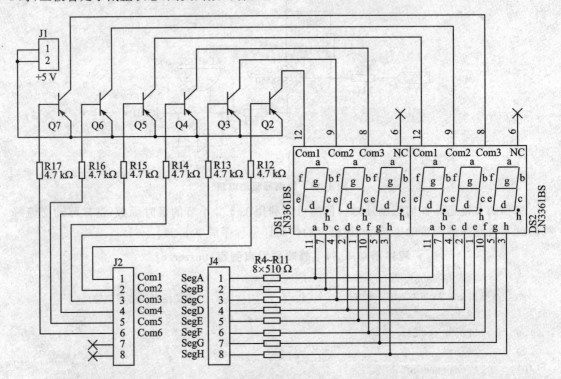

图 1.12　6 位共阳极 LED 数码管驱动电路

如果每次只点亮其中 1 个数码管,且使其他 5 个数码管保持熄灭状态,依次循环扫描显示,6 个数码管轮流显示一次,则视为扫描一遍。当扫描速度较慢时,将会明显地看到数码管呈现闪烁现象;而当扫描速度提升到 50 Hz,即每秒扫描 50 遍以上时,由于人眼的反应相对较为迟缓,则基本上感觉不到闪烁现象,如同 6 个数码管同时工作一样。其功能如下:

- 扫描函数:每调用 1 次扫描函数,即扫描 1 位数码管,那么,调用 6 次扫描函数,即将 6 个数码管扫描一遍。当每秒钟调用 6 次×50=300 次时,LED 数码管不会出现闪烁。
- 显示清屏函数:调用后立即清除所有显示。
- 支持多种字符的显示:能够显示十六进制数字 0~9 和 A~F,此外还支持小数点以及其他一些常用字符的显示。
- 字符串显示:如果将待显示的数字理解为 ASCII 字符,而不是数值,则显示器能够支持 ASCII 字符串的显示,但不能支持所有的 ASCII 码。

2. 硬件电路制作

图 1.12 所示的 LED 数码管驱动电路与 1.7.4 小节将要介绍的按键驱动电路,在后续的学习中会反复使用。作者制作的样品示意图如图 1.13 所示,图 1.13(a)为样品效果图,图 1.13(b)为 PCB 板布线图,其中的虚线表示在 2 个过孔之间需要使用金属导线连接起来。

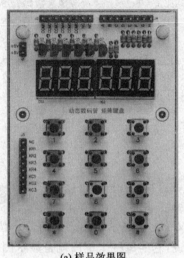
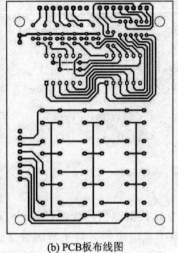

(a) 样品效果图　　　　　　　　(b) PCB 板布线图

图 1.13　样品效果图和 PCB 板布线图

3. 规　划

开辟一个显示缓冲区作为底层接口是实现数码管动态扫描显示的通用做法,每个字节对应一个数码管。如果上层软件对显示缓冲区指定的单元写入数据,则对应的数码管显示相应的内容。由于 LED 数码管显示器是字符型的,因此,显示缓冲区不仅可以存储待显示字符的字符码,而且也可以存储显示的图案,即待显示字符或图案所对应的数据中每一位对应数码管的一个笔段。

大多数情况下,仅仅要求显示字符串和关闭显示(清屏),加上设备的初始化操作和扫描函数,LED 数码管动态扫描显示驱动只需为其他软件提供 4 个函数和全局字符数组作为接口。因此,可将驱动程序划分成 3 个文件,分别为 led_display.h、led_display.c 和 led_display_cfg.h。其中,led_display.h 为驱动对外的接口,其他程序只要包含此文件,就可以使用此驱动了;led_display.c 为实现驱动的代码;led_display_cfg.h 为驱动配置文件,用于配置驱动使用的硬件信息。

4. 配　置

从图 1.12 可知,虽然数码管为共阳极接法,但只有当 Com 输出低电平时,才能点亮数码管,反之熄灭,由此得到相应的驱动电路配置文件 led_display_cfg.h 详见程序清单 1.35。由此可见,一旦数码管的驱动电路发生改变,仅需修改配置文件就可以了,无须重新编写代码。

程序清单 1.35　LED 数码管动态扫描显示驱动电路配置文件(led_display_cfg.h)

```
26   #include<8051.h>                              //可以增加更多引用头文件
```

```
28    #ifndef __LED_DISPLAY_CFG_H          //定义保护宏，与28、29、49行一起
29    #define __LED_DISPLAY_CFG_H          //避免多次包含同一个头文件造成的错误

34    #define __ZY_LED_DIG1_ON()    P1_2=0    //点亮数码管1
35    #define __ZY_LED_DIG1_OFF()   P1_2=1    //熄灭数码管1
36    #define __ZY_LED_DIG2_ON()    P1_3=0    //点亮数码管2
37    #define __ZY_LED_DIG2_OFF()   P1_3=1    //熄灭数码管2
38    #define __ZY_LED_DIG3_ON()    P1_4=0    //点亮数码管3
39    #define __ZY_LED_DIG3_OFF()   P1_4=1    //熄灭数码管3
40    #define __ZY_LED_DIG4_ON()    P1_5=0    //点亮数码管4
41    #define __ZY_LED_DIG4_OFF()   P1_5=1    //熄灭数码管4
42    #define __ZY_LED_DIG5_ON()    P1_6=0    //点亮数码管5
43    #define __ZY_LED_DIG5_OFF()   P1_6=1    //熄灭数码管5
44    #define __ZY_LED_DIG6_ON()    P1_7=0    //点亮数码管6
45    #define __ZY_LED_DIG6_OFF()   P1_7=1    //熄灭数码管6
46
47    #define __ZY_LED_SEG(data)    P0=data   //显示数据
49    #endif                                 //__LED_DISPLAY_CFG_H
```

此处的 data 显示数据即数码管的段选码，又称之为显示位图。所谓显示位图是由称为像素（图片元素）的单个点组成的。对于数码管来说，它的每一个笔段就是显示图片元素（像素）。

一个模块可能包含（include）一个或几个头文件。对于系统头文件来说，使用尖括号来包含，放在哪里引用问题都不大。

➤ 如果包含的是用户头文件，由于用户头文件与模块的相对目录发生了变化，因此引用语句也要发生变换，并需要修改代码；

➤ 如果包含语句在 *.c 文件中，则每个工程都有可能需要修改 *.c 文件，势必会对代码管理不利。如果在程序清单 1.35(26)这个位置包含代码，当 *.c 升级时，则只需要将 *.c 复制过来即可，从而减少了代码管理的麻烦。

而本书介绍的驱动程序均按照此规范编写，为了节省篇幅，后续的章节不再给出这些代码，请读者自行补充。

对于 C 语言来说，程序清单 1.35(28、29 和 40)同样不是必需的代码，如果加上这些代码，则可以避免多次包含同一个头文件而造成的错误。比如，如果在头文件中定义了一个变量且没有这些代码，则这个头文件不能被多次包含，当编译时就会提示变量重复定义。而当加上这些定义后，在第一次包含时，宏 __LED_DISPLAY_CFG_H 还没定义，程序清单 1.35(29~47)的代码有效，程序清单 1.35(29)则会定义宏 __LED_DISPLAY_CFG_H。当第二次包含时，保护宏 __LED_DISPLAY_CFG_H 已经定义了，程序清单 1.35(29~47)的代码就无效了，即使程序清单 1.35(29~47)有不能重复的语句，编译也不会出错。

注意，每个头文件中保护宏的名字（程序清单 1.35 为 __LED_DISPLAY_CFG_H）应当不同。如果相同，则具有相同保护宏的头文件不能被同一个 C 文件包含。因此，需要制定保护宏的命名规则，其规则如下：

➤ 以文件名为基础构建宏名，以程序清单 1.35 为例，文件名为 led_display_cfg.h；

➤ 首先将文件名的"."转换成"_"，成为 led_display_cfg_h；

➤ 接着将全部字符转换成大写，成为 LED_DISPLAY_CFG_H；

➤ 在最前面添加两个"_",成为完整的保护宏名__LED_DISPLAY_CFG_H。
因此,只要文件名不同,保护宏的名字也就不一样。

5. 接　口

当多人共同开发一个项目时,唯有遵循统一的接口规范,大家才能齐心协力并行工作。程序清单 1.36 为 led_display.h 数码管动态扫描显示驱动统一接口。由于函数在本质上是外部的,如果在定义函数时,在函数首部的最左端加关键字 extern,则此函数为外部函数。这样,函数就可以被其他文件调用了。

程序清单 1.36　数码管动态扫描显示驱动接口(led_display.h)

```
29    #ifdef __cplusplus
30    extern "C" {
31    #endif                                              //__cplusplus
32
33    /*******************************************************************
35    ** Descriptions:          LED 数码管驱动初始化
39    *******************************************************************/
40    extern char zyLedDisplayInit(void);    //输入参数:无;返回值:0——成功,-1——失败
41
42    /*******************************************************************
44    ** Descriptions:          LED 数码管扫描程序,必须以不小于 200 Hz 的频率调用
49    *******************************************************************/
50    extern void zyLedDisplayScan(void);        //输入参数与返回值:无
52    /*******************************************************************
54    ** Descriptions:          输出字符串
59    *******************************************************************/
60    extern char zyLedDisplayPuts(char * pcStr); //输入参数:pcStr——要输出的字符串
                                                 //返回值:0——成功,-1——失败
62    /*******************************************************************
64    ** Descriptions:          清屏
69    *******************************************************************/
70    extern char zyLedDisplayClr(void);     //输入参数:无;返回值:0——成功,-1——失败
73    extern unsigned char GucZyLedDisplayShowBuf[];   //显示缓冲区
76    #ifdef __cplusplus
77    }
78    #endif                                              //__cplusplus
```

> **小知识：宏__cplusplus 与 extern "C"**
>
> 对于 C 程序员来说,程序清单 1.35(29~31)和程序清单 1.36(76~78)的意义不大。但对于 C++程序员来说,这些代码就显得非常必要了。一般来说,C++编译器都包含 C 编译器。在默认情况下,*.C 文件用 C 编译器编译,而 *.cpp 文件用 C++编译器编译。尽管在语法上 C++语言与 C 语言兼容,但其函数调用规则不同,因此 C++程序不能直接调用 C 程序的函数,但 C++程序调用 C 程序又是非常有必要的。怎么办？此时,可以用 extern "C"告诉编译器指定的函数是用 C 语言编写的,C++编译器将按照 C 语言函

数调用规则调用此函数。关于 extern "C" 的详细说明请参考 C++ 语法,这里不做介绍。

当加上 extern "C" 后,虽然 C++ 程序已经没有问题了,但 C 语言的问题却出来了。这是因为 C 语言没有关于 extern "C" 的语法,所以编译将会出错。幸好,C++ 标准规定:当使用 C++ 编译器时,编译器认为程序已经定义了一个宏,名为 __cplusplus,而使用 C 编译器时,默认情况不会定义这个宏。因此,当使用 C++ 编译器编译程序清单 1.36(即 led_display.h 被 *.cpp 包含)时,程序清单 1.36(30,70)有效,extern "C" 起到了作用;当使用 C 编译器编译程序清单 1.36(即 led_display.h 被 *.c 包含)时,程序清单 1.36(30,70)无效,因为 extern "C" 不起作用。这样,无论是 C 语言还是 C++ 语言,程序清单 1.36 都可以正确地工作。当然,如果用户确定此驱动/模块永远不会在 C++ 程序中使用,则可以不要这两段代码。

本书其他 *.h 文件也会添加这些代码,但为了节省篇幅,本书的其他程序均未包含这些代码,请读者自行补充。

6. 编写代码

编写代码的主要工作就是编写 led_display.c、led_display.h 和 led_display_cfg.h 三个文件。对于 led_display.c,代码的开始部分应该包含相应的头文件,即 C 语言标准头文件和模块/驱动本身的头文件。如果还需要包含其他头文件,则在 led_display_cfg.h 中包含,这样更方便管理代码。这个规则同样适合本书的其他模块/驱动,但为了节省篇幅,后面不再给出这部分代码,请读者自行补充。

其实,数码管动态扫描显示驱动无须初始化,因此,从某种意义上来说,完全可以删除初始化函数。在这里,增加初始化函数的目的是为了让各个驱动接口一致,以利于编写其他软件。因此,初始化函数仅仅是一个空函数,详见程序清单 1.37。

程序清单 1.37　数码管动态扫描显示初始化函数(led_display.c)

```
26    #include<string.h>                    //必须包含的C语言标准头文件放在这里
27    #include ".\led_display_cfg.h"        //包含模块/驱动配置头文件
28    #include ".\led_display.h"            //包含模块/驱动应用头文件
58    char zyLedDisplayInit (void)
59    {
60        return 0;
61    }
```

如果仅仅显示第 1 位数码管,则可以执行以下代码来实现:

```
__ZY_LED_DIG1_OFF();                    //关闭数码管
__ZY_LED_DIG2_OFF();
__ZY_LED_DIG3_OFF();
__ZY_LED_DIG4_OFF();
__ZY_LED_DIG5_OFF();
__ZY_LED_DIG6_OFF();
__ZY_LED_SEG(显示位图);                  //p0=显示位图(显示数据)
__ZY_LED_DIG1_ON();                     //点亮数码管1
```

由此可见,如果要使其他的数码管点亮,只需修改最后一行代码即可。

通过前面的学习我们知道,实现数码管动态扫描的通用做法是,须开辟与每个数码管对应的显示缓冲区,其定义如下:

```
48    unsigned char GucZyLedDisplayShowBuf[6];              //定义显示缓冲区
```

它表示定义了一个 unsigned char 类型的一维数组,数组名为 GucZyLedDisplayShowBuf。此数组有 6 个元素,每个元素占用 1 字节,按顺序存放。其中,GucZyLedDisplayShowBuf[0] 对应最左边的数码管。注意:下标从 0 开始,不存在数组元素 GucZyLedDisplayShowBuf[6]。

一般来说,人们习惯用 1 代表发光二极管处于发光状态,0 代表发光二极管处于熄灭状态。实际上,数码管驱动电路有可能为共阴极接法,也有可能为共阳极接法,因此,无论采用哪种电路接法,设计都要符合人机工程学。也就是说,必须将与之相应的"段码表"中的数据设定为 1 来点亮相应的笔段。

由此可见,对于共阴极接法,高电平 1 点亮相应的笔段,假设要显示字符"0",那么,只需直接将待显示数字字符的数值 0x3F 送到 p0;而如图 1.12 所示的数码管为共阳极接法,低电平 0 点亮相应的笔段,假设同样显示字符"0",其实际对应的数值为 0xC0,那么,只要将 0xC0 取反后的数值 0x3F 作为段码表的数据即可。当需要显示第一位 LED 数码管时,仅需执行:

```
__ZY_LED_SEG(~GucZyLedDisplayShowBuf[0]);
```

即可将共阴极与共阳极数码管统一起来。而实际上,动态扫描显示程序就是依次循环显示这 6 个 LED 数码管。

为了最大限度地利用 CPU 的资源,最好让 LED 数码管在显示的时候还可以干别的事情。也就是说,在每次调用 zyLedDisplayScan()函数时,如果只让其中一个数码管显示,那么,调用 6 次即可将 6 个数码管扫描显示一遍。这样,zyLedDisplayScan()中就必须有一个静态变量来记录当前的显示位置,可定义为 ucIndex。当 ucIndex 为 0~5 时,则分别让 1~6 号数码管显示。每调用一次 zyLedDisplayScan(),ucIndex 就加 1。当 ucIndex 加到 6 时,则必须绕回到 0。

实际上,实现同一功能的编程方法多种多样,为了帮助读者快速入门,程序清单 1.38 采用了一种代码结构较为简单且程序执行流程最清晰的编程方法,来实现数码管的动态扫描功能。

程序清单 1.38 数码管动态扫描显示程序(led_display.c)

```
70    void zyLedDisplayScan (void)
71    {
72        static unsigned char ucIndex=0;              //定义扫描位置索引静态变量
73
74        /*
75         *  关闭显示
76         */
77        __ZY_LED_DIG1_OFF();
78        __ZY_LED_DIG2_OFF();
79        __ZY_LED_DIG3_OFF();
80        __ZY_LED_DIG4_OFF();
81        __ZY_LED_DIG5_OFF();
82        __ZY_LED_DIG6_OFF();
83
```

```
 84        /*
 85         *  显示 ucIndex 位：将待显示数字字符的数值送到段选位控制 I/O 口
 86         */
 87        __ZY_LED_SEG(~GucZyLedDisplayShowBuf[ucIndex]);
 88
 89        switch (ucIndex) {
 90
 91        case 0:
 92            __ZY_LED_DIG1_ON();                //点亮数码管 1
 93            break;
 94
 95        case 1:
 96            __ZY_LED_DIG2_ON();                //点亮数码管 2
 97            break;
 98
 99        case 2:
100            __ZY_LED_DIG3_ON();                //点亮数码管 3
101            break;
102
103        case 3:
104            __ZY_LED_DIG4_ON();                //点亮数码管 4
105            break;
106
107        case 4:
108            __ZY_LED_DIG5_ON();                //点亮数码管 5
109            break;
110
111        case 5:
112            __ZY_LED_DIG6_ON();                //点亮数码管 6
113            break;
114
115        default:
116            break;
117        }
118
119        /*
120         *  准备显示下一位
121         */
122        ucIndex++;
123        if (ucIndex>=6) {
124            ucIndex=0;
125        }
126    }
```

7. 显示字符串与清屏

(1) 字库

为了使用更方便,将 zyLedDisplayPuts() 函数传入的参数可定义为字符串。由于硬件的限制,可供显示的字符受到一定限制。使用 8 字型 LED 数码管显示缓冲区保存的是显示的图案而非字符,因此,程序必须提供一个小字库,以便将相应的字符显示在 LED 数码管上。设定可显示的字符为 0123456789-ABCDEFabcdefORPNorpn,其中,除 O 和 o 之外,大小写显示相同。

由于 8 字型数码管的 8 个笔段正好对应一个字节,因此仅需一个字节就可以保存一个字符,由此可见,不妨将待显示的字符与数值组合在一起成为一个二维数组,建立与此相应的字库,详见程序清单 1.39。

二维数组常称为矩阵(matrix)。如果将二维数组写成行(column)和列(row)的排列形式,则更有助于形象化地理解二维数组的逻辑结构。由于对全部元素都赋初值,即提供原始数据,因此,在定义数组时对第 1 维的长度可以不指定,但对第 2 维的长度不能省略。

此处,采取"分行为二维数组赋初值"的方法。这种方法非常直观,一行对一行界限分明,将第 1 个花括号内的数据赋给第 1 行的元素,第 2 个花括号内的数据赋给第 2 行的元素……即按行赋初值。这种写法能告诉编译器:数组共有 34 行。

由于指定数组为静态(static)存储方式,因此,不能用可变长数组。code 指定将变量分配到程序存储器的整个 64 KB 空间。

程序清单 1.39 显示字库(led_display.c)

```
38    static code  unsigned char __GucShowTable[][2]={           //显示字库
39        {'0', 0x3f}, {'1', 0x06}, {'2', 0x5b}, {'3', 0x4f}, {'4', 0x66},
40        {'5', 0x6d}, {'6', 0x7d}, {'7', 0x07}, {'8', 0x7f}, {'9', 0x6f},
41        {'A', 0x77}, {'B', 0x7c}, {'C', 0x39}, {'D', 0x5e}, {'E', 0x79}, {'F', 0x71},
42        {'a', 0x77}, {'b', 0x7c}, {'c', 0x39}, {'d', 0x5e}, {'e', 0x79}, {'f', 0x71},
43        {'O', 0x3f}, {'R', 0x50}, {'P', 0x73}, {'N', 0x37}, {'-', 0x40},
44        {'o', 0x5c}, {'r', 0x50}, {'p', 0x73}, {'n', 0x37}, {' ', 0x00}, {'\011', 0x00},
45        {0x00, 0x00}
46    };
```

(2) 显示字符串

根据上述分析,即可写出 zyLedDisplayPuts() 函数的代码(详见程序清单 1.40(136~181))。其函数原型为:

```
136    char zyLedDisplayPuts (char * pcStr)
```

其中,pcStr 是一个指向字符串的指针变量。以程序清单 1.42 为例,其示例为:

```
60    zyLedDisplayPuts("60.7-5.9");           //显示字符串
```

执行结果就是将字符串的首地址作为实参赋值给被调函数的形参,传递过程相当于:

```
char * pcStr="60.7-5.9";           //用字符串常量"60.7-5.9"对 pcStr 初始化
```

等价于下面两行:

第1章 深入理解嵌入式 C

```
        char * pcStr;                                    //定义一个 char *型变量
        pcStr="60.7-5.9";                                //将字符串首元素的地址赋给字符串指针变量
```

C 语言对字符串常量是按字符数组处理的,在内存中开辟了一个字符数组用来存放该字符串常量。但是这个字符数组是没有名字的,因此,不能通过数组名来引用,只能通过指针变量来引用。

> **注意**:pcStr 只能指向一个字符串类型数据,不能同时指向多个字符串数据,更不能将"60.7-5.9"字符存放到 pcStr 中,因为指针变量只能存放地址,也不是将字符串赋给 * pcStr,只是将"60.7-5.9"的第 1 个字符的地址赋给指针变量 pcStr。

那么,如何存取字符串中的字符呢?

用指针变量访问字符串,通过改变指针变量的值使它指向字符串中不同的字符。比如:

```
174     pcStr++;                                         //指向字符串的下一个字符
```

> **注意**:如程序清单 1.40(149)所示的 continue 语句的作用只是提前结束本次循环,接着执行下一次循环,而不是终止整个循环的执行。由于程序清单 1.40(145)的"{"与程序清单 1.40(175)的"}"为一个循环体,因此,当结束本次循环时,跳转到程序清单 1.40(174),执行下次循环。

由于字库中并不包含小数点"."的显示,鉴于数码管的特性,"."会与别的字符显示在一个数码管上。因为字符串每增加一个小数点,也就意味着字符串多了一个字符,比如,"60.7-5.9"就是 8 个字符。由于显示器只有 6 位,因此除了"."外,无论字符串的长度是多少,则只显示字符串的 6 个字符。为了编程方便,规定:只显示字符串除了"."之外的前面 6 个字符。因此,应当对字符"."进行特殊处理(程序清单 1.40(156)),然后再将小数点"."与当前字符合并成为一个带小数点的字符(程序清单 1.40(157))。

有了这张表,那么将如何通过字库查找我们需要的信息呢?由于数组的第 1 个元素为待显示的数字,第 2 个元素为显示数据,因此,通过下标即可找到我们需要的信息。如果将列号固定,即可分别通过行号找到待显示的数字以及与之匹配的显示数据。比如:

```
        __GucShowTable[j][0]                             //表示数组第 j 行的第 1 个元素
        __GucShowTable[j][1]                             //表示数组第 j 行的第 2 个元素
```

我们知道,一个变量有地址,一个数组包含若干个元素,每个数组元素在内存中占用存储单元,它们都有相应的地址。指针变量既然可以指向变量,当然也可以指向数组元素,即将某一元素的地址放到一个指针变量中,那么,数组元素的指针就是数组元素的地址。

由此可见,不妨先固定列号为 0,如果通过__GucShowTable[j][0]找到数组第 j 行的第 1 个元素(待显示的数字),与 * pcStr 的内容相匹配(程序清单 1.40(164)),即可固定列号为 1,然后通过__GucShowTable[j][1]找到数组第 j 行的第 2 个元素(显示数据),接着将显示数据送显示缓冲区即可(程序清单 1.40(169))。

> **注意**:由于 * pcStr 与__GucShowTable[j][0]类型不同,因此需要进行强制转换。

程序清单 1.40　显示字符串(led_display.c)

```c
136     char zyLedDisplayPuts (char * pcStr)
137     {
138                     char    i;
139             unsigned    char    j;
140
141             if (pcStr==NULL) {
142                 return -1;
143             }
144
145             for (i=0; i<6; i++) {
146
147                 if (* pcStr==0) {
148                     GucZyLedDisplayShowBuf[i]=0;        //如果字符串中的字符为0,则将显示缓
                                                           //冲区清0
149                     continue;                          //提前结束本次循环
150                 }
151
152                 /*
153                  *    小数点单独处理：在当前位置显示小数点
154                  */
155                 if (* pcStr=='.') {
156                     i--;
157                     GucZyLedDisplayShowBuf[i]=GucZyLedDisplayShowBuf[i]|0x80;
158                 } else {
159
160                     /*
161                      *    查找显示字库
162                      */
163                     for (j=0; __GucShowTable[j][0] !=0; j++) {
164                         if (* pcStr==(char)__GucShowTable[j][0]) {
165
166                             /*
167                              *    显示字符：将待显示字符的数值赋给显示缓冲区
168                              */
169                             GucZyLedDisplayShowBuf[i]=__GucShowTable[j][1];
170                             break;                     //终止循环,使流程跳出循环体
171                         }
172                     }
173                 }
174                 pcStr++;                               //指向字符串的下一个字符
175             }
176
177             return 0;
178     }
```

（3）清屏

清屏只需将显示缓冲区全部清0即可，详见程序清单1.41。

程序清单1.41　清屏(led_display.c)

```
190    char zyLedDisplayClr (void)               //清屏
191    {
192        memset(GucZyLedDisplayShowBuf, 0, 6);  //内存空间初始化
193        return 0;
194    }
```

☞ memset 标准库函数

memset函数常用内存空间初始化，其函数原型为：

void * memset(void * s, int ch, unsigned n);   //返回值为指向s的指针

它是由系统提供的一个标准库函数，其作用是对字节进行操作，将s所指向的某一块内存中的每个字节的内容全部设置为ch指定的ASCII值，块的大小由第3个参数指定。简而言之，将已开辟内存空间s的首n个字节的值设为ch。注意：千万不要忘记添加头文件<memory.h>或<string.h>。

8. 测试用例

程序清单1.42为动态数码管扫描显示驱动程序的一个简单应用示例，在程序开头必须先包含头文件led_display.h，在初始化后就可以通过调用zyLedDisplayPuts( )函数来显示字符串。

由于驱动程序采用轮询方式工作，因此字符不会在数码管上自动显示，必须不断地调用扫描函数zyLedDisplayScan( )来维持数码管的显示。delay100us(22)可实现约2.2 ms的显示，即数码管的扫描频率在75 Hz左右，可以比较好地消除人眼的视觉闪烁感。

请读者将延时改成delay100us(333)试一试，此时扫描频率会降到5 Hz左右，能够清楚地看到数码管的扫描过程，请仔细体会动态扫描的基本原理。

程序清单1.42　数码管动态扫描显示测试用例(main.c)

```
23    #include<8051.h>
24    #include "led_display.h"

56    void main (void)
57    {
58        zyLedDisplayInit();              //初始化显示器
59
60        zyLedDisplayPuts("60.7-5.9");    //显示字符串
61
62        while (1) {
63            zyLedDisplayScan();          //显示扫描
64            delay100us(22);              //延时2.2 ms
65        }
66    }
```

1.7.4 键盘动态扫描驱动范例

1. 硬件电路及逐行扫描法原理

矩阵键盘与独立按键相比,更节省 I/O 口线,当键越来越多时,则优势更加明显。如图 1.14 所示为一种 4 行×3 列的矩阵键盘控制电路,其中,KR1～KR4 为行扫描线(R——Row),分别对应 P2.3～P2.6;KC1～KC3 为列扫描线(C——Column),分别对应 P2.0～P2.2。

首先,CPU 判断是否有键按下,接着确定按下的是哪一个键,然后将键代表的信息翻译成机器所能识别的代码,比如,ASCII 码或其他特征码。如果前面两步由纯硬件来完成,则称之为编码键盘;如果主要由软件来完成,则称之为非编码键盘。在单片机应用系统中通常采用的是非编码键盘,比如,逐行逐列扫描法、行扫描法或列扫描法、线反转扫描法等。其主要功能就是完成键的识别,判断键盘中是否有键按下,如果有键按下,则确定其所在的行列位置,对得到的行号与列号译码得到键值。

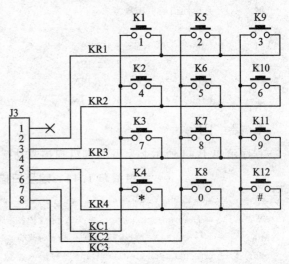

图 1.14 矩阵键盘控制电路

如果采用最常用的逐行逐列扫描法,则必须先进行初始化,接着将所有行线 KR 置 1,并将所有列线 KC 设置为弱上拉输入。当开始扫描时,首先将 KR1 清 0,而其他 KR 线则继续保持置 1 状态,然后依次读取 KC 线的信号。如果读到那条 KC 线为 0,则说明有键按下;之后使 KR1 恢复为 1。再用同样的方法扫描 KR2 与所有 KC 线,以此类推,扫描整个键盘。

由此可见,通过扫描行线和列线即可知道是否有键按下以及具体是哪个键按下。

2. 规　划

与独立键盘一样,矩阵键盘也存在抖动现象。如果在驱动内部解决"抖动"现象,那么,必须在驱动内部使用延时函数。其结果势必消耗 CPU 的资源,从而极有可能造成其他程序执行失败,比如,LED 数码管显示停止,这是无法忍受的。因此,最佳的方案是,驱动只用于处理键盘的当前状态,去抖动问题留待用户另外编程解决。

为了方便用户使用驱动,可将驱动划分为 3 个文件:key.h、key.c 和 key_cfg.h。其中,key.h 为驱动对外的接口,其他程序只要包含此文件,即可使用此驱动;key.c 为驱动代码;key_cfg.h 为驱动配置文件,可以配置驱动使用的硬件等配置信息。

3. 配　置

根据图 1.14 可以得到驱动的硬件配置信息,key_cfg.h 驱动配置文件详见程序清单 1.43。

第 1 章 深入理解嵌入式 C

程序清单 1.43 键盘动态扫描驱动配置文件(key_cfg.h)

```
31  /****************************************************************
32      键盘列扫描信号
33  ****************************************************************/
34  #define __ZY_KEY_KC1_PIN         P2_0
35  #define __ZY_KEY_KC2_PIN         P2_1
36  #define __ZY_KEY_KC3_PIN         P2_2
38  /****************************************************************
39      键盘行扫描引脚配置
40  ****************************************************************/
41  #define __ZY_KEY_KR1_PIN         P2_3
42  #define __ZY_KEY_KR2_PIN         P2_4
43  #define __ZY_KEY_KR3_PIN         P2_5
44  #define __ZY_KEY_KR4_PIN         P2_6
```

4. 接口

程序清单 1.44 所示 key.h 为键盘扫描驱动统一接口规范。

程序清单 1.44 键盘扫描驱动接口(key.h)

```
33  /****************************************************************
35   * * Descriptions:     键盘模块初始化
40  ****************************************************************/
41  extern char zyKeyInit(void);    //输入参数：无；返回值：0——成功，-1——失败
43  /****************************************************************
45   * * Descriptions:     获得瞬时按键状态(去抖前按键状态)，不支持组合键
50  ****************************************************************/
51  extern char zyKeyGet(void);     //输入参数：无；返回值：≥0——键值，<0——无键按下
```

5. 编写代码

其实，键盘扫描驱动无须初始化，因此，从某种意义上来说，完全可以删除初始化函数。在这里，增加初始化函数的目的是为了让各个驱动接口一致，以利于编写其他软件。因此，初始化函数仅仅是一个空函数，详见程序清单 1.45。

程序清单 1.45 键盘扫描驱动初始化函数

```
37  char zyKeyInit (void)
38  {
39      return 0;
40  }
```

当对行列扫描法的工作原理有所了解后，就可以编写代码了，但关键要注意是否支持多键同时按下的情形。如果要支持任意键同时按下，那么，如何返回这些按键的状态，则是一个头疼的问题。

如果仅仅支持少数组合键就比较简单，只要将组合键作为一个新键来处理即可。实际上，实现同一功能的编程方法多种多样，为了帮助读者快速入门，程序清单 1.46 采用了一种代码结构较为简单且程序执行流程最清晰的编程方法来获得键的特征码。注意：本驱动不

支持多键同时按下的情况。

程序清单1.46　矩阵键盘驱动程序(key.c)

```
50  char zyKeyGet (void)
51  {
52      char         ucRt;              //返回键值
53      unsigned  char     ucKeySum;    //按键数目计数
54
55      ucRt=-1;
56      ucKeySum=0;
57
58      /*
59       * 将所有"列线"设置为输入状态
60       */
61      __ZY_KEY_KC1_PIN=1;
62      __ZY_KEY_KC2_PIN=1;
63      __ZY_KEY_KC3_PIN=1;
65      /*
66       * 将所有"行线"设置为高电平
67       */
68      __ZY_KEY_KR1_PIN=1;
69      __ZY_KEY_KR2_PIN=1;
70      __ZY_KEY_KR3_PIN=1;
71      __ZY_KEY_KR4_PIN=1;
73      /*
74       * 扫描第1行
75       */
76      __ZY_KEY_KR1_PIN=0;             //将KR1清0
77      if (__ZY_KEY_KC1_PIN==0) {      //如果KC1为0,则说明K1键已经按下
78          ucRt=0;                     //键值为0
79          ucKeySum++;
80      }
81      if (__ZY_KEY_KC2_PIN==0) {      //如果KC2为0,则说明K5键已经按下
82          ucRt=1;                     //键值为1
83          ucKeySum++;
84      }
85      if (__ZY_KEY_KC3_PIN==0) {      //如果KC3为0,则说明K9键已经按下
86          ucRt=2;                     //键值为2
87          ucKeySum++;
88      }
89      __ZY_KEY_KR1_PIN=1;             //第1行扫描完毕,将KR1恢复为1
91      /*
92       * 扫描第2行
93       */
94      __ZY_KEY_KR2_PIN=0;             //将KR2清0
95      if (__ZY_KEY_KC1_PIN==0) {      //如果KC1为0,则说明K2键已经按下
```

```
 96            ucRt=3;                              //键值为 3
 97            ucKeySum++;
 98        }
 99        if (__ZY_KEY_KC2_PIN==0) {               //如果 KC2 为 0,则说明 K6 键已经按下
100            ucRt=4;                              //键值为 4
101            ucKeySum++;
102        }
103        if (__ZY_KEY_KC3_PIN==0) {               //如果 KC3 为 0,则说明 K10 键已经按下
104            ucRt=5;                              //键值为 5
105            ucKeySum++;
106        }
107        __ZY_KEY_KR2_PIN=1;                      //第 2 行扫描完毕,将 KR2 恢复为 1
109    /*
110     * 扫描第 3 行
111     */
112        __ZY_KEY_KR3_PIN=0;                      //将 KR3 清 0
113        if (__ZY_KEY_KC1_PIN==0) {               //如果 KC1 为 0,则说明 K3 键已经按下
114            ucRt=6;                              //键值为 6
115            ucKeySum++;
116        }
117        if (__ZY_KEY_KC2_PIN==0) {               //如果 KC2 为 0,则说明 K7 键已经按下
118            ucRt=7;                              //键值为 7
119            ucKeySum++;
120        }
121        if (__ZY_KEY_KC3_PIN==0) {               //如果 KC3 为 0,则说明 K11 键已经按下
122            ucRt=8;                              //键值为 8
123            ucKeySum++;
124        }
125        __ZY_KEY_KR3_PIN=1;                      //第 3 行扫描完毕,将 KR3 恢复为 1
126
127    /*
128     * 扫描第 4 行
129     */
130        __ZY_KEY_KR4_PIN=0;                      //将 KR4 清 0
131        if (__ZY_KEY_KC1_PIN==0) {               //如果 KC1 为 0,则说明 K4 键已经按下
132            ucRt=9;                              //键值为 9
133            ucKeySum++;
134        }
135        if (__ZY_KEY_KC2_PIN==0) {               //如果 KC2 为 0,则说明 K8 键已经按下
136            ucRt=10;                             //键值为 10
137            ucKeySum++;
138        }
139        if (__ZY_KEY_KC3_PIN==0) {               //如果 KC3 为 0,则说明 K12 键已经按下
140            ucRt=11;                             //键值为 11
141            ucKeySum++;
```

```
142            }
143            __ZY_KEY_KR4_PIN=1;              //第4行扫描完毕,将KR4恢复为1
145       /*
146        * 超过1个按键,返回-1
147        */
148       if (ucKeySum !=1) {
149           return-1;
150       }
151       return ucRt;                            //返回键值
152  }
```

6. 测试用例

虽然按键抖动持续的时间不一,但通常不会大于 10 ms。如果抖动问题不解决,就会多次读入闭合键的状态。一般来说,当发现有键按下后,延时 10 ms 后再处理。为防止数码管熄灭,最佳的解决方案是调用数码管动态扫描显示程序延时去抖动。程序清单 1.47 所示为矩阵键盘测试用例。注意:必须在程序开头包含头文件 key.h。

程序清单 1.47　矩阵键盘测试用例(main.c)

```
23   #include<8051.h>
24   #include "led_display.h"
25   #include "key.h"

30   static code char __GcKeyTable[]={
31                    '#','0','*','9','8','7','6','5','4','3','2','1', 0     //按键转换表
32                    };
42   void main (void)
43   {
44            char        cStr[2];              //用于显示输入的按键
45            unsigned    char     i;
46            char        cTmp1, cTmp2;
47
48            zyLedDisplayInit();               //初始化显示器
49            zyKeyInit();                      //初始化键盘
50
51            while (1) {
53                /*
54                 * 等待键按下
55                 */
56                while (1) {
57                    while (1) {
58                        cTmp1=zyKeyGet();     //获得键值
59                        if (cTmp1>=0) {       //如果有键按下,则退出
60                            break;
61                        }
62                        zyLedDisplayScan();   //调用数码管显示扫描程序,代替延时
```

```
63              }
65          /*
66           * 调用数码管显示扫描程序延时去抖动,同时避免了数码管的熄灭
67           */
68          for (i=0; i<100; i++) {
69              zyLedDisplayScan();        //调用数码管显示扫描程序,代替延时
70          }
71          cTmp2=zyKeyGet();              //如果两次得到的键值相同,则说明去抖成功
72          if (cTmp2==cTmp1) {
73              break;
74          }
75      }
77      /*
78       * 显示按下的键
79       */
80      cStr[0]=__GcKeyTable[cTmp1];       //将键值转换为 ASCII 码
81      cStr[1]=0;
82      zyLedDisplayPuts(cStr);            //显示输入的按键
84      /*
85       * 等待按键释放
86       */
87      while (1) {
88
89          while (zyKeyGet()>=0) {        //如果无键按下,则退出
90              zyLedDisplayScan();        //调用数码管显示扫描程序,代替延时
91          }
93          /*
94           * 延时去抖动
95           */
96          for (i=0; i<100; i++) {
97              zyLedDisplayScan();        //调用数码管显示扫描程序,代替延时
98          }
99          if (zyKeyGet()<0) {            //如果依然无键按下,则说明去抖成功
100             break;
101         }
102     }
103 }
104 }
```

第 2 章

特殊功能部件与外设

✎ 本章导读

下一阶段将要学习的"模拟电子技术基础"和"数字电子技术基础",重在深入分析电路的原理、器件的内部结构和应用设计理论。因此,对于大一学生来说,本章的教学内容则是以如何使用基本的数字器件为主。

通过前面的学习,我们对单片机的最小系统有了初步的认识。但在数码管与键盘管理动态扫描执行延时程序的过程中,其他什么事情都不能干,势必影响 MCU 的处理速度与性能。而事实上单片机还有很多特殊功能部件,对处理上述问题非常有效,这正是本章将要学习的内容。

单片机仅有强大的功能部件还不足以构成一个应用系统,因此适当的外部设备也是必不可少的。由于篇幅的限制,希望本章介绍的外围器件能够起到抛砖引玉的作用,为开阔初学者的眼界提供一定的帮助。

2.1 中断系统

2.1.1 中断概念

到目前为止,几乎所有的程序都依赖轮询通信。那些代码只是一遍一遍地巡检外围功能部件,并在需要的时候为外围设备提供服务。可想而知,轮询访问不仅消耗了大量的 CPU,而且会导致非常不稳定的反应时间。为了有效地解决上述可能导致整个系统瘫痪的问题,计算机专家提出了一种"实时"的解决方案,通过"中断"使可预见的反应时间维持在几微秒之内。

所谓中断是指当 CPU 正在处理某件事情的时候,外部发生的某一事件请求 CPU 迅速去处理,于是 CPU 暂时中止当前的工作,转去处理所发生的事件。当中断服务处理完该事件以后,再回到原来被中止的地方继续原来的工作。

突发事务请求中断时,有可能出现在正常程序流程的任何地方,在正常程序流程中可以选择响应或不响应这个中断请求。对突发事件的处理可能会改变整个程序的状态,从而改变后续的正常程序流程。

比如,在一次会议上你正在按照计划做报告,手机铃声响了。此时,你有两种选择,一是你觉得正在进行的报告更重要,你可以挂断电话或干脆关机,等会后再去处理这个来电;二是你认为这个电话很重要或很快就可处理完毕(不影响做报告),你可以暂停报告转而接听这个电话,接听完毕,再继续做报告,前提是你必须记住接电话前讲到哪里了,当然如果你足够机敏,在这次通话中你所接收到的信息可能会改变你随后的报告内容。

由此可见,通过中断方式允许系统在执行主程序时可以响应并处理其他任务,进而中断驱动系统,这会给人们一种假象,CPU可以同时执行多任务。而事实上CPU不能同时执行1条以上的指令,它只是暂停主程序转去执行其他程序,完成后再返回继续执行主程序。从这个角度来看,中断响应非常类似于子程序的调用过程。它们两者之间的差别在于中断响应是由"外部事件(中断驱动系统)"发起的,而不像子程序调用那样,它是在主程序流程中预先设定的,中断是系统响应一些与主程序异步的事件,这些事件何时将主程序中断是预先未知的。

▶ 中断的作用。实现主机与外设并行工作,支持多通话程序并发运行,提高CPU工作效率,支持实时处理功能。

▶ 中断屏蔽和使能。CPU可通过指令来阻止某些设备产生中断请求,称为中断屏蔽;反之则称为中断使能。

▶ 中断服务。一个使能的中断请求得到响应,转而执行处理这个请求的一段程序,该段程序称为中断服务程序ISR(Interrupt Service Routines)。ISR的核心规则就是保持处理程序简短,其衡量标准为时间,而不是代码的规模;且尽量避免循环,避免长而复杂的指令,比如,重复的移动、复杂的数学计算等。一般来说,主程序工作在"前台(基本级)",而ISR工作在"后台(中断级)",即前后台工作方式。

▶ 现场保护和恢复。在转入中断服务程序之前,必须将被暂停程序所要执行的下一条指令的地址、CPU状态等重要信息保存起来,以便中断服务结束后能回到被打断的地方继续执行,以及恢复CPU被打断前的状态。

▶ 中断优先级。为了管理多个中断源的中断请求,需要按照各个中断的急迫程度来划分优先级,高优先级的中断请求可以中断正在处理的低优先级的中断服务。

▶ 中断嵌套。当CPU正在处理一个中断服务程序时,发生一个更高优先级使能的中断请求,则正在执行的中断服务程序被暂停,CPU转而去执行那个高优先级的中断服务程序,这叫做中断嵌套。

2.1.2 80C51的中断结构

标准80C51共有5个中断源和2个优先级,它们分别是外部中断0(INT0)、定时/计数器0(T0)、外部中断1(INT1)、定时/计数器1(T1)和串行口(UART),每个中断源都可以选择2个优先级中的任一个,详见图2.1。

与标准80C51相比,P89V51RB2有8个中断源和4个中断优先级,它们分别为INT0、INT1、T0、T1、T2、掉电中断、PCA和UART、SPI。本节仅以标准80C51为例介绍单片机的中断系统,至于与P89V51RB2有关的中断源,请参考相应的数据手册。

若有多个中断源同时产生中断,则优先处理高优先级的中断。若有低优先级的中断正在处理,则高优先级中断能够抢先处理,待高优先级中断处理完毕,再交还给被抢占的低优先级中断接续处理,这叫做中断嵌套。因为80C51只有2个优先级,故只支持2级嵌套深度。

在同一个优先级中,若同时产生2个以上的中断,则按以下优先级顺序处理中断:
INT0→T0→INT1→T1→UART

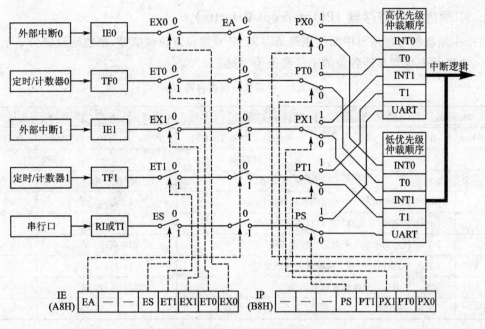

图 2.1 80C51 中断结构示意图

但不会发生抢占关系和中断嵌套,这叫做仲裁顺序。图 2.1 所示为 80C51 单片机中断系统结构示意图,图中所有开关逻辑均处于复位后的逻辑值。由图中可看出,所有的中断逻辑都可通过 IE 和 IP 两个寄存器来控制,且每个中断源均可单独被使能和设置优先级,复位后所有的中断都被禁止,所有中断源的优先级都为低优先级。

2.1.3 相关寄存器

1. 中断使能寄存器 IE(Interrupt Enable)

任何中断源均可通过对中断使能寄存器 IE 中相应的位置位或清零,实现单独使能或禁止。该寄存器还包含一个全局使能位,它可禁止所有的中断,或使能各个已单独使能的中断。中断使能寄存器 IE 各位的定义和说明详见表 2.1。

表 2.1 中断使能寄存器 IE

地址	名称	Bit7	Bit6	Bit5	Bit4	Bit3	Bit2	Bit1	Bit0	复位值
A8H	IE	EA	—	—	ES	ET1	EX1	ET0	EX0	00H
位说明										
位号	位名	功能描述				说明				复位值	
0	EX0	外部中断 0 中断使能位				1:使能;0:禁止				0	
1	ET0	定时/计数器 0 中断使能位				1:使能;0:禁止				0	
2	EX1	外部中断 1 中断使能位				1:使能;0:禁止				0	
3	ET1	定时/计数器 1 中断使能位				1:使能;0:禁止				0	
4	ES	串行口中断使能位				1:使能;0:禁止				0	
5~6	—	保留				—				0	
7	EA	总中断使能位				1:使能;0:禁止				0	

2. 中断优先级寄存器 IP(Interrupt Priority)

每个中断源都可通过对中断优先级寄存器 IP 相应位置位或清零,单独地设置为 2 个优先级之一,中断优先级寄存器各位的定义和说明详见表 2.2。

表 2.2　中断优先级寄存器 IP

地址	名称	Bit7	Bit6	Bit5	Bit4	Bit3	Bit2	Bit1	Bit0	复位值
B8H	IP	—	—	—	PS	PT1	PX1	PT0	PX0	00H
位说明											
位号	位名	功能描述						说明			复位值
0	PX0	外部中断 0 中断优先级选择位						1:高;0:低			0
1	PT0	定时/计数器 0 中断优先级选择位						1:高;0:低			0
2	PX1	外部中断 1 中断优先级选择位						1:高;0:低			0
3	PT1	定时/计数器 1 中断优先级选择位						1:高;0:低			0
4	PS	串行口中断优先级选择位						1:高;0:低			0
5~7	—	保留						—			0

2.1.4　中断向量

一个中断源产生中断事件后,若该中断处理条件满足,则程序计数器 PC 会指向程序存储区开头的一个固定的程序存储器地址,即从该地址开始执行中断服务程序,该地址称为该中断源的中断向量(Interrupt Vector),5 个中断源均有自己单独的中断向量,详见表 2.3。每个中断向量都有 8 字节的空间长度,可存放一条长跳转指令或简单的中断服务程序。

看起来向量似乎并不复杂,其最大的优点就是可以支持多种不同的中断源。每个功能部件嵌入一个不同的向量,每个向量嵌入一个不同的 ISR。

2.1.5　中断操作

1. 中断源

表 2.3 是标准 80C51 单片机的中断向量表,它按中断编号的顺序汇集了中断源、中断标志、向量地址、使能位、优先级设置位、仲裁顺序,以及中断是否可将 CPU 从掉电方式唤醒的说明。

表 2.3　中断向量表

中断编号	中断源	中断标志	中断向量	中断使能	中断优先级	仲裁顺序	掉电唤醒
0	INT0	IE0	0003H	EX0	PX0	1(最高)	√
1	T0	TF0	000BH	ET0	PT0	2	
2	INT1	IE1	0013H	EX1	PX1	3	√
3	T1	TF1	001BH	ET1	PT1	4	
4	UART	RI、TI	0023H	ES	PS	5(最低)	

80C51单片机中的每一个外设都对应一个中断源,在满足一定的条件后,会将属于自己的中断标志置位:

① 当外部中断 INT0/INT1 在 P3.2/P3.3 引脚上出现低电平或下降沿(取决于 TCON 寄存器的 IT0/IT1 位)时,将外部中断标志 IE0/IE1 置位;

② 当定时/计数器 T0/T1 的计数值从全 1 加 1 溢出而变为全 0 时,将自己的中断标志 TF0/TF1 置位;

③ 当串行口接收到或发送完一个字符时,将中断标志 RI/TI 置位。

中断标志置位并不意味着 CPU 即刻响应中断,若要 CPU 产生中断响应还必须将中断使能寄存器 IE(见表 2.1)中的总中断使能位 EA 和相对应的中断使能位置位。

一个中断源产生中断请求(即该中断源的中断标志置位)后,若该中断使能(IE 寄存器的总中断使能位 EA 和单独中断使能位均置位),且 CPU 没有处理同优先级中断或更高优先级的中断,则该中断将立即得到响应。

此时,正常的程序流程将被打断,程序计数器 PC 将指向该中断源的中断向量地址来执行中断服务程序,中断服务程序执行完毕将执行中断返回指令 RETI,返回中断前被打断的正常程序流程处继续执行下面的程序,如图 2.2 所示。若 CPU 正在处理同优先级中断或更高优先级中断,则要等到同优先级中断或更高优先级中断处理完毕才能响应这个中断(得到响应)。

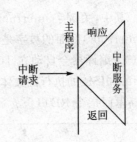

图 2.2 中断操作示意图

因中断可能发生在正常程序流程的任何地方,故在中断服务程序执行完毕,为了使程序能正确返回到发生中断的地方继续执行,在进入中断服务程序之前,CPU 自动将当前的 PC 值压入堆栈。当中断返回时,只要执行 RETI 指令,CPU 就能将之前压入的返回地址弹出到 PC,继续执行正常程序流程。

必须在中断退出之前清除中断源的中断请求标志,否则会引发重复中断。在表 2.3 中所有的中断请求标志都是由硬件置位。编号为 0~3 的中断源的中断请求标志在进入中断响应时由硬件清除,编号为 4 的串行口中断请求标志 RI 或 TI 必须要通过软件清除。

在图 2.2 中,正常程序流程可以是主程序中的程序,也可以是正在执行的较低优先级的中断服务程序。

在正常程序流程和中断服务程序中,可能都要用到一些 CPU 的公共资源,比如,累加器 A、B、PSW、DPTR 和 R0~R7。一旦 CPU 的硬件收到中断的信号,它就会自动地开始所有的工作,推进 CPU 的状态,读中断数,从 RAM 中提取向量,然后启动 ISR。

此时,作为程序员必须将"断点"处的信息保存到堆栈中,当程序恢复运行时,将保存在堆栈中的"信息"再恢复到 CPU 的寄存器中,在"断点"处作为初始数据接着运行。

在用汇编语言编程时,执行中断服务程序之前,须将这些公共资源入栈(PUSH),这叫做"现场保护";当中断服务程序执行完毕,在执行 RETI 指令之前,将这些公共资源出栈(POP),这叫做"现场恢复"。R0~R7 也可通过改变 PSW 寄存器中的 RS0 和 RS1 位来切换通用寄存器组而不必入栈。若用 C51 语言编程,编译器可自动处理压栈和出栈而不用软件干预,通用寄存器组的切换也可用关键字 using 实现。

第 2 章 特殊功能部件与外设

2. 中断定义

SDCC 编译器支持在 C 源程序中直接编写 80C51 单片机的中断服务程序,从而减少了采用汇编编写中断服务程序的繁琐。为此,SDCC 对函数的定义进行了扩展,增加了两个扩展关键字 interrupt 和 __interrupt。__interrupt 等同于 interrupt。它们是函数定义时的一个选项,加上它们就代表函数被定义为中断服务函数。中断服务函数定义的一般形式如下:

```
void ISR-name(void) interrupt/__ interrupt n [using/__using n]
```

注意:中断服务函数不能有参数和返回值,例如,定时器 0 中断服务程序可写为:

```
void time0ISR(void) __interrupt 1
{
    tnOsTimeTick();                          //时钟节拍处理程序
}
```

其中,关键字 interrupt(或 __interrupt)表示这是一个中断服务程序,关键字 interrupt(或 __interrupt)后面的数字是该程序将要服务的中断号,即后面的数字"1"表示这是 T0 中断。这样 C51 编译器会自动在 T0 中断向量地址(000BH)处放置一条长跳转指令(LJMP),以跳到地址 time0ISR 处执行函数体内的中断服务程序,执行完毕编译器会在程序的末尾自动添加一条中断返回指令 RETI。

> **注意:** 如果在工程中包含多个源文件,中断服务程序能够出现在任何源文件中,但是该 ISR 的原型必须出现在或者被包含在有 main 函数的文件中。

可以选关键字 using 用来告诉编译器,当为该函数产生代码时,使用指定的寄存器组。using 1(__using 等同于 using)表示在中断服务程序中使用通用寄存器组 1,在内部 SRAM 地址 00H~1FH 的通用寄存器组分为 4 组,组号为 0~3。若无关键字 using 和 __using,则由编译器自动选择寄存器组。

一般来说,使用 using(__using)关键字会使 ISR 的执行速度更快,但会使用更多的存储器,已使用的寄存器组不能再用于保存其他信息。若 ISR 非常短小,是否使用 using(__using)关键字对程序的执行速度没有太大影响,但存储器的占用不会减少。而如果 ISR 比较复杂,还要调用其他函数,使用 using(__using)关键字会造成一些隐藏的 bugs,不易查找。因此建议大家:除非 ISR 对速度要求非常高且代码不简单,否则不要使用 using(__using)关键字。

3. 中断处理

中断服务程序可能会导致一些非常有趣的 bugs。

(1)变量没有被声明为 volatile

如果一个中断服务程序改变变量,而其他函数也需要访问该变量,那么,这些变量必须被声明为 volatile。

(2)原子型变量与非原子访问

所谓"原子型(Atomic)"就是不可分割的意思。在计算机世界里,"原子"指的是不可以中断的操作。比如:

```
MOV    A, R0
```

因为除了复位之外没有任何中断可以停止上述操作,所以它是原子型的,它自始至终地运行,而不会受到中断的干扰。

如果对变量的访问不是原子型的,即 CPU 需要多条指令来访问该变量,且中断可能会发生在访问这些变量的过程中,则在访问期间必须禁止中断来避免不一致的数据。

在 8 位 CPU 中访问 16 位或者 32 位变量明显不是原子操作,并且必须关闭中断来进行保护。即便使用 8 位变量,也不一定会安全可靠。比如,80C51 中貌似无害的代码:

```
flags|=0x80;
```

如果 flags 驻留在 xdata 中,也不是原子操作。

假设在一个中断服务程序中放入代码:

```
flags|=0x40;
```

如果该中断发生在不恰当的时间,那么,该语句就可能产生错误。

同样,即使 counter 分配在 80C51 内部数据寄存器中:

```
counter+=8;
```

也不是原子操作。

类似上面这样的 bugs 不仅很难重现,且经常会产生很多麻烦。

(3) 堆栈溢出

由于返回地址和中断服务程序使用的寄存器被保存在堆栈中,因此必须有足够的堆栈空间,否则变量或者寄存器(甚至返回地址本身)将被破坏。如果中断发生在"深度"子函数调用期间,则最有可能发生堆栈溢出,因为这时堆栈已经使用大量空间来存放返回地址。

(4) 可重入性

当中断发生时,当前的操作被暂停,然后另一个函数开始执行。当它们共享这些变量时,将会怎样?如果一个程序破坏了另一个程序的数据,其后果将是灾难性的。

为了仔细地控制数据的共享,人们自然而然地创造了"可重入(Reentrant)"功能。简而言之,可重入函数就是可以重复进入且被中断的函数。也就是说,可重入函数可在任意时刻被中断,稍后再继续运行,而不必担心数据被破坏。此功能允许共享公共函数,但不共享数据。一般来说,具有如下特性的函数满足可重入性:

① 将公共函数设计成为可重入函数的关键是不使用全局资源(比如,全局变量),可重入函数中所有的变量均为局部变量(其中也包括形式参数)。

因为函数的局部变量是在调用时临时分配存储空间的,如果在不同的时刻调用该函数,则它们的同一个局部变量分配的存储空间并不相同,因此互不干扰。

下面以"C 程序设计"课程中常介绍的一个经典示例——排序函数为例说明,该函数对两个变量 x 和 y 的大小进行检查。如果 x 小于 y,则交换它们的数值,以保证 x 不小于 y。

根据上述规则,如果在函数内部定义临时变量,使其成为局部变量的话,则该函数将成为可重入函数,详见程序清单 2.1。每个调用该函数的调用者均具有一套完整的私有变量,相互完全独立。

第 2 章 特殊功能部件与外设

程序清单 2.1 可重入函数

```c
void    fun(int * x, int * y)
{
    int temp;                                    //局部变量

    if( * x< * y);{
        temp = * x;
        * x  = * y;
        * y  =temp;
    }
}
```

如果临时变量为全局变量,则该函数为不可重入函数,详见程序清单 2.2。当该函数被调用,且将变量 x 的数值保存到临时变量时,正好另一个优先级更高的函数也调用该函数,就会将临时变量的数值改变。当高优先级的函数退出后,原来的函数继续执行。由于临时变量的数值已经发生改变,最后的结果自然也就出错了。

程序清单 2.2 不可重入函数

```c
int temp;                                        //全局变量

void    fun(int * x, int * y)
{

    if( * x< * y);{
        temp= * x;
        * x= * y;
        * y=temp;
    }
}
```

实际上,全局变量是传递数据的最佳方式,在实时系统中完全排除使用全局变量是不可能的。如果不加以保护地使用全局变量,其他的代码很可能覆盖这些变量的值,则此函数就不具有可重入性。因此,当使用共享资源(变量或硬件)时,一定要采取其他的方法。而最常用的方法就是禁止在不可重入函数中的中断。

当中断无效时,系统不会出现环境的变化。先禁止中断,接着执行不可重入函数,然后再恢复中断的运行。由此可见,当编写可重入函数时,若一定要使用全局变量,则应通过禁止然后使能中断等手段对其加以保护。

当不考虑扩展外部存储器时,局部变量保存在 RAM 中。因此,在编译链接时,就已经完成了局部变量的定位。如果各函数之间没有直接或间接的调用关系,则其局部变量空间有可能被覆盖,即不同的局部变量可能都被定位于某一个相同的 RAM 空间。

由此可见,在 SDCC51 环境下,如果函数不加以处理是无法重入的。那么,如何让函数成为可重入函数呢? SDCC51 编译器采用了一个扩展关键字 reentrant 作为定义函数时的选项,当需要将一个函数定义为可重入函数时,只要在函数后面加上关键字 reentrant 即可。

② 绝不调用任何不可重入的函数。也就是说，如果可重入函数调用了其他函数，则这些被调用的函数必须是可重入函数。

③ 它必须以非原子型的方式使用硬件。实际上，硬件也很像一个变量，如果需要不止一个的 I/O 操作来控制这个设备，将很有可能产生重入性问题。

比如，在某控制器的端口写入寄存器的地址，然后在同一端口用同样的 I/O 地址读出或写入寄存器。如果在设定端口和访问寄存器时出现中断，那么，另一个函数就会接管并且访问这个设备。如果控制器向第一个函数返回的是寄存器的地址，也就意味着此设定是错误的。

(5) 不可重入函数的使用

这里特别要注意：int(16 位)和 long(32 位)整数除法、乘法以及取模，还有浮点数操作都是通过使用扩展支持程序实现的。如果一个中断服务程序需要进行以上这些操作，那么，支持程序必须用--stack-auto 选项重新编译，且源文件需要使用--int-long-reent 编译选项来编译。

不推荐在中断服务程序中调用其他函数，应尽量避免该操作。

> **注意**：当一些不可重入的函数需要被中断服务程序调用时，应该在它前面使用 #pragma nooverlay，而且在主程序中的中断服务程序可能被激活期间不应该调用这些不可重入函数，在低优先级中断服务程序中的高优先级中断服务程序可能被激活期间也不能调用。

如果所有参数都通过寄存器传递，应该在函数中使用信号量或者将函数声明为临界的。在编写和调试中断服务程序时，必须小心仔细地核对是否发生上面所说的 bugs。

2.1.6 使能和禁止中断

1. 临界函数与临界语句

在日常生活中，当某人独占某种资源（比如，卫生间）时，而其他任何人都无法使用，必须等到使用者释放之后，其他人才能使用，这是一种典型的互斥现象。

由此可见，被两个以上的调用者访问的资源称为共享资源，而调用者对共享资源进行访问的代码段落称为关键段落。因此，各个调用者访问同一共享资源的关键段落必须互斥，才能保证共享资源信息的可靠性和完整性。而如果将一次只允许一个调用者（比如，中断）使用的共享资源称之为临界资源，那么，访问临界资源的程序就是临界函数或临界区。

一个特定的关键字可以与一个语句块或一个函数定义相关，那就是 critical。SDCC51 在进入临界函数时，生成禁止所有中断的代码；且在返回之前，生成能将中断使能恢复到先前状态的代码（并非使能中断），因此，嵌套的临界函数需要为每个调用在堆栈中增加一个额外的字节。比如：

```
int foo() critical
{
    ...
}
```

第2章 特殊功能部件与外设

临界属性 critical 不仅可以与其他属性(如可重入属性 reentrant)一起使用,而且关键字 critical 也可以用于对某个语句块禁止中断,比如:

```
critical{ i++; }
```

在这个块中至少应该包含一条语句,它所产生的汇编代码为:

	SETB	0x01	;将 EA 的状态保存在位 0x01 内
	JBC	EA, Addr	;禁止中断
	CLR	0x01	
Addr:	INC	_i	;执行{}块内的语句
	MOV	C, 0x01	
	MOV	EA, C	;恢复 EA 原来的状态

上述程序中的前 3 行和后 2 行均是为保护临界块所插入的禁止中断和恢复中断原状态的汇编代码。

2. 直接使能和禁止中断

在 80C51 中,中断也能够使用下面的语句被直接关闭和打开。

```
EA=0;              或        EA_SAVE=EA;
...                          EA=0;
...                          ...
EA=1;                        EA=EA_SAVE;
```

> **注意**:有时只需要关闭一个特殊的中断源,像定时器和串行口中断,那么,只要通过操作一个中断掩码寄存器就可以了。

3. 中断延迟与中断抖动

通常禁止中断的时间要尽可能地短,应该控制中断延迟(发生中断到执行中断处理程序第一条指令的时间)和中断抖动(最短和最长的中断延迟之差)到最小。比如,串行口中断必须在它的缓冲区被覆盖之前得到服务,因此,它关心的是最大中断延迟,而不是抖动。在一个由中断控制的 D/A 转换器驱动的喇叭中,中断延迟数毫秒也许能够容忍,然而大量小的抖动很容易被听见。

2.2 定时/计数器

在《新编计算机基础教程》[1]中,我们学习了如何用触发器构成计数器的原理。定时器实际上是一系列由时钟信号驱动的 2 分频触发器,时钟信号从第 1 个触发器输入,输出的信号频率为时钟信号频率的一半。第 1 个触发器输出信号作为第 2 个触发器的时钟,输出信号的频率同样减半。以此类推,每经过一级触发器,信号频率就会减半,因此由 n 级触发器构成的定时器可以将时钟频率减为原来的 $1/2^n$。最后一级触发器输出的信号驱动一个定时器溢出触发器,也称为标志位,其状态可以通过软件查询,也可以通过设置使得标志位被置位时触发一个中断。定时器触发器中的二进制数值是从定时器开始工作到当前时刻所计数的时钟脉冲（或"事件"）的个数。比如，一个 16 位计数器可以从 0x0000 计数到 0xFFFF，当计数从 0xFFFF 到 0x0000 溢出时，溢出标志被置 1。

而事实上，在所有面向控制的应用中都离不开定时器，80C51 也不例外。标准 80C51 有 2 个通用 16 位定时/计数器 T0 和 T1，两者均可独立地配置为定时器或事件计数器。由于每个定时器都是 16 位的，因此，定时器的第 16 级（即最后一级）的输出频率是输入时钟频率的 $1/2^{16}=1/65\,536$。

定时器可用于定时、计数，或作为波特率发生器。在某些应用中，常用定时器准确的定时能力测量两种条件之间的时间间隔，比如，脉冲宽度。计数模式用于测定某个事件发生的次数，而并非测量事件之间的时间间隔。任何使 80C51 某个引脚的电平由 1 变为 0 的外部激励都是一个"事件"。与此同时，定时器还可以为串行端口提供波特率时钟信号。

与标准 80C51 相比，P89V51RB2 有 3 个 16 位定时/计数器以及 1 个 WDT 可编程看门狗定时器。本节仅以标准 80C51 为例介绍单片机的定时/计数器，至于与 P89V51RB2 有关的定时计数器 T2，请参考相应的数据手册，而与 WDT 有关的内容将在后面详细阐述。

对于标准 80C51 单片机来说，若计数时钟源来自于内部 CPU，因其计数周期固定为一个机器周期，在每个机器周期的下降沿计数值就加 1，故只要知道计数值就可算出对应的时间，则称为定时器；若计数时钟源来自于外部引脚，计数周期未知甚至没有周期性，但只要满足计数条件计数值就加 1，则称为事件计数器，简称计数器。

在实现计数器功能时，计数器在每个机器周期对外部引脚采样一次，若在一个机器周期采样为 1，而在下一个机器周期采样为 0，则被判为是一个下降沿，计数值加 1。因此，在计数引脚上的计数高或低的脉冲宽度必须至少保持一个机器周期，否则就有可能漏检，而计数引脚上的计数时钟的最高频率则为 CPU 运行频率的一半，即 1/2 个机器周期。

如图 2.3 所示为定时/计数器 T0 的结构示意图。因定时/计数器 T0 和 T1 的功能几乎完全相同，故本书只介绍 T0。由图可知，通过寄存器 TMOD 和 TCON 就可控制 T0 的全部功能。其中，$C/\overline{T}$ 位设置时钟源。

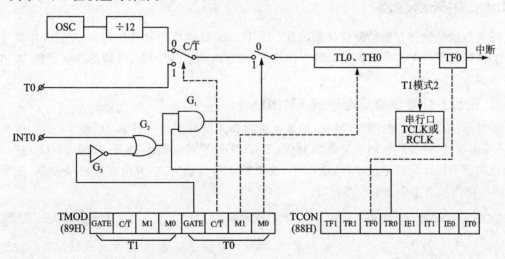

图 2.3 定时/计数器 T0 的结构示意图

当 C/$\overline{\text{T}}$ 为 0 时(默认 CPU 时钟为时钟源),定时器连续工作,定时器的时钟信号由片上振荡器提供。振荡器提供的信号先被 12 分频后,再用来作为时钟驱动定时器。当处于连续工作模式时,定时器用于定时中断。定时器寄存器(TL0/TH0)的数值以片上振荡器频率的 1/12 的速率增加。因此,12 MHz 的晶振可产生 1 MHz 的驱动时钟信号。定时器经过固定数目的时钟脉冲溢出,该数值取决于定时器寄存器的初始值。

当 C/$\overline{\text{T}}$ 为 1 时,定时器由外部信号源提供计数脉冲,对外部引脚 T0 的事件脉冲进行计数。在大多数应用中,每发生一个"事件",外部信号源就向定时器发送一个脉冲,引发定时器执行事件计数操作。由于每发生一个事件,定时器寄存器中的 16 位计数值就加 1,因此,通过软件读定时器寄存器的值就可以知道事件发生的次数。

若 GATE 位为 0,则"非"门 G_3 输出 1,"或"门 G_2 输出 1,计数器的启停完全由 TR0 位来控制。由于系统复位后 TR0 被清零,因此在默认情况下定时器是停止工作的,可以利用软件将 TR0 置 1 来启动定时器。

若 GATE 位为 1,则"非"门 G_3 输出 0,"或"门 G_2 打开,计数器的启停由 TR0 和外部引脚 INT0 相"与"的结果来控制。只要"与"门 G_1 输出 1,计数器就启动,否则计数器就停止。由此可见,这对于测量脉冲宽度非常有用。假设待测脉冲为正极性,并且通过 INT0 引脚输入,所以 INT0 将随着待测脉冲产生的高低电平的变化而变化。将 T0 初始化为方式 1,即 16 位定时器模式(详见 2.2.2 小节),设置 TL0/TH0 为 0x0000,GATE=1,TR0=1。当 INT0 变为高电平时,T0 启动,计数频率为 1 MHz;当 INT0 回到低电平时,T0 停止,TL0/TH0 的计数值即为以微妙为单位地接近于 INT0 的待测脉冲宽度(可通过软件设置使得在信号回到低电平的同时触发一个中断)。

通过设置 M1 和 M0 位,可选择 T0 工作的 4 种模式,其中,模式 0、1 和 2 仅仅是 2 个 8 位加计数器 TL0 和 TH0 的组合方式不同,而模式 3 则在结构上有较大的不同。位 TF0 是 T0 的溢出标志,同时也是 T0 的中断请求标志。T0 溢出时 TF0 置位,并请求中断响应,进入中断响应时由硬件清除,当然也可由软件清除。T1 在模式 2 下可用做串行口的波特率发生器。

2.2.1 相关寄存器

根据特殊功能寄存器的复位状态,TMOD、TCON 复位后的有效位均为 0,故单片机复位后,定时/计数器处于方式 0 的定时器工作状态,选择内部启、停控制,计数器停止计数,溢出中断标志为 0。

1. 定时/计数器模式寄存器 TMOD

定时/计数器模式寄存器 TMOD 的低 4 位和高 4 位分别用于设定 T0 和 T1 的功能和模式,不可位寻址,各位的作用详见表 2.4。由于 TMOD 不可位寻址,因此,按对 TMOD 进行直接寻址的字节操作来设定。比如,设定 T0 为方式 1 的计数方式,并由内部启停控制,控制字为 0x05,使用以下指令完成模式设定。

```
MOV    0x89,0x05   或   MOV   TMOD,0x05
```

表 2.4 定时/计数器模式寄存器 TMOD

地址	名称	Bit7	Bit6	Bit5	Bit4	Bit3	Bit2	Bit1	Bit0	复位值
89H	TMOD	GATE	C/$\overline{\text{T}}$	M1	M0	GATE	C/$\overline{\text{T}}$	M1	M0	00H
位说明											
位号	位名	功能描述						说明			复位值
0	M0	定时/计数器0模式选择低位						00：模式0；01：模式1			0
1	M1	定时/计数器0模式选择高位						10：模式2；11：模式3			0
2	C/$\overline{\text{T}}$	定时/计数器0功能选择						0：定时器；1：事件计数器			0
3	GATE	设置是否可由INT0控制T0的启动						0：禁止；1：使能			0
4	M0	定时/计数器1模式选择低位						00：模式0；01：模式1			0
5	M1	定时/计数器1模式选择高位						10：模式2；11：模式3			0
6	C/$\overline{\text{T}}$	定时/计数器1功能选择						0：定时器；1：事件计数器			0
7	GATE	设置是否可由INT1控制T1的启动						0：禁止；1：使能			0

2. 定时/计数器控制寄存器 TCON

定时/计数器控制寄存器 TCON 的高 4 位用于控制 T0 和 T1 的启动停止与计数的溢出标志设置，低 4 位用于控制外部中断，可位寻址，详见表 2.5。对于 T0 的启、停控制通过以下位操作指令完成。

```
SETB    TR0    或    SETB    0x8c    //启动 T0 计数
CLR     TR0    或    CLR     0x8c    //停止 T0 计数
```

表 2.5 定时/计数器控制寄存器 TCON

地址	名称	Bit7	Bit6	Bit5	Bit4	Bit3	Bit2	Bit1	Bit0	复位值
88H	TCON	TF1	TR1	TF0	TR0	IE1	IT1	IE0	IT0	00H
位说明											
位号	位名	功能描述						说明			复位值
0	IT0	外部中断0触发类型选择						0：电平触发；1：边沿触发			0
1	IE0	外部中断0中断标志。中断时由硬件置位，中断响应时可由硬件清除						0：没有中断；1：有中断			0
2	IT1	外部中断1触发类型选择						0：电平触发；1：边沿触发			0
3	IE1	外部中断1中断标志。中断时由硬件置位，中断响应时可由硬件清除						0：没有中断；1：有中断			0
4	TR0	定时/计数器0运行启停位						0：T0停止；1：T0启动			0
5	TF0	定时/计数器0溢出标志。溢出时由硬件置位，中断响应时可由硬件清除						0：T0未溢出；1：T0溢出			0
6	TR1	定时/计数器1运行启停位						0：T1停止；1：T1启动			0
7	TF1	定时/计数器1溢出标志。溢出时由硬件置位，中断响应时可由硬件清除						0：T1未溢出；1：T1溢出			0

3. 定时/计数器低 8 位 TLx 和高 8 位 THx(x＝0 或 1)

定时/计数器低 8 位 TLx 和高 8 位 THx 根据模式设置位 M1 和 M0，组成加法定时/计数器以对时钟源脉冲进行计数，在时钟源的每个下降沿 16 位计数器加 1。当计数器从全 1 翻转为 0 时，定时/计数器溢出，TFx 置位，计数值变为 0，继续计数。这些寄存器不可位寻址，详见表 2.6。

表 2.6 定时/计数器低 8 位和高 8 位寄存器

地址	名称	Bit7	Bit6	Bit5	Bit4	Bit3	Bit2	Bit1	Bit0	复位值
8AH	TL0	定时/计数器 0 低 8 位								00H
8BH	TL1	定时/计数器 1 低 8 位								00H
8CH	TH0	定时/计数器 0 高 8 位								00H
8DH	TH1	定时/计数器 1 高 8 位								00H

2.2.2 定时/计数器模式

1. 模式 0

当 M1M0＝00 时设置为模式 0，相当于有 5 位预分频的 8 位计数方式，即带 32 分频的 8 位计数器。TLx 的低 5 位和 THx 组成 13 位加法计数器，TLx 的高 3 位可忽略。如图 2.4 所示为 T0 模式 0 结构示意图，T1 与 T0 完全相同。13 位计数器的最高计数值为 1FFFH，当计数值从 1FFFH 翻转为 0000H 时，定时/计数器溢出，TFx 置位（注意：TFx 置位并不意味着 CPU 即刻产生定时/计数器中断响应，见 2.1.5 小节）。

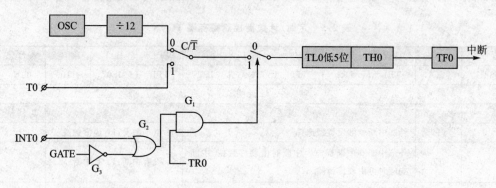

图 2.4 T0 模式 0 结构示意图

如果将定时/计数器 0 设置为定时器模式 0，且禁止 INT0 控制，比如，n 为要实现的定时时间，如果系统时钟频率为 f_{osc}，则定时器计数周期为 $12/f_{osc}$，按照 13 位减法，13 位加计数器的计数初值 m 为 $2^{13}-n\times f_{osc}/12$。假设 $n=1$ ms，$f_{osc}=11.0592$ MHz，则

$$m=8192-1\times 10^{-3}\times 11.0592\times 10^{6}/12=7270=1C66H$$

上述 m 是按照 13 位计数(高 5 位、低 8 位)的减法求得的计数器初值，而 80C51 定时器方式 0 的 13 位计数器是按高 8 位、低 5 位安排的，即要将 m 按照高 8 位、低 5 位组合成计数初值：

$$1C66H=11100\ 01100110B \rightarrow 11100011\ 00110B=E006H$$

由于 80C51 不具有捕获功能，因此不能在计数器计数瞬间捕捉到 TH0、TL0 的计数值。

在计数器计数期间,如果读第 1 个计数值,第 2 个计数器还在计数,恰逢溢出,那么再读第 2 个计数器时,则会出现较大的误差,这就要通过计数器的"飞读"来解决。即先读 TH0 值后读 TL0 值,然后再重复读取 TH0 值。若两次读取的 TH0 值相同,即读得的内容正确;若不相同,则重复上述过程。

请注意,TMOD 寄存器的低 4 位管理 T0 的工作模式,而高 4 位管理 T1 的工作模式。如果要对 T0 进行配置,比如,设置为 13 位定时器,那么很多初学者会想当然地写成"TMOD=0x00;"。但是,这条语句却在无意之间修改了 T1 的工作模式。如果先前 T1 已经工作于某种模式,这条语句则会立即破坏 T1 的正常运行。

如果使用先按位"与"然后按位"或"的方法,即可解决这个问题:先用按位"与"操作清除 T0 的旧配置(这不会改变 T1 的配置状态),再用一个按位"或"操作设定 T0 的新配置(同样也没有改变 T1 的配置状态)。下面以 1.3.2 小节中的独立 LED 闪烁程序为例(详见程序清单 1.3),用定时器实现 LED 闪烁延时。

假设振荡器频率 $f_{OSC}=11.0592$ MHz,设置定时器 0 工作模式为模式 0——13 位加法计数器,赋初值 0000H,则定时器 0 的中断周期为 $8192\times12/11.0592$ MHz ≈ 8889 μs,只要在定时器 0 中断服务程序中对中断次数进行计数,则可得到相应的延时时间,详见程序清单 2.3。

程序清单 2.3　延时程序范例(time0Dly.c)

```
23    #include<8051.h>
28    #define LED1_ON()        P1_2=0           //点亮 LED1
29    #define LED1_OFF()       P1_2=1           //熄灭 LED1

34    volatile unsigned char GucDelayCnt;        //定义延时计数器

43    void isrTimer0(void) __interrupt 1         //T0 中断服务程序
44    {
45        if (GucDelayCnt !=0) {
46            GucDelayCnt--;
47        }
48    }

57    void delay8889us (unsigned char ucDly)
58    {
59        GucDelayCnt=ucDly;                     //设置延时计数
60
61        while (GucDelayCnt !=0) {               //等待延时完毕
62        }
63    }

72    void main (void)
73    {
74        TMOD=(TMOD & 0xf0)|0x00;               //设置 T0 为模式 0:13 位定时器
75        TL0  =0x00;                            //给定时器赋初值 0000H
76        TH0  =0x00;
77        TR0  =1;                               //启动定时器 0 计数
```

```
78          ET0  =1;                              //使能定时器0中断
79          EA   =1;                              //使能总中断
80
81          while (1) {
82
83              LED1_ON();                        //点亮LED
84              delay8889us(30);
85
86              LED1_OFF();                       //熄灭LED
87              delay8889us(50);
88          }
89      }
```

main()函数的前4条语句(程序清单2.3(74~77))为定时器0初始化。其中,第4条TR0=1(程序清单2.3(77))为启动定时器0,开始从0x0000到0x1FFF进行加法计数,每过一个机器周期定时器0的计数值就加1。当计数值为0x1FFF时,再加1则变为0x0000,定时器0的中断标志TF0将置位。

由于定时器在启动后立即使能了T0中断(程序清单2.3(78、79)),因此CPU将产生定时器0中断响应。在现场保护之后,CPU将PC指向T0中断向量0x000B,在该向量地址处C51放置一条跳转指令"LJMP0 _isrTimer0",这是在定义isrTimer0()函数时,由后面的关键字__interrupt 1所决定的。函数isrTimer0()的函数体就是定时器0的中断服务程序。

在定时器及中断初始化后,主程序就进入主程序循环(程序清单2.3(81~88)),CPU不断地执行LED点亮—延时—熄灭—延时;与此同时,定时器0也在机器时钟的作用下不断地进行加法计数。当定时器0计数溢出时,CPU转而进入T0中断服务程序;中断服务结束后,又接着执行主循环程序。

定时器0一旦启动,则在整个软件运行过程中会不断地进行计数—中断—再计数—再中断……中断周期固定为8889 μs,这就为软件系统提供了一个时钟节拍,然后对这个时钟节拍进行计数,就可实现不同功能所需的各种延时。例如程序中的延时计数器GucDelayCnt是一个全局变量,一旦在延时函数delay8889us()中对其赋予一个非零值,则每过一个时钟节拍就在中断服务程序中减1,直至减为0,则延时结束。

由于GucDelayCnt的赋值与定时器的计数是异步的,即在对GucDelayCnt赋值时定时器的计数值并不一定正好是0,它可能是0000H~1FFFH中的任何一个值,因此,它的第一个计数节拍误差为一个节拍周期,本例中为8889 μs。为了得到精确的延时,节拍周期越短越好,但同时中断次数增多,CPU负荷也将增大。

2. 模式1

当M1M0=01时设置为模式1,TLx和THx组成16位加法计数器。如图2.5所示为T0模式1结构示意图,T1与T0完全相同。16位计数器的最高计数值为FFFFH,当计数值从FFFFH翻转为0000H时,定时/计数器溢出,TFx置位。

例如,将定时/计数器0设置为定时器模式1,禁止INT0控制,C代码如下:

```
TMOD=(TMOD & 0xf0)|0x01;              //设置定时器工作模式
TL0=0x18;                              //定时器0赋初值
```

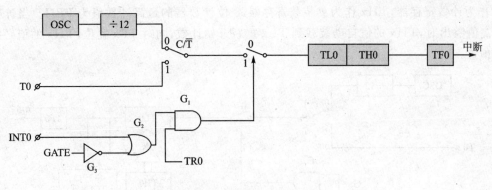

图 2.5　T0 模式 1 结构示意图

```
TH0=0xfc;                                 //定时器 0 赋初值
TR0=1;                                    //启动定时器 0
```

则定时器 0 的溢出时间为 0x10000－0xFC18=0x3E8(1 000)个机器周期，溢出后定时器从 0 开始计数。若要再次得到同样的溢出时间，则必须重新对 TL0 和 TH0 赋初值。

请注意，定时/计数器溢出中断会产生不同步现象，也就是说，在同样的计数初值下，定时/计数器循环定时时，会出现相邻两次计数器溢出中断响应的差异。当出现计数器溢出中断请求时，中断响应时间会因为不同的情况（比如，有无其他中断请求）在 3~8 个机器周期内变化。当要求循环定时精度较高时，可采取以下修正措施，即在定时/计数器溢出中断响应后立即停止计数器计数，并读出计数器中的值。由于计数器溢出后又自动从 0 开始计数，因此从计数器中读出的数就是中断响应延迟的机器周期数。于是将这一数值与中断响应处理中从停止计数到计数启动之间经历的机器周期数一并加入到计数初值中，即得到修正，从而保证相邻两次中断响应间隔不会超过一个机器周期。

假设 T0 工作在模式 1，$f_{osc}=12$ MHz，循环定时周期为 1 ms，则计数初值 m 为
$$m=2^{16}-12\times 10^6 \times 1\times 10^{-3}/12=64\,536=\text{FC18H}$$

考虑到中断响应重装计数初值的停止计数（CLR TR0）和重新启动计数（SETB TR0）之间指令的运行时间为 7 个机器周期，计数初值应该加上 7 个计数值，即 FC1FH，且在后面重装计数初值时，应再加上从溢出到中断响应停止计数时的计数初值。比如：

机器周期	CLR	EA	//禁止 CPU 中断
	CLR	TR0	//停止 T0 计数
1	MOV	A, #0x1f	//将指令运行补偿后的初值低位送到 A
1	ADD	A, TL0	//低位初值响应误差补偿
1	MOV	TL0, A	
1	MOV	A, #0xfc	//将指令运行补偿后的初值高位送到 A
1	ADDC	A, TH0	//计数初值高位计算
1	MOV	TH0, A	//装入计数初值高位
1	SETB	TR0	

3. 模式 2

当 M1M0=10 时设置为模式 2，TLx 和 THx 组成 8 位自动重装载加法计数器。如图 2.6 所示为 T0 模式 2 结构示意图，T1 与 T0 不同之处在于 T1 可作为串行口的波特率发生器。

TLx 作为计数寄存器,THx 作为重装载寄存器,8 位计数器的最高计数值为 FFH。当计数值从最高值溢出时,THx 的值自动装载到 TLx 重新开始计数,同时 TFx 置位,THx 的值必须由软件预置。

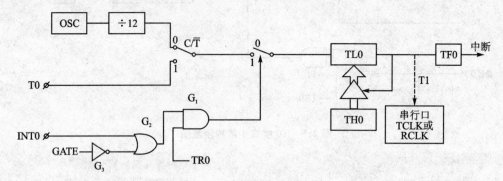

图 2.6 T0 模式 2 结构示意图

例如,将定时/计数器 0 设置为定时器模式 2,禁止 INT0 控制,C 代码如下:

```
TMOD=(TMOD & 0xf0)|0x02;        //设置定时器工作模式
TL0=0x9c;                       //定时器 0 赋初值
TH0=0x9c;                       //定时器 0 赋初值
TR0=1;                          //启动定时器 0
```

则定时器 0 的溢出周期为 0x100-0x9C=0x64(100)个机器周期,溢出后定时器自动将 TH0 的值(0x9C)加载到 TL0,重新开始计数。

4. 模式 3

当 M1M0=11 时设置为模式 3,TLx 和 THx 被拆分为两个独立的 8 位计数器。如图 2.7 所示,TL0 为一个独立的 8 位计数器,沿用 T0 的全部模式和控制位;而 TH0 则使用 T1 的启停控制位 TR1 和溢出标志位 TF1,且它的时钟源仅来自于 CPU 时钟,即它只能作为定时器使用。

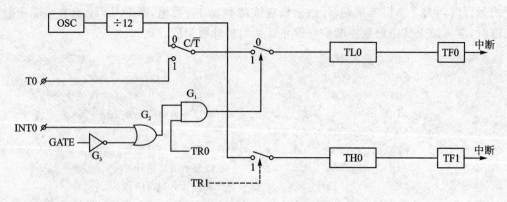

图 2.7 T0 模式 3 结构示意图

2.2.3 定时器查询延时

在 1.3.2 小节中给出了指令延时函数 delay100us(),在无中断的系统中延时时间可以准确地计算。但是，如果在 delay100us() 函数的执行过程中，80C51 产生中断并执行中断服务程序，那么延时的准确时间也就无法计算了。此时可以使用定时器延时，以获得准确的延时时间。

几乎任何单片机都会有 2 个以上的定时器(Timer)，定时器其实就是一个多位二进制计数器。80C51 单片机有 2 个 8/16 位定时/计数器：Timer/Counter 0 和 Timer/Counter 1，简称 T0 和 T1。定时器 T0 和 T1 都是递增计数的，通过设置 TMOD 和 TCON 寄存器的内容来控制定时器的运行。定时器的使用步骤分别为配置定时器、设定计数初值、启动定时器与检测溢出。

如果采用 11 059 200 Hz 晶振，16 位定时器模式的一次最长延时为 (0x10000/(11 059 200/12)) s，约 88.89 ms，这在大多数情况下是不够用的。如果定时器为 32 位，就足以满足绝大多数应用了。虽然 80C51 单片机是 16 位定时器，但可以通过软件模拟成为 32 位定时器，于是就可以满足更长延时时间的要求了。

1. 编写代码

程序清单 2.4 为定时器查询延时子程序，函数 timerInit() 用于完成定时器的配置。请注意，TMOD 寄存器的低 4 位管理 T0 的工作模式，而高 4 位管理 T1 的工作模式。如果要对 T0 进行配置，比如，设置为 16 位定时器，很多初学者想当然地写成 TMOD=0x01，但是，这条语句却在无意之间修改了 T1 的工作模式。如果先前 T1 已经工作于某种模式，这条语句则会立即破坏 T1 的正常运行。使用程序清单 2.4(78) 的方法可以解决这个问题：先用按位"与"操作清除 T0 的旧配置(这不会改变 T1 的配置状态)，再用一个按位"或"操作设定 T0 的新配置(同样也没有改变 T1 的配置状态)。

程序清单 2.4　定时器查询延时子程序(led. c)

```
38      void delay100us (unsigned int uiDly)
39      {
40          unsigned int    uiSum;                              //定时器高 16 位
41          unsigned long   ulTmp1;
42          unsigned int    uiTmp2;
43
44          /*
45           *  获得定时器初始值
46           */
47          ulTmp1=((11059200ul/12)/400) * uiDly/(10000ul/400);
                                                                //计算延时需要的机器周期数
48          ulTmp1=-ulTmp1;                                     //加计数，所以取负
49
50          /*
51           *  设置定时器初始值
52           */
53          uiTmp2      =ulTmp1 % 0x10000;                      //定时器低 16 位
54          TL0         =uiTmp2 % 256;
55          TH0         =uiTmp2/256;
56          uiSum       =ulTmp1/0x10000;                        //定时器高 16 位
57
```

```
58          TR0=1;                                    //启动定时器
59
60          do {
61              while (!TF0) {
62              }
63              TF0=0;                                //清除定时器溢出标志
64          } while (++uiSum !=0);
65
66          TR0=0;                                    //停止定时器
67      }
76      void timer0Init (void)
77      {
78          TMOD=(TMOD & 0xf0)|0x01;
79      }
```

函数 delay100us()通过软件将硬件上的 16 位定时器模拟成 32 位定时器,其中,高 16 位保存在变量 uiSum 中(程序清单 2.4(40))。这个用软件模拟的定时器与硬件定时器一样,均为递增定时器。因此,当定时器低 16 位由 0xFFFF 变为 0x0000 时(此时,TF0 被设置为 1),uiSum 要增加;当 uiSum 由 0xFFFF 变为 0 时,则延时结束。因此,当 TF0 为 1 时(程序清单 2.4(61)),需要增加 uiSum(程序清单 2.4(64))。既然已经构建了 32 位定时器,那么,其延时程序也就比较简单了。其工作步骤如下:

① 根据延时时间设定定时器初值(程序清单 2.4(47～56));
② 让定时器运行(程序清单 2.4(58));
③ 等待定时器溢出(程序清单 2.4(60～64));
④ 停止定时器(程序清单 2.4(66));

值得注意的是,程序清单 2.4(47)的真实公式为:

$$(晶振频率/12) \times uiDly/(1\ s/100\ ms) = (11\ 059\ 200/12) \times uiDly/(10\ 000)$$

程序清单 2.4(47)中的 400 是(11 059 200/12)和(10 000)的最大公约数,而将公式改成这样是为了避免计算溢出。当 uiDly 大于 4 660 时,(11 059 200/12)× uiDly 的值大于 0x100000000,超出 unsigned long 的表示范围,因此计算会出错。而分子和分母都除以它们的最大公约数后,就可以避免这个问题出现。

程序清单 2.4 所示的 delay100us()函数的执行时间比实际给定的时间略微长一点,这是因为 80C51 在执行到程序清单 2.4(58)时定时器才运行。如果读者需要很精确的延时,则计算延时需要的指令周期数时,应将这段时间剔除,即在程序清单 2.4(47)后增加一条如下的语句:

```
47          ulTmp1=ulTmp1-xxx;
```

其中,xxx 的值可以实测获得。

2. 测试用例

程序清单 2.4 的测试用例详见程序清单 2.5,它实质上是通过修改 1.3.2 小节的单个 LED 闪烁程序(程序清单 1.3)获得的。与程序清单 1.3 不同的是,这里仅仅增加了定时器 0

的初始化代码(程序清单2.5(90))。

程序清单 2.5　使用定时器查询延时的单个 LED 闪烁程序(led.c)

```
28      #define LED1_ON()       P1_2=0          //点亮 LED1
29      #define LED1_OFF()      P1_2=1          //熄灭 LED1
88      void main(void)
89      {
90          timer0Init();
91
92          while (1) {
93
94              LED1_ON();                      //点亮 LED
95              delay100us(2500);               //延时 0.25 s
96
97              LED1_OFF();                     //熄灭 LED
98              delay100us(2500);               //延时 0.25 s
99          }
100     }
```

2.2.4　定时器中断延时

通过 2.2.3 小节可以看出,在轮询方式下,需要一直等待定时器是否溢出,在此期间 CPU 很难再处理其他事情。因此,在实际的程序设计过程中,优秀的程序员常使用定时器中断处理程序,因为采用中断方式的好处在于能够提高 CPU 的处理效率。在中断方式下,当配置好定时器后 CPU 就可以处理其他任务,当定时器溢出时会自动触发中断,然后程序暂停当前的任务,进入中断服务函数 ISR(Interrupt Service Routine)来处理溢出事件,处理完毕则返回断点处继续执行。

当然,本小节给出的例子比较简单,除了等待定时器溢出也没有其他事情可做。但如果是在一个比较复杂程序里,中断就显得非常重要了,甚至离开中断就不可能完成相关操作。请务必记住:采用中断方式能够提高 CPU 处理事情的效率,但不是提高处理事情的速度!论速度还是轮询方式最快,当定时器溢出时立即就可以采取下一步动作,而中断响应本身会有个相对漫长的硬件动作过程,会造成额外的延迟。

1. 中断程序的编写

80C51 共有 5 个中断源:外部中断 2 个,定时器中断 2 个,串行口中断 1 个(发送和接收共用)。80C52 新增了一个 T2 定时器中断,增强型 P89V51RB2 则拥有更多的中断源,请参考相关资料。

系统为每个中断源编排序号,从 0 开始,然后是 1、2、3 等,叫做中断向量号。每个中断都有一个对应的中断入口地址,入口地址 Addr 和中断向量号 n 之间的关系是:$Addr=8×n+3$。在 C51 中,ISR 可以位于 main( )函数的前面或后面,甚至还可以位于其他 C 源程序文件中,一般在中断入口地址处放置一条 LJMP 指令来转向目标 ISR。

中断的编程方法不太复杂,一般需要做好 3 个方面的工作:配置中断、使能中断与编写中断服务函数。配置和使能中断的方法很简单,以 T0 溢出中断为例,需要先设定好 TMOD 寄存器与定时初值（TH0，TL0），然后使能 T0 的溢出中断和总中断，详见 timer0Init( )函数。

ISR 的编写与普通函数有所不同，需要注意下列事项：

① ISR 的参数和返回值都必须是 void 型。普通的子函数是程序员预先安排好位置来调用的，可以拥有参数和返回值。但是 ISR 相对于主程序是随机产生调用的，无法直接传递参数，也无法返回一个数值供主程序使用，所以 ISR 的参数和返回值只能是 void 类型。如果确实需要 ISR 与主程序交换数据，则必须通过全局变量，且在定义全局变量时应添加前缀关键字 volatile。

② 函数头后缀"interrupt n"。interrupt 是 C51 扩展的关键字，用来明确地告诉编译器这是一个中断服务函数，n 是中断向量号。在 interrupt 之后还可以添加"using i"来选择寄存器分组，其中 i=0,1,2,3。using 是可选项，如果不写 using，编译器也会自动处理，不会报错。

③ 禁止直接调用 ISR。普通函数是程序员安排在某个地方调用的，但 ISR 是在满足某个中断触发条件时自动被 CPU 调用的，CPU 在硬件机制上会自动生成类似于 LCALL 的调用方式。因此 ISR 不能被程序直接调用，它总是自动响应，人为安排 ISR 的调用反而会导致程序出错甚至崩溃。

④ 必须能够让 main( )函数"看到" ISR 的原型。如果 ISR 与 main( )函数位于同一个 C 文件内，那么不管 ISR 在 main( )之前还是之后，ISR 的原型可以显式地声明，也可以不声明。但是，如果 ISR 位于另外的 C 文件内，若不加声明，则会被 SDCC 编译器自动忽略掉，将来会出现无法进入 ISR 的"奇怪现象"。在这种情况下，有两种能够让 main( )函数"看到" ISR 的方法：

（a）在 main( )所在的 C 文件开头就插入 ISR 的原型声明。

（b）ISR 所在的 C 文件一般都有对应的 H 文件，在 H 文件里声明 ISR 的原型，然后在 main( )所在的 C 文件中用 #include 包含该 H 文件。具体该如何声明呢？以程序清单 2.6 中的 isrTimer0( )为例，其格式如下：

extern void isrTimer0(void) interrupt 1 using1; //注意 ISR 声明的格式，不要漏掉 interrupt 和 using

2. 编写代码

与程序清单 2.4 一样，程序清单 2.6 也是通过程序将 16 位硬件定时器虚拟成 32 位定时器。所不同的是，程序清单 2.4 没有使用中断，而程序清单 2.6 使用了中断。因此，程序清单 2.6 的 timer0Init( )函数比程序清单 2.4 的 timer0Init( )函数多了允许定时器 0 中断的语句（程序清单 2.6(92)）。同时，定时器高 16 位由局部变量 uiSum（程序清单 2.4(40)）变为全局变量 __GuiSum（程序清单 2.6(28)），并在中断服务程序中对高 16 位进行自加操作（程序清单 2.6(40)和程序清单 2.4(64)）。因为使用中断异步操作，所以 32 位定时器需要增加溢出标志 __GucTimerFlg（程序清单 2.6(29)）。32 位定时器溢出时需要设置溢出标志（程序清单 2.6(41)），而应用程序是通过判断溢出标志来判断延时是否结束（程序清单 2.6(77)）。

程序清单 2.6　定时器中断延时子程序（water_lights.c）

```
28      static unsigned int           __GuiSum;              //32 位定时器高 16 位
29      static volatile unsigned char __GucTimerFlg;         //32 位定时器溢出标志
38      void isrTimer0(void) __interrupt 1
39      {
```

```
40              if (++__GuiSum==0) {
41                  __GucTimerFlg=1;                        //设置溢出标志
42                  TR0=0;                                  //停止定时器
43              }
44          }
53      void delay100us (unsigned int uiDly)
54      {
55          unsigned long ulTmp1;
56          unsigned int  uiTmp2;
57
58          /*
59           * 获得定时器初始值
60           */
61          ulTmp1=((11059200ul/12)/400) * uiDly/(10000ul/400);
                                                              //计算延时需要的机器周期数
62          ulTmp1=-ulTmp1;                                   //加计数,所以取负
63
64          /*
65           * 设置定时器初始值
66           */
67          uiTmp2     =ulTmp1 % 0x10000;                     //定时器低16位
68          TL0        =uiTmp2 % 256;
69          TH0        =uiTmp2/256;
70          __GuiSum   =ulTmp1/0x10000;                       //定时器高16位
71
72          TR0=1;                                            //启动定时器
73
74          /*
75           * 等待延时结束
76           */
77          while (__GucTimerFlg==0) {
78          }
79          __GucTimerFlg=0;                                  //清除溢出标志
80      }
89      void timer0Init (void)
90      {
91          TMOD=(TMOD & 0xf0)|0x01;
92          ET0=1;
93      }
```

3. 测试用例

程序清单 2.6 的测试用例详见程序清单 2.7,它实质是通过修改 1.7.1 小节的流水灯(程序清单 1.33)得来的。与程序清单 1.33 不同的是,这里仅仅增加了定时器 0 的初始化代码(程序清单 2.7(107))和允许中断代码(程序清单 2.7(108))。

程序清单 2.7　使用定时器中断延时的流水灯程序（water_lights.c）

```
102    void main (void)
103    {
104        unsigned char i;
105        unsigned char ucTmp1;
106
107        timer0Init();                        //初始化定时器
108        EA=1;                                //允许中断
109
110        while (1) {
111
112            ucTmp1=0x01;
113
114            for (i=0; i<8; i++) {
115                P1=ucTmp1;                   //如果低电平有效,则改为"P1=～ucTmp1;"
116
117                delay100us(1000);            //延时 100 ms
118                ucTmp1=ucTmp1<<1;
119            }
120        }
121    }
```

2.2.5　无源蜂鸣器驱动程序

在 1.7.2 小节中,我们已经学习了如何通过程序驱动交流蜂鸣器的原理。不过,1.7.2 小节的程序只能在无中断功能的程序中使用。这是因为人的耳朵对声音的频率变化比较敏感,而中断势必会影响软件延时的精度,进而造成发声频率变化,容易被人的耳朵感觉出来。

解决的办法是使用定时器中断驱动无源蜂鸣器,并且中断优先级设置为高,以免中断服务程序受到其他中断影响。

1. 硬件电路

硬件电路参考 1.7.2 小节。

2. 规　划

与有源蜂鸣器相比,无源蜂鸣器的主要特点就是可以控制蜂鸣器发声的频率,因此,本驱动的接口函数就是让蜂鸣器发出指定频率的声音和让蜂鸣器停止发声。加上设备的初始化操作,本驱动只需为其他软件提供 3 个函数。因此,可将驱动程序划分成 3 个文件,它们分别为 buzzer.h、buzzer.c 和 buzzer_cfg.h。其中,buzzer.h 为驱动对外的接口,其他程序只要包含此文件,就可以使用此驱动了;而 buzzer.c 为实现驱动的代码;buzzer_cfg.h 为驱动配置文件,用于配置驱动使用的硬件信息。

如果要获得最大的灵活性,则可以让用户配置无源蜂鸣器驱动程序使用的定时器,不过这样代码比较复杂。由于定时器 0 大多数时候使用在更重要的场合,因此本驱动使用定时器 1。

3. 配　置

无源蜂鸣器驱动的主要配置是使用的 I/O 和系统晶振频率,根据硬件电路,可以获得程序清单 2.8 所示的配置文件 buzzer_cfg.h。

由此可见,一旦数码管的驱动电路发生改变,仅需修改配置文件就可以了,无须重新编写代码。

程序清单 2.8 无源蜂鸣器驱动配置文件(buzzer_cfg.h)

| 34 | #define __ZY_BUZZER_PIN | P3_5 | //引脚配置 |
| 40 | #define OSC | 11059200ul | //主频定义 |

4. 接　口

程序清单 2.9 所示 buzzer.h 为无源蜂鸣器驱动统一接口规范。

程序清单 2.9 无源蜂鸣器驱动接口(buzzer.h)

```
33  /*****************************************************
35   ** Descriptions:    蜂鸣器初始化
40   *****************************************************/
41  extern char phyBuzzerInit(void);   //输入参数:无;返回值:0——成功,-1——失败
43  /*****************************************************
45   ** Descriptions:    蜂鸣器鸣叫
50   *****************************************************/
51  extern char phyBuzzerTweet(unsigned int uiFreq);   //uiFreq:声音频率
                                                       //返回值:0——成功,-1——失败
53  /*****************************************************
55   ** Descriptions:    蜂鸣器停止鸣叫
60   *****************************************************/
61  extern char phyBuzzerStop(void);   //输入参数:无;返回值:0——成功,-1——失败
63  /*****************************************************
65   ** Descriptions:    Timer1 中断服务函数,通过翻转蜂鸣器引脚使蜂鸣器发声
69   *****************************************************/
70  extern void isrTimer1(void) __interrupt 3;
```

5. 初始化

本驱动的初始化工作仅仅是初始化定时器 1,参考代码详见程序清单 2.10。

程序清单 2.10 无源蜂鸣器驱动初始化(buzze.c)

```
43  char phyBuzzerInit (void)
44  {
45      TMOD=(TMOD & 0x0f)|0x10;        //初始化定时器1为模式1
46      TR1   =0;
47      TF1   =0;
48
49      ET1   =1;                        //使能 T1 溢出中断
50      PT1   =1;                        //优先级设置为高
51
52      return 0;
53  }
```

6. 中断服务程序

如果定时器1具有自动重载功能,则中断服务程序非常简单,比如:

__ZY_BUZZER_PIN=!__ZY_BUZZER_PIN;   //硬件已经清除了溢出标志

可惜的是,由于定时器1没有自动重载功能,因此必须由软件来实现,其代码详见程序清单2.11。此时,只要将定时器的重载值放在变量__GucTimer1HightLoad 和 GucTimer1-LowLoad中即可。

程序清单2.11 无源蜂鸣器驱动的中断服务程序(buzzer.c)

```
32       static volatile unsigned char __GucTimer1HightLoad;       //定时器重载值高8位
33       static volatile unsigned char __GucTimer1LowLoad;         //定时器重载值低8位

121      void isrTimer1(void) __interrupt 3
122      {
130          TR1=0;                                                //重装前暂停计数
131          TH1=__GucTimer1HightLoad;
132          TL1=__GucTimer1LowLoad;
133          TR1=1;                                                //重新启动计数
134
135          /*
136           * 翻转蜂鸣器引脚,使蜂鸣器发声
137           */
138          __ZY_BUZZER_PIN=!__ZY_BUZZER_PIN;
139      }
```

程序清单2.11需要注意的事项如下:

① 硬件从中断到执行至程序清单2.11(133),大约为5个机器周期。一般情况下,这几个机器周期的误差不会影响程序的正确性。如果用户需要非常精确的定时周期,则在计算重载值时需要将这几个周期考虑在内。注意:是在"计算时"而不是在"加载时"考虑这几个周期,"计算时"是在启动定时器前完成的工作。由于本驱动的要求不够高,所以不考虑这几个周期。

② 程序清单2.11(130)停止了定时器。如果不停止定时器,则硬件和程序可能同时修改TH1和TL1,造成程序执行错误。假设程序执行到程序清单2.11(131)之前,TL1为0xFF;当程序执行到程序清单2.11(131)之后,程序将TH1设置为__GucTimer1HightLoad,整个定时器的计数值为__GucTimer1HightLoad * 0x100 + TL1(0xFF)。如果定时器不停止,硬件会将整个计数值增加1,计数值变为:

__GucTimer1HightLoad * 0x100 + TL1(0xff) + 1 = __GucTimer1HightLoad * 0x100 + 0x100

即程序执行到程序清单2.11(131)后,与程序的意图不相符。如果停止定时器,则这个问题不会出现。

由于T1溢出时TL1为0,因此,只有在CPU没有及时响应T1中断或T1中断被更高优先级中断打断时,才会出现此问题。如果CPU只允许T1中断,则不必停止T1。

7. 蜂鸣器鸣叫

蜂鸣器鸣叫的主要工作就是计算定时器的加载值并启动定时器,详见程序清单2.12。

程序清单 2.12　无源蜂鸣器驱动鸣叫代码(buzzer.c)

```
63    char phyBuzzerTweet (unsigned int uiFreq)
64    {
65        unsigned int uiTimer1Load;
67        /*
68         * 限定频率范围为 20~20 000 Hz
69         */
70        if (uiFreq<20) {
71            uiFreq=20;
72        }
73
74        if (uiFreq>20000) {
75            uiFreq=20000;
76        }
78        /*
79         * 根据频率值计算 Timer1 装载值
80         */
81        uiTimer1Load            =0x10000-(OSC/12)/(uiFreq * 2);
82        __GucTimer1HightLoad    =uiTimer1Load/0x100;
83        __GucTimer1LowLoad      =uiTimer1Load % 0x100;
84
85        TR1=0;
87        /*
88         * 启动 Timer1
89         */
90        TH1=uiTimer1Load/0x100;
91        TL1=uiTimer1Load % 0x100;
92        TR1=1;
93
94        return 0;
95    }
```

程序清单 2.12(70~76)将蜂鸣器的发声频率范围限制在 20~20 000 Hz,因为人的听觉范围在此区间,发出超过此范围的声音没有任何意义。

8. 蜂鸣器停止鸣叫

让蜂鸣器停止鸣叫非常简单,停止定时器即可,详见程序清单 2.13。

程序清单 2.13　无源蜂鸣器驱动停止鸣叫代码(buzzer.c)

```
105   char phyBuzzerStop (void)
106   {
107       TR1               =0;
108       TF1               =0;
109       __ZY_BUZZER_PIN=1;              //对功能没有影响,仅仅是为了节省功耗
110
111       return 0;
```

112   }

2.2.6 数码管动态扫描演示程序

在1.7.3小节中采用了轮询方式控制数码管动态扫描的驱动方法,但在主程序中总是要不停地调用显示扫描函数zyLedDisplayScan()以维持显示。如果暂停调用,则立即出现闪烁等异常现象。显然这样的程序结构不能支持更复杂的应用,因为在维持扫描的同时很难再处理其他事情。典型的解决方法有以下几种:

① 将扫描函数放入定时中断处理服务程序中,让ISR自动处理,主程序因而被彻底解放出来放心做其他事情,这是根本的解决之道。

② 将数码管动态扫描程序当做软件延时程序在主程序中到处调用,并保证调用间隔足够短。虽然也能够满足要求,但这种方法无疑破坏了程序的结构性,并且很难保证显示的稳定性。

③ 在多任务操作系统中,用一个任务来调用显示扫描函数。这种方法要求任务切换的频率非常高,在很多场合都不合适。

下面将采取第一种方法解决这个问题。

1. 驱动程序

驱动程序代码参考1.7.3小节。

2. 范 例

参考范例详见程序清单2.14,与程序清单1.42相比,仅仅是将zyLedDisplayScan()函数的调用从main()函数中移到定时器0中断服务程序而已。当然,还需要增加初始化定时器0、使能总中断和定时器0的中断服务程序等代码。

程序清单2.14   基于定时器中断的动态数码管扫描测试范例(main_led_display.c)

```
29    #define OSC              11059200ul          //晶振频率
30    #define TICKS_PER_SEC    500                  //每秒中断次数
39    void timer0ISR (void) __interrupt 1
40    {
41        TH0  =(0x10000-((OSC/12)/TICKS_PER_SEC))/0x100;
42        TL0  =(0x10000-((OSC/12)/TICKS_PER_SEC)) % 0x100;
43        zyLedDisplayScan();
44    }
53    void timer0Init (void)
54    {
55        TMOD=(TMOD & 0xf0)|0x01;
56        TH0  =(0x10000-((OSC/12)/TICKS_PER_SEC))/0x100;
57        TL0  =(0x10000-((OSC/12)/TICKS_PER_SEC)) % 0x100;
58        TR0  =1;
59        ET0  =1;
60        TF0  =0;
61    }
```

```
70    void main (void)
71    {
72        zyLedDisplayInit();                    //初始化显示器
73        timer0Init();                          //定时器0初始化
74        EA=1;                                  //允许中断
75
76        zyLedDisplayPuts("60.7-5.9");          //显示字符串
77
78        while (1) {
79        }
80    }
```

程序清单2.14(29～44)的定时器0中断服务程序在重载定时器时没有停止定时器,这是因为此例中只允许T0中断,且程序对中断周期的要求不高(定时器TL0的重载值为0xCD,当程序执行到程序清单2.14(41)时不可能为0xFF,也不会出现执行错误,因此不必停止定时器)。

当然,为了程序更合理、更可靠地工作,应该在zyLedDisplayScan()函数中添加reentrant属性。reentrant是C51扩展的关键字,意思是re-entrant,即"再入"或"重入"。重入的概念在前面的章节中已经提到过,问题是在C51编程中到底哪些函数需要添加reentrant属性呢?一般来说,如果在ISR中调用了其他子函数,而该子函数又有可能被其他函数调用,就会出现一种特殊情况:正在执行该子函数时发生中断,程序立即转移到ISR执行,在ISR中再次调用该子函数,即函数重入。

由于80C51架构的局限性,堆栈空间非常有限,所以编译器在为函数分配变量存储空间时没有任何保护措施,如果仅是正常的"函数调用函数"的嵌套方式也不会出现问题。但ISR恰恰会破坏规则,因为它是随机产生调用的。如果一个正常的子函数正在执行时发生中断重入,则会出现问题,甚至可能导致整个程序崩溃。

为了避免函数重入带来的潜在问题,必须为相关函数添加reentrant属性,即在函数定义时添加后缀reentrant关键字,在声明时也要添加后缀reentrant关键字以保持一致。不过,数码管动态扫描程序的3种解决方法均不会产生这个问题,因此不必修改zyLedDisplayScan()函数。

2.2.7 测量负脉冲

如图2.8所示,用定时器T0测量INT0引脚(P3.2)上两个负脉冲之间的时间间隔T(T最大不超过15 s,振荡器频率$f_{osc}=11.0592$ MHz)。

外部中断0可设置为下降沿中断方式,在第一个下降沿启动定时器,在第二个下降沿产生中断来停止定时器且读取计数值。由于INT0中断可能发生在定时器中断响应时,因此外部中断0应设置为高优先级中断。T0设置为16位定时器、模式1,时钟源频率为$f_{osc}\div 12$,则一次中断的最大计时时间为:

$$(65\,536\times 12)\div f_{osc}\approx 71.111 \text{ ms}$$

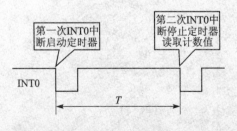

图2.8 测量负脉冲间隔示意图

这远远不能满足最大 15 s 的要求,因此,必须在 T0 中断响应时对中断次数进行计数。若进行单字节的计数,则计时时间为 71.111 ms×256≈18.2 s,已能满足要求。程序范例详见程序清单 2.15。

程序清单 2.15 没有将测量值 GulPulseWidth 显示出来,读者可以通过调试器显示其值,或通过串行口显示在 PC 上。

程序清单 2.15　负脉冲间隔测量程序范例(int0.c)

```
23    #include<8051.h>
28    volatile unsigned char GucT0Cnt;              //定义定时器高 8 位
29    volatile unsigned char GucComplete;           //定义测量完成标志
30         unsigned long GulPulseWidth;             //保存脉冲宽度
32    /***********************************************************
34    ** Descriptions:    Timer0 中断服务函数
38    ***********************************************************/
39    void isrTimer0(void) __interrupt 1
40    {
41        GucT0Cnt++;
42    }

44    /***********************************************************
46    ** Descriptions:    外部中断 0 中断服务函数
50    ***********************************************************/
51    void isrInt0 (void) interrupt 0
52    {
53        TR0=0;                                    //停止定时器 0
54        EX0=0;                                    //禁止 INT0 中断
55        GucComplete=1;                            //置位测量完成标志
56    }

58    /***********************************************************
60    ** Descriptions:    系统主函数
64    ***********************************************************/
65    void main (void)
66    {
67        TMOD =(TMOD & 0xf0)|0x01;                 //设置 T0 为模式 1:16 位定时器
68        TR0  =0;                                  //停止定时器 0 开始计时
69        IT0  =1;                                  //设置 INT0 为边沿触发
70        PX0  =1;                                  //设置 INT0 中断为高优先级
71        PT0  =0;                                  //设置 T0 中断为低优先级
72        ET0  =1;                                  //使能定时器 0 中断
73        EA   =1;                                  //使能总中断
74
75        while (1) {
76
77            GucT0Cnt=0;                           //复位 T0 计数器
78            GucComplete=0;                        //复位测量完成标志
```

```
79              TL0=0x00;                              //给定时器赋初值0000H
80              TH0=0x00;
81
82              while (INT0==1) {                      //等待第一个下降沿
83              }
84
85              TR0=1;                                 //启动定时器0开始计时
86              IE0=0;                                 //清除 INT0 中断标志
87              EX0=1;                                 //使能外部中断0
88
89              while (GucComplete==0) {               //等待测量完毕
90              }
91
92              GulPulseWidth=GucT0Cnt * 0x10000ul|(TH0 * 0x100u|TL0);    //拼接测量值
93          }
94      }
```

2.3 看门狗

2.3.1 看门狗的作用

程序设计人员的工作简单地说就是按功能要求将指令"编排"好,而微控制器的工作就是根据程序员预先编排好的程序指令来一步步地实现设计者的功能意图。然而世上很少有万无一失的东西,一些突发的意外情况(例如强干扰)或者因为程序员在编程时考虑不周而使程序存在漏洞,都有可能使得微控制器不再按程序员的意图来执行代码。例如,程序意外跳转到一个死循环中无法退出,这时就会出现所谓的"死机现象"。

相信经常使用计算机的读者对"死机"一词都不陌生,计算机出现"死机"时我们能做的就只有按下计算机的复位键或是给设备重新上电。

但是嵌入式系统使用时通常是无人值守的,就像使用内嵌了微控制器的智能电饭煲来烹制食物时,设计者不能要求用户始终站在机器旁边,一旦发现设备死机就要将其复位,否则里面精心调配的食物就会糊成一锅黑炭,甚至引起火灾。

为了使 MCU 运行可靠和安全,便引入了一种专门的复位监控电路 WatchDog,俗称"看门狗"。一旦 MCU 运行出现故障,就强制对 MCU 进行硬件复位,使整个系统重新处于可控状态(要想精确恢复到故障之前的运行状态,从技术上来讲,难度大,成本高,而复位是最简单且可靠的处理手段)。

2.3.2 看门狗的工作原理

那么看门狗是如何判断微控制器是否在正常工作呢？人们将看门狗设计成一条只要有"食物"就会默不作声、如果一段时间不给其食物就会"吠叫"(输出复位信号)的"贪吃狗",而且它是永远也吃不够的,所以需要反复周期性地投放"狗食",详见图2.9。

将投放狗食这个动作称为"喂狗"(Feed Dog),这通常是由微控制器完成的。喂狗周期必

第 2 章 特殊功能部件与外设

图 2.9 看门狗工作原理示意图

须小于看门狗的"饥饿"时间。程序设计中的喂狗流程如图 2.10 所示,程序设计人员在微控制器的程序循环中加入喂狗的指令。在各个功能模块运作正常的情况下,每次喂狗动作都能在看门狗"饿"得要输出复位信号之前送达。如果运行过程中某个功能模块一旦出现问题(例如出现死循环),因为不能及时执行喂狗动作,那么看门狗就会毫不留情地输出复位信号,将微控制器拉出泥潭。在程序里如何进行喂狗操作呢? 一般的做法是,先编写一个喂狗函数,然后将函数调用插入每一个可能导致长时间执行的程序段里,最常见的情况是 while(1)、for(;;)之类的无条件循环语句。一旦程序因为意外情况跑飞,很可能会陷入一个不含喂狗操作的死循环里,超过 1.6 s 后就会自动复位重来,而不会永远停留在故障状态。

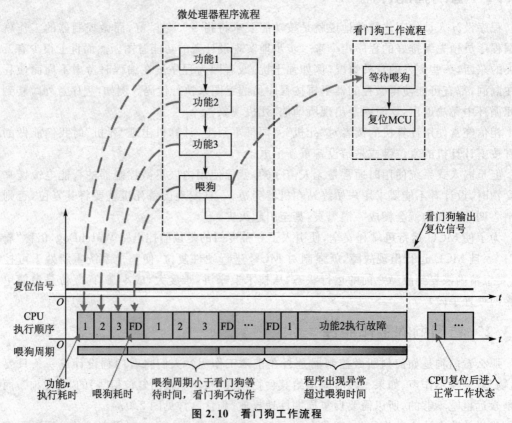

图 2.10 看门狗工作流程

看门狗的"饥饿"时间和看门狗的设计选择有关,如果是外置的独立看门狗,其时间通常是固定的,一般为 1 s 到数 s。如果是微控制器的内置看门狗,其饥饿时间是可以程序设定的,所以选择范围很大。

看门狗会有一个喂狗接口,通过该接口微控制器可以实现喂狗操作。外置的独立看门狗芯片通常是通过一个输入功能引脚的电平变化来执行喂狗动作,而微控制器内部的喂狗动作是通过向一个特定寄存器写入特定数据序列来实现喂狗动作。

看门狗真正的用法是:在不用看门狗的情况下,硬件和软件经过反复测试已经通过;而考虑到在实际应用环境中出现的强烈干扰可能造成程序跑飞的意外情况,再加入看门狗功能以进一步提高整个系统的工作可靠性。可见,看门狗只不过是万不得已的最后手段而已。

但是有相当多的工程师,尤其是很多入门级水平的开发者,在调试系统时一出现程序跑飞,就马上引入看门狗来解决,而没有真正去思考程序为什么会跑飞。实际上,程序跑飞的大部分原因是程序本身存在 bugs,或者已经暗示硬件电路可能存在故障,而并非是受到了外部的干扰。如果试图用看门狗功能来"掩饰"此类潜在的问题,则是相当不明智的,也是危险的,这样会使潜在的系统设计缺陷一直伴随着产品最终到达用户手中。综上所述,建议:在调试自己的系统时,先不要使用看门狗,等到系统完全调通已经稳定工作了,最后再补上看门狗功能。

2.3.3 看门狗定时器的结构

P89V51RB2 自带一个可编程控制的看门狗定时器 WDT(WatchDog Timer),可以在软件死锁等异常情况下使单片机重新回复到正常运行状态。程序需要在设定的周期时间内刷新看门狗,以防止软件死锁等异常现象。如果芯片已经使能 WDRE,且软件在设定的周期内没有刷新看门狗,单片机将硬件复位。在程序运行不正常的情况下,如果没有正常地刷新看门狗,将会导致看门狗定时器超时溢出,单片机也会产生硬件复位。

芯片中的 WDT 使用系统时钟(XTAL1)作为时基。也可以将看门狗看做一个看门狗计数器,看门狗寄存器每隔 344 064 个晶振周期计数一次。时基寄存器(WDTD)的高 8 位可以用于装载看门狗寄存器的值。仅需 WDTC 及 WDTD 两个 SFR 即可控制看门狗的运行。在空闲模式时,看门狗操作被临时挂起;当退出空闲模式时,看门狗恢复正常运行。

如图 2.11 所示为 P89V51RB2 看门狗模块内部结构图,由此可以看出 WDTD 寄存器可用于设定看门狗的溢出周期。

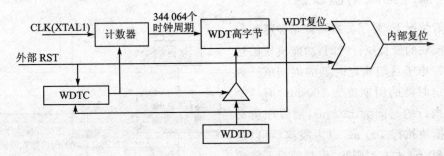

图 2.11 看门狗模块内部结构

2.3.4 寄存器描述

表 2.7 详细描述了 WDTC 寄存器各个位的功能作用。

表 2.7 看门狗控制寄存器 WDTC

地址	名称	Bit7	Bit6	Bit5	Bit4	Bit3	Bit2	Bit1	Bit0	复位值
C0H	WDTC	—	—	—	WDOUT	WDRE	WDTS	WDT	SWDT	00H

位说明			
位号	位名	功能描述	说明	复位值
7~5	—	保留	—	0
4	WDOUT	看门狗输出使能。当此位及 WDRE 都被设置时，看门狗复位将在 Reset 引脚上产生一个 32 个时钟周期的复位信号	1：高 0：低	0
3	WDRE	看门狗定时器复位使能。当该位被设置时，使能看门狗的复位功能	1：高 0：低	0
2	WDTS	看门狗复位标志位。如果该位被置位，表示产生了看门狗复位。该位可以通过软件清 0	1：高 0：低	0
1	WDT	刷新看门狗定时器。当软件设置该位时，看门狗将强制看门狗定时器刷新。如果硬件完成刷新，会自动将此位重置为 0	1：高 0：低	0
0	SWDT	当该位被设置时，启动看门狗定时器；当该位被清除时，停止看门狗定时器	1：高 0：低	0

如表 2.8 所列为数据重装载寄存器 WDTD。每次装载完 WDTD 时，都应当将 WDTC 寄存器中的 WDT 位置位，否则 WDTD 值无法装载进去。

表 2.8 数据重装载寄存器 WDTD

地址	名称	Bit7	Bit6	Bit5	Bit4	Bit3	Bit2	Bit1	Bit0	复位值
85H	WDTD	WDT 数据重装载寄存器								00H

2.3.5 看门狗周期值设置

在一般情况下，程序员需要首先确定各个程序功能模块的最长执行时间，功能模块的运行时间最好小于看门狗定时器的周期值。假设看门狗定时器的周期值为 100 ms，而一个功能模块执行的时间为 120 ms，则程序员必须在功能模块执行 100 ms 以内喂狗（可以选取在执行 80 ms 左右时喂狗，但是绝对不能超过 100 ms），在功能模块运行完毕后再执行一次喂狗，详见图 2.12。

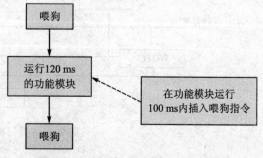

图 2.12 确定合适的喂狗时间示意图

请注意不要在定时器程序中周期性地喂狗。当程序进入某段死循环时,如果开启了定时器,则定时器仍然会稳定运行,并周期性喂狗,芯片将无法从死锁状态中恢复。

2.3.6 应用示例

P89V51RB2 的看门狗定时器为递增计数,当溢出时复位。WDTD 的最大装载值为 0xFF,设置看门狗周期值时要充分考虑看门狗溢出周期的最大值。看门狗的时钟源由系统时钟 f_{CLK}(XTAL1)提供,它不具备独立看门狗时钟振荡器,在掉电模式下看门狗也是停止的,所以不能用它来唤醒掉电的 CPU。看门狗溢出周期 t_{WDT} 可由以下公式求出:

$$t_{WDT} = (255 - WDTD) \times 344\,064 \times (1/f_{CLK})$$

在外部晶振频率取 11.059 2 MHz 的情况下,根据上面的公式可以得出,如果 WDTD=0,则 $t_{WDT} = 255 \times 344\,064 \times (1/11\,059\,200\ Hz) \approx 7.93\ s$。如果要装载 WDTD 的值,则必须将 WDTC 寄存器中的 WDT 位置位。

看门狗的基本操作方法如下:
① 设置看门狗定时器重装值 WDTD;
② 设置看门狗的工作模式 WDTC;
③ 周期性喂狗。

1. 看门狗溢出

在本实验中,LED1 将周期性地闪烁。原因在于使能看门狗后,程序没有周期性喂狗,程序运行时间达到看门狗溢出时间后,芯片发生复位,详见程序清单 2.16。

程序清单 2.16 看门狗溢出复位程序范例

```
#include<8051.h>
#define LED      P1_2                          //定义 LED
/****************************************************************
**函数名称:WDT_Init
**功能描述:对 WDT 进行初始化,fCLK=11.059 2 MHz
**入口参数:time——超时时间,该值直接写入 WDTD 中
**出口参数:无
****************************************************************/
void WDT_Init(unsigned char time)
{
    WDTD=0xff-time;                             //设置看门狗的溢出时间
    WDTC=0x0A;                                  //WDTS=0,WDRE=1,WDT=1
    WDTC=WDTC|0x01;                             //SWDT=1,启动看门狗
}
void main(void)
{
    int i, j;

    LED=0;                                      //LED 发光
    for (i=0; i<0x10; i++) {                    //延迟一段时间
        for (j=0; j<0x7000; j++);
```

```
    LED=1;                                          //LED 熄灭
    WDT_Init(0x33);                                 //设置看门狗溢出周期
    for (;;) {
    }
}
```

2. 喂 狗

针对上例中看门狗的溢出现象,程序清单 2.17 添加了一段喂狗代码,保证程序周期性喂狗。喂狗周期小于看门狗溢出时间,即不会产生复位现象,上电后 LED 仅闪烁一次即熄灭。

程序清单 2.17 周期性喂狗程序范例

```
#include<8051.h>
#define LED     P1_2                                //定义 LED
/***************************************************************
** 函数名称:WDT_Init
** 功能描述:对 WDT 进行初始化,f_CLK=11.059 2 MHz
** 入口参数:time——超时时间,该值直接写入到 WDTD 中
** 出口参数:无
***************************************************************/
void WDT_Init(unsigned char time)
{
    WDTD=0xff-time;                                 //设置看门狗的溢出时间
    WDTC=0x0A;                                      //WDTS=0,WDRE=1,WDT=1
    WDTC=WDTC|0x01;                                 //SWDT=1,启动看门狗
}
void main(void)
{
    int i, j;

    LED=0;                                          //LED 发光
    for (i=0; i<0x10; i++) {                        //延迟一段时间
        for (j=0; j<0x7000; j++);
    }
    LED=1;                                          //LED 熄灭
    WDT_Init(0x33);                                 //设置看门狗溢出周期
    for (;;) {
        for (i=0; i<0x1000; i++);
        WDTC=WDTC|0x02;                             //喂狗
    }
}
```

请注意,当看门狗复位以后,芯片内部除 SFR 以外的 RAM 值并没有复位,而有些单片机的看门狗具有在睡眠状态继续运行的功能(如 NXP 的 LPC900 系列单片机)。有经验的工程

师则会利用这一功能，使单片机周期性进入睡眠，并通过看门狗周期性复位，以实现低功耗的系统设计；或使单片机在存在外部强干扰时进入睡眠状态，并通过看门狗在一段时间后复位单片机，以保证系统工作的可靠性。

当然，也不能指望看门狗完全解决所有的问题，有时即便在软件中加了看门狗程序，软件仍然会偶尔出现死机的现象。事实上原因是多方面的，比如，程序因为某些异常状况而触发死循环，而在这些死循环中存在喂狗程序。因此有经验的工程师知道，要想保证系统的稳定性，必须增强程序的健壮性，提高软硬件的抗干扰能力。

2.4 I^2C 总线及其驱动程序

2.4.1 I^2C 简介

I^2C(Inter Integrated Circuit)总线是 NXP 公司开发的用于连接单片机与外围器件的两线制总线，不仅其硬件电路非常简洁，而且归一化的 I^2C 总线驱动软件包还具有极强的复用性和可移植性。I^2C 总线不仅适用于电路板内器件之间的通信，而且通过中继器还可以实现电路板与电路板之间长距离的信号传输。因此，使用 I^2C 器件非常容易构建系统级电子产品开发平台。其特点如下：

- 总线仅需 2 根信号线，减小了电路板的空间和芯片引脚的数量，降低了互连成本。
- 同一条 I^2C 总线上可以挂接多个器件，器件之间按不同的编址来区分，因此不需要任何附加的 I/O 或地址译码器。
- 非常容易实现 I^2C 总线的自检功能，以便及时发现总线的异常情况。
- 总线电气兼容性好。I^2C 总线规定器件之间以开漏 I/O 互连，因此，只要选取适当的上拉电阻就能轻易实现 3 V/5 V 逻辑电平的兼容。
- 支持多种通信方式，一主多从是最常见的通信方式。此外还支持双主机通信、多主机通信与广播模式。
- 通信速率高。其标准传输速率为 100 kbps(每秒 100 k 位)，在快速模式下为 400 kbps，按照后来修订的版本，位速率可高达 3.4 Mbps。
- 兼顾低速通信。其通信速率也可以低至几 kbps 以下，用以支持低速器件(比如用软件模拟 I^2C)或者用来延长通信距离。
- 通信距离远。在一般情况下 I^2C 总线通信距离有几米到十几米。通过降低传输速率、增加中继器等办法，通信距离可延长到数十米乃至数百米以上。

2.4.2 决 策

1. 实现一个 I^2C 的子集

标准 80C51 单片机没有硬件 I^2C 接口，要使用 I^2C 与其他器件通信，只能通过软件用 I/O 口模拟总线。完整的 I^2C 标准比较复杂，通过软件很难完整地实现它。即使已经实现，也需要使用很多代码并占用大量的资源，这在实际应用中是不可忍受的。因此，只能实现一个 I^2C 的子集。

2. 仅实现 I^2C 主机功能

在实际应用中,80C51 系列单片机一般作为整个系统的智能中心。因此,80C51 系列单片机一般作为 I^2C 主机与 I^2C 从机通信。因此,可规划为仅实现 I^2C 主机功能。

3. 不实现总线仲裁功能

I^2C 总线是多主机自仲裁总线,一条 I^2C 总线上可以挂接多个主机,每个主机都必须跟踪总线状态。当总线繁忙时,不能启动总线。当总线空闲时,每个主机都可以随时启动总线,但需要在使用总线过程中检测冲突,有冲突时主机需要终止发送。使用软件来检测总线繁忙和冲突是比较麻烦的,占用资源也多。幸好,绝大多数情况下,一条 I^2C 总线上只有一个主机:80C51 系列单片机。因此,可以规划为:删除 I^2C 主机的总线仲裁功能。这样,I^2C 总线驱动只能在单主机应用中使用。

4. 通信速率软件在编译前期确定且不支持高速模式

I^2C 总线标准具有多种速率:低速模式支持不高于 100 kbps 的速率通信;快速模式支持不高于 400 kHz 的速率通信;高速模式支持不高于 3.4 Mbps 的速率通信。现在绝大多数器件已经支持快速模式,也有部分器件支持高速模式。但也有一些非标准的 I^2C 器件支持的速率较低,如早期的 ZLG7290 仅支持 30 kHz 低速率通信。如果不同速率的 I^2C 器件接到同一条总线上,它们只能以所有器件都支持的速率通信。对于绝大多数情况来说,一条 I^2C 连接的器件在设计时已经确定,所以通信的最高速率就已经确定。事实上,高速模式对硬件有较高的要求,标准的 80C51 达不到此要求,且目前支持高速模式的器件较少。因此,可以规划为:通信速率在软件编译前期确定且不支持高速模式,这样目标代码较短且占用资源较少。

5. 仅支持 7 位地址模式

I^2C 总线标准具有两种地址模式:7 位模式与 10 位模式。10 位模式的编程相对复杂一些,且目前仅支持 10 位模式的 I^2C 器件较少,所以可以规划为:仅支持 7 位地址模式。

6. 仅支持一条 I^2C 总线

仅支持一条 I^2C 总线且基于 80C51 系列单片机的嵌入式系统一般规模较小,连接的 I^2C 器件也较少,绝大多数情况一条 I^2C 总线足够使用。因此,规划为仅支持一条 I^2C 总线。

2.4.3 软件接口

1. 函数接口

对于一般的 I^2C 从机来说,从机具有 I^2C 地址,从机内有多个寄存器(存储设备的每个存储单元可以作为一个寄存器),每个寄存器又有自己的地址。对 I^2C 从机的操作就是对这些寄存器进行读/写操作。因此,可以规划 I^2C 驱动为上层提供 3 个函数,详见表 2.9~表 2.11。

表 2.9 I^2C 初始化

名 称	zyI2cInit()
函数原型	void zyI2cInit(void)
返回值	0:成功;-1:失败
描 述	初始化 I^2C 为主模式

表 2.10 对 I²C 从器件进行写操作

名 称	zyI2cWrite()
函数原型	unsigned char zyI2cWrite(unsigned char ucAddr, unsigned int uiRegAddr, 　　　　　　　　　　unsigned char ucRegAddrLen, unsigned char * pucData, 　　　　　　　　　　unsigned char ucDataLen)
输入参数	ucAddr：从机地址　　　uiRegAddr：寄存器地址 ucRegAddrLen：寄存器地址长度（单位为字节） pucData：要写入的数据　　ucDataLen：要写入的数据长度
返回值	已写入的数据字节数
描 述	将数据写入 I²C 从器件

表 2.11 对 I²C 从器件进行读操作

名 称	zyI2cRead()
函数原型	unsigned char zyI2cRead(unsigned char ucAddr, unsigned int uiRegAddr, 　　　　　　　　　　unsigned char ucRegAddrLen, unsigned char * pucData, 　　　　　　　　　　unsigned char ucDataLen)
输入参数	ucAddr：从机地址　　　uiRegAddr：寄存器地址 ucRegAddrLen：寄存器地址长度（单位为字节） ucDataLen：要读的数据长度
输出参数	pucData：读到的数据
返回值	已读到的数据字节数
描 述	从 I²C 从器件读数据

值得注意的是：

① 目前没有发现寄存器地址超过 16 位的器件，因此，寄存器地址可以用 unsigned int 类型变量来保存；

② 大多数 I²C 从机寄存器地址为 8 位（1 字节），一部分为 16 位（2 字节），I²C 标准没有规定寄存器地址的长度，因此，需要一个参数给出寄存器地址的长度；

③ I²C 支持 7 位地址模式和 10 位地址模式，但目前还没有发现仅支持 10 位地址模式的器件，因此，规划本驱动仅支持 7 位地址模式。

2. 配置接口

➤ 定义用于配置 I²C 使用 I/O 的宏，其接口配置详见程序清单 2.18(39、40)。

➤ 定义用于配置 I²C 使用频率的宏，根据硬件设置，此时 I²C 频率还不到 400 kHz。其配置详见程序清单 2.18(34)，其中的"ACC=ACC"相当于 NOP 指令。

程序清单 2.18　I²C 驱动接口配置（I2C_cfg.h）

```
34    #define   __ZY_I2C_DELAY()    ACC=ACC              //等待 1/2 I²C 周期

39    #define   __ZY_I2C_SDA        P1_1                 //SDA 引脚配置
40    #define   __ZY_I2C_SCL        P1_0                 //SCL 引脚配置
```

第2章 特殊功能部件与外设

3. 内部接口

启动总线、停止总线、重启总线、发送一位数据、接收一位数据、发送ACK信号、发送NAK信号、接收反馈信号（ACK信号或NAK信号）、发送一字节数据、接收一字节数据的函数名称分别为__zyI2cStartSend()、__zyI2cStopSend()、__zyI2cRestartSend()、__zyI2cBitSend()、__zyI2cBitReceive()、__zyI2cAckSend()、__zyI2cNakSend()、__zyI2cIsAck()、__zyI2cByteSend()、__zyI2cByteReceive()。因为这些函数只在I^2C驱动内部使用，为节省篇幅不再给出详细说明。

2.4.4 基本时序代码

1. 发送一位数据和接收一位数据

如图2.13所示，在时钟线SCL处于高电平期间，数据线SDA的电平状态必须保持稳定不变，SDA的电平状态只有在SCL处于低电平期间才允许改变（甚至允许改变多次）。这是因为I^2C协议规定，在SCL处于高电平期间采样SDA信号，并作为有效的数据；而在SCL处于低电平期间不采样SDA，此时SDA是无效数据。

在SCL处于高电平期间，如果SDA信号发生了跳变则不属于数据传输，而是代表总线的起始或结束控制。

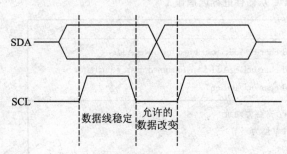

图2.13 数据有效性时序图

根据上述分析，与此相应的代码详见程序清单2.19与程序清单2.20。

程序清单2.19 I^2C总线发送一位数据（I2C.c）

```
139    static void __zyI2cBitSend (unsigned char ucData)
140    {
141        if ((ucData & 0x80)) {
142            __ZY_I2C_SDA=1;
143        } else {
144            __ZY_I2C_SDA=0;
145        }
146        __ZY_I2C_DELAY();
147        __ZY_I2C_SCL=1;
148        __ZY_I2C_DELAY();
149        __ZY_I2C_SCL=0;
150    }
```

程序清单2.20 I^2C总线接收一位数据（I2C.c）

```
159    static unsigned char __zyI2cBitReceive (void)
160    {
161        unsigned char ucRt;                              //返回值
162
```

```
163        __ZY_I2C_DELAY();
164        __ZY_I2C_SCL=1;
165        __ZY_I2C_DELAY();
166        ucRt=__ZY_I2C_SDA;
167        __ZY_I2C_SCL=0;
168        return ucRt;
169    }
```

2. 发送起始信号和停止信号

如图2.14所示为START起始条件(简称S)和STOP停止条件(简称P)的时序图。在SCL处于高电平期间,如果SDA出现从高电平向低电平的跳变,则认为产生了起始条件,总线在起始条件产生后便处于忙(Busy)的状态。其代码详见程序清单2.21。

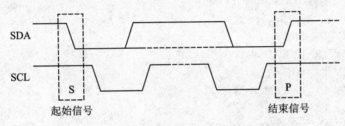

图2.14 START和STOP条件时序图

程序清单2.21 I^2C 总线发送起始信号(I2C.c)

```
58     static void __zyI2cStartSend (void)
59     {
60         __ZY_I2C_DELAY();
61         __ZY_I2C_SDA=0;
62         __ZY_I2C_DELAY();
63         __ZY_I2C_SCL=0;
64     }
```

在SCL处于高电平期间,SDA从低电平向高电平跳变时产生停止条件,总线在停止条件产生后便处于空闲(Idle)状态。与此相应的代码详见程序清单2.22。

程序清单2.22 I^2C 总线发送停止信号(I2C.c)

```
91     static void __zyI2cStopSend (void)
92     {
93         __ZY_I2C_SDA=0;
94         __ZY_I2C_DELAY();
95         __ZY_I2C_SCL=1;
96         __ZY_I2C_DELAY();
97         __ZY_I2C_SDA=1;
98     }
```

3. 发送重复起始信号

当主机与从机进行通信时,有时需要切换数据的收/发方向。例如,访问某一具有I^2C总

线接口的 E^2PROM 存储器时，主机先向存储器输入存储单元的地址信息(发送数据)，然后再读取其中的存储内容(接收数据)，这其中必然牵涉到读/写方向转换的过程。

在切换数据的传输方向时，不必先产生停止条件再开始下次传输，而是直接再一次产生起始条件。I^2C 总线在处于忙的状态下，再一次直接产生起始条件的情况称为重复起始条件(Repeated START，简称为 Sr)。正常的起始条件和重复起始条件在物理波形上并没有什么不同，区别仅仅是在逻辑方面。

尽管如此，发送重复起始信号的代码与发送起始信号的代码也有所不同。这是因为发送起始信号时默认总线空闲，SDA 和 SCL 都为高电平，不需要程序来设置。而发送重复起始信号就没有这么好的条件了，必须自己设置。与此相应的代码详见程序清单 2.23。

程序清单 2.23 I^2C 总线发送重复起始信号(I2C.c)

```
73    static void __zyI2cRestartSend (void)
74    {
75        __ZY_I2C_SDA=1;
76        __ZY_I2C_DELAY();
77        __ZY_I2C_SCL=1;
78        __ZY_I2C_DELAY();
79        __ZY_I2C_SDA=0;
80        __ZY_I2C_DELAY();
81        __ZY_I2C_SCL=0;
82    }
```

4. 发送和接收应答信号

在数据的传输过程中，每传输一个字节，都要紧跟一个应答状态位，因此，接收器接收数据的情况可以通过应答位来告知发送器。应答位的时钟脉冲仍由主机产生，而应答位的数据状态则遵循"谁接收谁应答"的原则，即总是由接收器产生应答位。

当主机向从机发送数据时，应答位由从机产生；当主机从从机接收数据时，应答位由主机产生。I^2C 总线标准规定：当应答位为 0 时表示接收器应答(ACK)，简称为 A；当应答位为 1 时表示接收器非应答(NACK)，简称为 $\overline{A}$。当发送器发送完 LSB 之后，应当释放 SDA 线(拉高 SDA，输出晶体管关断)，以等待接收器产生应答位。

当接收器在接收完最后一个字节的数据时，或者不能再接收更多的数据时，应当产生非应答信号通知发送器。发送器如果发现接收器产生了非应答状态，则应当终止发送。

与此相应的发送 ACK 和 NAK 的代码详见程序清单 2.24。

程序清单 2.24 I^2C 总线发送应答信号(I2C.c)

```
107   static void __zyI2cAckSend (void)
108   {
109       __ZY_I2C_SDA=0;
110       __ZY_I2C_DELAY();
111       __ZY_I2C_SCL=1;
112       __ZY_I2C_DELAY();
113       __ZY_I2C_SCL=0;
114   }
```

```
123    static void __zyI2cNakSend (void)
124    {
125        __ZY_I2C_SDA=1;
126        __ZY_I2C_DELAY();
127        __ZY_I2C_SCL=1;
128        __ZY_I2C_DELAY();
129        __ZY_I2C_SCL=0;
130    }
```

而接收应答程序就稍微复杂一点:必须判断接收的是 ACK 信号还是 NAK 信号,后续程序还需要根据信号的不同进行不同的处理。因此,定义函数返回 0 为接收到 NAK 信号,返回 1 为接收到 ACK 信号,与此相应的代码详见程序清单 2.25。

程序清单 2.25 I²C 总线接收应答信号(I2C.c)

```
37    static char __zyI2cIsAck (void)
38    {
39        __ZY_I2C_SDA=1;
40        __ZY_I2C_DELAY();
41        __ZY_I2C_SCL=1;
42        __ZY_I2C_DELAY();
43        if (__ZY_I2C_SDA==1) {
44            __ZY_I2C_SCL=0;
45            return 0;
46        }
47        __ZY_I2C_SCL=0;
48        return 1;
49    }
```

5. 按字节传输的数据

I²C 总线总是以字节(Byte)为单位收/发数据,而每次传输的字节数量并没有严格限制。每次首先传输的是数据的最高位(MSB,第 7 位),最后传输的是数据的最低位(LSB,第 0 位)。与此相应的按字节传输的代码详见程序清单 2.26 和程序清单 2.27。

程序清单 2.26 I²C 总线发送 8 位数据(I2C.c)

```
178    static void __zyI2cByteSend (unsigned char ucData)
179    {
180        unsigned char i;
181
182        /*
183         *   发送数据
184         */
185        i=8;
186        do {
187            __zyI2cBitSend(ucData);
188            ucData=ucData<<1;
189        } while (--i!=0);
190    }
```

第 2 章 特殊功能部件与外设

程序清单 2.27 I²C 总线接收 8 位数据(I2C.c)

```
199    static unsigned char __zyI2cByteReceive (void)
200    {
201        unsigned char ucRt;                         //返回值
202        unsigned char i;
203
204        ucRt=0;
205        __ZY_I2C_SDA=1;                             //设置为输入
207        /*
208         *  接收数据
209         */
210        i=8;
211        do {
212            ucRt=(ucRt<<1)+__zyI2cBitReceive();
213        } while (——i!=0);
214
215        return ucRt;
216    }
```

6. 从机地址(Slave Address)

I²C 总线不需要额外的地址译码器和片选信号,具有 I²C 总线接口的多个器件都可以连接在同一条 I²C 总线上,通过编址来区分不同的器件。因为主机是主控器件,所以它不需要编址,而其他器件属于从机,所以必须要有编址(即从机地址,简称 SLA 或 SA),否则无法区分将要操作的具体器件。在同一条总线上的器件,编址不允许出现冲突,即必须保证在同一条 I²C 总线上所有从机的地址都是唯一确定的,否则 I²C 总线将不能正常工作。

图 2.15 在第 1 字节内的从机地址和 R/$\overline{W}$ 位

如图 2.15 所示,一般从机地址是由 7 个地址位和 1 个读/写标志 R/$\overline{W}$ 组成的,其中地址占据高 7 位,R/$\overline{W}$ 位在最后。当 R/$\overline{W}$ 为 0 时,表示主机将要向从机写入数据;当 R/$\overline{W}$ 为 1 时,表示主机将要从从机读取数据。因此,发送地址的代码如下:

```
318        __zyI2cByteSend(ucAddr & 0xfe);             //发送写地址
339        __zyI2cByteSend(ucAddr|0x01);               //发送读地址
```

7. 带 7 位地址的完整数据传输

如图 2.16 所示给出了主机和某个从机之间传输 1 个有效数据字节的完整时序示意图,其执行过程如下:

① 主机产生 START 条件以启动总线。

② 发送的第 1 字节是 7 位从机地址和读/写标志位,当读/写位为 0 时,即表示主机将要向从机发送数据;当读/写位为 1 时,即表示主机将要从从机接收数据。

③ 第 2 字节是传输的有效数据。

④ 在每次传输一字节之后都附加有应答位 ACK(第 9 位)。若是主机发送数据,则由从

机产生应答;若是主机接收数据,则由主机产生应答(谁接收谁应答)。

⑤ 主机产生 STOP 条件结束总线。

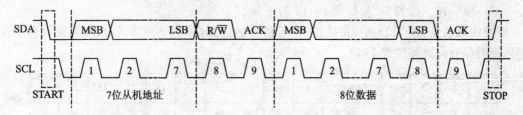

图 2.16 主机与从机之间传输 1 个数据字节的完整时序

传输多个字节的方式也很容易理解,在传输 1 个数据字节的基础上增加有效数据字节数(总线协议本身并不限制所传输的数据量)。传输格式如下:

S|SLA+R/$\overline{\text{W}}$|data…|P

8. 寄存器地址(子地址)

带有 I^2C 总线的器件,除了有从机地址(Slave Address)外,还会有寄存器地址,俗称子地址。从机地址是指该器件在 I^2C 总线上被主机寻址的地址,用来区别不同的从机器件,而寄存器地址是指该器件内部的编址,用来区分不同的部件或存储单元。例如,带 I^2C 总线接口的 E^2PROM 就是拥有数据地址器件的典型代表。极少数器件由于内部结构比较简单,可能没有寄存器地址,只有必需的从机地址。

与从机地址一样,数据地址实际上与普通数据的传输方式是一样的,传输格式与数据仍然是统一的。区分传输的到底是地址还是数据,则视收/发双方具体的逻辑约定而定。

数据地址的长度必须由整数个字节组成,可能是单字节(8 位子地址),也可能是双字节(16 位子地址),甚至可能是 4 字节,视具体器件而定。

2.4.5 外部接口代码

尽管 I^2C 规范没有规定寄存器地址在什么时候传输,但是广大厂商都遵循一个事实规范。根据这个事实规范可知,对 I^2C 从器件进行写操作的时序详见图 2.17,图中假设寄存器地址有 m 个字节,需要写 n 个数据。而位置 6 是位置 4、5 的重复;位置 11 是位置 9、10 的重复。

需要注意的是,图 2.17 中,在接收 ACK 信号的位置(位置 3、5、8、10、13)如果接收到 NAK 信号,则时序立即跳到位置 14。

0	1	2	3	4	5	6	7	8	9	10	11	12	13	14	15
总线空闲	启动总线	发送器件写地址	接收ACK	发送寄存器地址0	接收ACK	…	发送寄存器地址$m-1$	接收ACK	发送数据0	接收ACK	…	发送数据$n-1$	接收ACK	停止总线	总线空闲

图 2.17 对 I^2C 从器件进行写操作的时序图

第 2 章 特殊功能部件与外设

同理,对 I^2C 从器件进行读操作的时序详见图 2.18,图中假设寄存器地址有 m 个字节,需要读 n 个数据。因为位置有限,图 2.18 对位置 4~8 进行了合并,其实这部分与图 2.17 的位置 4~8 一模一样。位置 14 是位置 12、13 的重复。

需要注意的是,图 2.18 中,在接收 ACK 信号的位置(位置 3、5、8、11),如果接收到 NAK 信号,则时序立即跳到位置 17。

0	1	2	3	4~8	9	10	11	12	13	14	15	16	17	18
总线空闲	启动总线	发送器件写地址	接收ACK	发送寄存器地址	重启总线	发送器件读地址	接收ACK	接收数据0	发送ACK	……	接收数据$n-1$	发送NAK	停止总线	总线空闲

图 2.18 对 I^2C 从器件进行读操作的时序图

对于 I^2C 总线的初始化,实质是让 I^2C 总线处于空闲状态,发送停止总线信号可以达到此目的。因为下层时序均已完成,所以 I^2C 总线驱动的外部接口函数比较容易编写,与此相应的代码详见程序清单 2.28。其中,程序清单 2.28(252~254)和程序清单 2.28(312~314)为检测用户传递下来的参数是否合法,若不合法则函数直接返回。一般来说,如果程序没有问题,参数都是合法的。如果参数不合法,则可能代码有问题,需要检查代码。加上这段代码,可以帮助程序员在调试时分析代码的问题。如果程序员保证不会出现参数非法的问题,则可以删除这些代码。

程序清单 2.28 I^2C 驱动外部接口程序(I2C.c)

```
226    char zyI2cInit (void)
227    {
228        __ZY_I2C_SCL=0;
229        __zyI2cStopSend();                    //发送停止信号
230        return 0;
231    }
244    unsigned char zyI2cWrite (unsigned char ucAddr,
245                              unsigned int uiRegAddr,
246                              unsigned char ucRegAddrLen,
247                              unsigned char * pucData,
248                              unsigned char ucDataLen)
249    {
250        unsigned char i;
251
252        if (ucDataLen==0||pucData==0) {
253            return 0;
254        }
255
256        i=ucDataLen;
257
258        __zyI2cStartSend();                   //发送 START 信号
```

```
259
260        __zyI2cByteSend(ucAddr & 0xfe);              //发送写地址
261        if (__zyI2cIsAck()) {                        //接收 ACK 信号
263            /*
264             * 发送寄存器地址
265             */
266            while (ucRegAddrLen>0) {
267                __zyI2cByteSend(uiRegAddr);          //发送一字节寄存器地址
268                if (!__zyI2cIsAck()) {               //接收 ACK 信号
269                    break;
270                }
271                ucRegAddrLen--;
272                uiRegAddr=uiRegAddr>>8;
273            }
274
275            if (ucRegAddrLen==0) {
277                /*
278                 * 发送寄存器地址成功就发送数据
279                 */
280                do {
281                    __zyI2cByteSend(*pucData++);     //发送一字节数据
282                    if (!__zyI2cIsAck()) {           //接收 ACK 信号
283                        break;
284                    }
285                } while (--i !=0);
286            }
287        }
288
289        __zyI2cStopSend();                           //发送停止信号
290
291        return (ucDataLen-i);
292    }
304    unsigned char zyI2cRead (unsigned char ucAddr,
305                             unsigned int uiRegAddr,
306                             unsigned char ucRegAddrLen,
307                             unsigned char * pucData,
308                             unsigned char ucDataLen)
309    {
310        unsigned char i;
311
312        if (ucDataLen==0||pucData==0) {
313            return 0;
314        }
315
316        __zyI2cStartSend();                          //发送 START 信号
```

```
317
318            __zyI2cByteSend(ucAddr & 0xfe);              //发送写地址
319            if (__zyI2cIsAck()) {                         //接收 ACK 信号
320
321                /*
322                 *  发送寄存器地址
323                 */
324                while (ucRegAddrLen>0) {
325                    __zyI2cByteSend(uiRegAddr);           //发送一字节寄存器地址
326                    if (!__zyI2cIsAck()) {                //接收 ACK 信号
327                        break;
328                    }
329                    ucRegAddrLen--;
330                    uiRegAddr=uiRegAddr>>8;
331                }
332
333                if (ucRegAddrLen==0) {
334                    /*
335                     *
336                     *  发送寄存器地址成功就读取数据
337                     */
338                    __zyI2cRestartSend();                  //发送重启总线信号
339                    __zyI2cByteSend(ucAddr|0x01);          //发送读地址
340                    if (__zyI2cIsAck()) {                  //接收 ACK 信号
341                        /*
342                         *
343                         *  读取数据
344                         */
345                        i=ucDataLen-1;                     //前面的数据需要发送 ACK 信号
346                        while (i--!=0) {
347                            *pucData++=__zyI2cByteReceive();  //接收一字节数据
348                            __zyI2cAckSend();              //发送 ACK 信号
349                        }
350
351                        *pucData=__zyI2cByteReceive();     //接收最后一字节数据
352                        __zyI2cNakSend();                  //发送 NAK 信号
353                    }
354                }
355            } else {
356                ucDataLen=0;
357            }
358
359            __zyI2cStopSend();                             //发送停止信号
360
361            return ucDataLen;
362        }
```

2.4.6 E²PROM 读/写范例

CAT1025 是安森美半导体公司（ON Semiconductor）推出的一款内置 I²C 总线接口、256 字节的 E²PROM（电可擦除可编程存储器）电源监控复位器件，8 位从器件地址的高 4 位固定，默认为 1010。其详细资料可在 http://www.zlgmcu.com 直接输入关键字 CAT1025 搜索下载。

1. 基本特性

CAT1025 包含一个精确的 Vcc 监控电路和 2 个互补输出的开漏复位信号 RST 和 $\overline{\text{RST}}$。当 Vcc 低于复位门槛电压时，RST/$\overline{\text{RST}}$将变为高电平/低电平。CAT1025 有 5 种不同的复位门槛电压来监控 3/3.3/5 V 系统电源。如果系统电源超出门槛电压范围，则复位信号有效，即禁止 MCU 或外围器件工作。且在电源电压超出门槛电压后的 200 ms 内，复位信号仍保持有效。

在系统上、下电时，如果 Vcc 降到低于复位门槛电压，或 Vcc 上升到低于复位门槛电压，则禁止存储器的写操作。

2. 引脚排列与描述

如图 2.19 所示为 CAT1025 的引脚排列图，如表 2.12 所列为 CAT1025 的引脚描述。

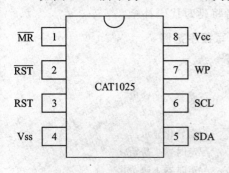

图 2.19　CAT1025 引脚排列图

表 2.12　CAT1025 引脚描述

符号	描述	符号	描述
RST	高电平有效	Vcc	电源
Vss	地	WP	写保护
$\overline{\text{MR}}$	手动复位	SCL	时钟输入
$\overline{\text{RST}}$	低电平有效	SDA	串行数据/地址

3. 应用电路

如图 2.20 所示为 CAT1025 的典型应用电路原理图，其中，$\overline{\text{RST}}$必须外接上拉电阻，RST 必须外接下拉电阻，否则不能保证可靠地复位。由于 80C51 为高电平复位，因此将 MCU 的 RST 与 CAT1025 的第 3 脚 RST 相连。另外，$\overline{\text{MR}}$（Manual Reset）可以用做手动按键复位输入。由于这里不需要写保护，因此，只需将 WP 接地即可。P1.0、P1.1 分别用做模拟 I²C 总线的 SCL 时钟输入信号和 SDA 数据信号。

4. 读/写操作

CAT1025 寄存器地址为 8 位，其规则遵循 I²C 标准。虽然读 CAT1025 没有特殊要求，但写操作有以下特殊点：

① 每次编程操作结束后芯片都会进入忙状态（<5 ms），此时芯片不接受任何命令，因此，可以认为芯片不存在。

② CAT1025 将寄存器分为 16 页，每页 16 字节，地址 0～15 为第 0 页，地址 16～31 为第

第 2 章 特殊功能部件与外设

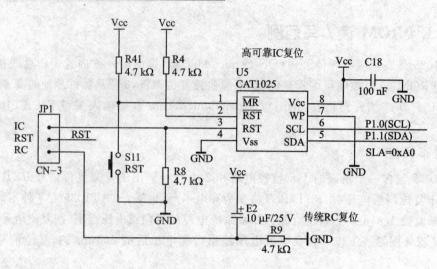

图 2.20 CAT1025 应用电路

1 页,以此类推。一次只能在一页内执行写操作,不能跨页操作,而读操作没有这样的限制。

5. E²PROM 读/写范例

读/写 E²PROM 范例详见程序清单 2.29,它仅给出了 main() 函数的代码,其显示利用了 2.2.6 小节的代码;并利用定时器 1 作为中断延时,请读者将延时代码补全。

程序清单 2.29 E²PROM 的读/写程序范例

```
127    void main (void)
128    {
129        unsigned char ucData[]="123456";       //要写入的数据
130
131        zyLedDisplayInit();                    //初始化显示器
132        timer0Init();                          //定时器0初始化
133        timer1Init();                          //定时器1初始化
134        EA   =1;                               //允许中断
135
136        zyI2cInit();                           //I²C 初始化
137
138        if (zyI2cWrite(0xa0, 0, 1, ucData, 6) !=6) {   //写入数据
139            zyLedDisplayPuts("error1");
140            while (1) {
141            }
142        }
143        delay100us(50);                        //写入数据后 E²PROM 忙,须等待 5 ms
144
145        ucData[0]=0;
146        if (zyI2cRead(0xa0, 0, 1, ucData, 6) !=6) {    //读出写入的数据
147            zyLedDisplayPuts("error2");
148            while (1) {
149            }
```

```
150        }
151
152        zyLedDisplayPuts((char *)ucData);              //显示读到的数据
153
154        while (1) {
155        }
156    }
```

2.4.7 CAT1024 驱动程序

1. 决 策

(1) 支持 CAT1024 与 CAT1025

CAT1024 和 CAT1025 是基于单片机的存储器和电源监控的完全解决方案。CAT1025 向下兼容 CAT1024,且支持硬件写保护。如果写保护引脚与 MCU 输出引脚不连接,从编程角度来说,CAT1025 与 CAT1024 没有区别,规划驱动不支持硬件写保护功能。

(2) 上层应用不需要考虑页写问题

CAT1024 具有 2K 位(256 字节)E^2PROM,分为 16 页,每页 16 字节。对 CAT1024 的一次"写"操作仅局限于一个页内,而且每次写操作后,CAT1024 都会进入忙状态,持续不超过 5 ms,此时不能操作它。而对 CAT1024 的"读"操作则没有页限制,可以一次读取任意字节数据,且读操作后芯片也不会进入忙状态。

在硬件上,CAT1024 的读/写特性是不一样的。如果让写操作也像读操作一样没有页限制,用户也就无须关心芯片的忙状态了。实际上,通过编程即可在驱动程序上弥补它们之间的差距。

2. 接口定义

CAT1024 驱动的接口定义如下:

(1) 外部接口

CAT1024 作为存储器,其基本操作是读数据和写数据,加上设备的基本操作——初始化,规划 CAT1024 驱动为上层提供 3 个函数,如表 2.13～表 2.15 所列。由于 CAT1024 和 CAT1025 的器件地址固定为 0xA0,所以接口不需要指定其器件地址。

表 2.13 CAT1024 初始化

名 称	zyCat1024Init()
函数原型	char zyCat1024Init(void)
返回值	0:成功;-1:失败
描 述	初始化 CAT1024

表 2.14 写 CAT1024

名 称	zyCat1024Write()
函数原型	unsigned char zyCat1024Write(unsigned char ucAddr, unsigned char * pucData, unsigned char ucDataLen)
输入参数	ucAddr:数据地址;pucData:要写的数据;cDataLen:要写的数据长度
返回值	已发送的数据字节数
描 述	向 CAT1024 写数据

表 2.15 读 CAT1024

名称	zyCat1024Read()
函数原型	unsigned char zyCat1024Read(unsigned char ucAddr, unsigned char * pucData, unsigned char ucDataLen)
输入参数	ucAddr：数据地址；ucDataLen：要读的数据长度
输出参数	pucData：读到的数据
返回值	已读到的数据字节数
描述	从 CAT1024 中读数据

(2) 配置接口

定义用于配置 CAT1024 写等待时间的宏，其配置文件详见程序清单 2.30。

程序清单 2.30　CAT1024 驱动配置(cat1024_cfg.h)

```
31   #define __CAT1024_WRITE_DLY()    delayMs(5)          //至少延时 5 ms
```

3. 编写代码

直接调用 I²C 驱动的读函数，即可实现 CAT1024 的读操作。如果不考虑页写问题，写操作也可以直接调用 I²C 驱动的写函数。

对于 CAT1024 的写操作，其实就是将一个写操作拆成多个 I²C 的写操作，每个 I²C 的写操作只写其中的一页数据。因为 CAT1024 的分页是固定的，而写开始位置则是随机的，所以其头一页可能不满一页，需要计算具体写的字节数。而最后一页也可能不满一页，也需要计算写的字节数。中间的其他页都是满页，可以统一用一个循环来写，写的字节数是固定的页的大小。CAT1024 驱动代码详见程序清单 2.31。

程序清单 2.31　CAT1024 驱动代码(cat1024.c)

```
32   #define __CAT1024_ADDR           0xa0                //器件地址
33   #define __CAT1024_PAGE_SIZE      16                  //器件页大小
43   char zyCat1024Init (void)
44   {
45       return zyI2cInit();
46   }
57   unsigned char zyCat1024Write (unsigned char ucAddr,
58                                 unsigned char * pucData,
59                                 unsigned char ucDataLen)
60   {
61       unsigned char ucTmp1, ucTmp2;
62
63       /*
64        * 写入第一页数据，第一页可能不是从页开始处开始写，所以需要单独编码
65        */
66       ucTmp1=__CAT1024_PAGE_SIZE-ucAddr % __CAT1024_PAGE_SIZE;
```

```c
67      if (ucTmp1>ucDataLen) {
68          ucTmp1=ucDataLen;
69      }
70      ucTmp2=zyI2cWrite(__CAT1024_ADDR, ucAddr, 1, pucData, ucTmp1);
71      if (ucTmp2!=ucTmp1) {
72          return ucTmp2;
73      }
74      ucAddr=ucAddr+ucTmp2;
75      ucTmp1=ucDataLen-ucTmp2;
76      pucData=pucData+ucTmp2;
77      __CAT1024_WRITE_DLY();
78
79      /*
80       * 写中间页,都是满页
81       */
82      while (ucTmp1>__CAT1024_PAGE_SIZE) {
83          ucTmp2=zyI2cWrite(__CAT1024_ADDR, ucAddr, 1, pucData, __CAT1024_PAGE_SIZE);
84          ucTmp1=ucTmp1-ucTmp2;
85          ucAddr=ucAddr+__CAT1024_PAGE_SIZE;
86          pucData=pucData+__CAT1024_PAGE_SIZE;
87          __CAT1024_WRITE_DLY();
88          if (ucTmp2!=__CAT1024_PAGE_SIZE) {
89              return (ucDataLen-ucTmp1);
90          }
91      }
92
93      /*
94       * 写最后一页,一般为不满的页
95       */
96      ucTmp2=zyI2cWrite(__CAT1024_ADDR, ucAddr, 1, pucData, ucTmp1);
97      ucTmp1=ucTmp1-ucTmp2;
98      __CAT1024_WRITE_DLY();
99
100     return (ucDataLen-ucTmp1);
101 }

111 unsigned char zyCat1024Read (unsigned char ucAddr,
112                              unsigned char * pucData,
113                              unsigned char ucDataLen)
114 {
115     return zyI2cRead(__CAT1024_ADDR, ucAddr, 1, pucData, ucDataLen);
116 }
```

2.4.8 温度的测量

1. 特性

LM75A 是 NXP 半导体公司推出的具有 I^2C 接口的数字温度传感器芯片,其详细资料可在 http://www.zlgmcu.com 直接输入关键字 LM75 搜索下载。其关键特性如下:

- I^2C 总线接口,器件地址为 1001xxx,同一总线上可以外扩 8 个器件;
- 供电范围:2.8～5.5 V;
- 温度范围:-55～125 ℃;
- 11 位 ADC 提供温度分辨率:0.125 ℃;
- 精度:±2 ℃(-25～100 ℃),±3 ℃(-55～125 ℃)。

2. 引脚排列与描述

如图 2.21 所示为 LM75A 的引脚排列图,如表 2.16 所列为 LM75A 的引脚描述。

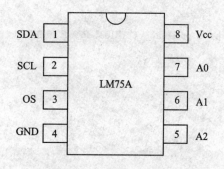

图 2.21 LM75A 引脚排列图

表 2.16 LM75A 引脚描述

符号	描述	符号	描述
SDA	串行数据	A2	地址选择位 2
SCL	串行时钟输入	A1	地址选择位 1
OS	过热关断输出	A0	地址选择位 0
GND	地	Vcc	电源

3. 应用电路

如图 2.22(a)所示为 LM75A 的典型应用电路,从机地址为 0x90。注意:必须在 SCL 与

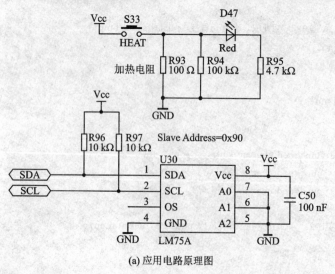

(a) 应用电路原理图　　(b) PCB板布局图

图 2.22 LM75A 应用电路

SDA 信号线上添加上拉电阻。在 LM75A 芯片附近焊接有 2 个加热电阻 R93 和 R94，其 PCB 板布局见图 2.22(b)。R93 和 R94 是低阻值的加热电阻，当按下 HEAT(S33)键时，R93 和 R94 开始发热，热量通过较粗的导线传导到 LM75A 的下面，LM75A 也会跟着热起来。经实际测试，在常温环境下，一直按住 HEAT 键不松手，温度能够上升到 60 ℃ 左右。D47 是加热 LED 指示灯，在按下 HEAT(S33)键的同时会被点亮，这说明板载的加热电阻正在通过电流并处于发热当中。

4. 温度表示

LM75A 的温度以 16 位二进制补码方式表示，分别保存在寄存器 0 和寄存器 1 中。其中，寄存器 0 保存温度的整数部分；寄存器 1 保存温度的小数部分，仅高 3 位有效。如果将计数器 0 和寄存器 1 合并为一个 16 位整数，则这个 16 位整数便是实际温度的 0x100(即 256)倍。如果系统支持浮点数，则使用以下公式可以获得当前温度值：

当前温度(浮点数变量)=(寄存器 0 的值×0x100＋寄存器 1 的值)/256.0

在没有硬件浮点数的系统中，这样的效率是非常低的。而事实上，在机器内部都可以直接使用这个 16 位整数来运算，仅在显示时进行一些处理即可，以避免使用浮点数。

5. 范例程序

LM75A 的寄存器地址只有 8 位，遵循 I^2C 标准，因此，LM75A 测温程序范例很简单，详见程序清单 2.32。程序清单 2.32 仅给出了 main()函数的代码，其显示调用了 2.2.6 小节的代码，并利用定时器 1 进行中断延时，请读者将延时代码补全。

程序清单 2.32　温度测量程序范例

```
34      /***************************************************************
35          定义小数显示表
36      ***************************************************************/
37      static code char * __GpcShowTable[]={"000","125","250","375","500","625","750","875"};
127     void main (void)
128     {
129         char cShowBuf[10];                      //显示字符串
130         char cTmpt[2];                          //温度值
131
132         zyLedDisplayInit();                     //初始化显示器
133         timer0Init();                           //定时器 0 初始化
134         timer1Init();                           //定时器 1 初始化
135         EA=1;                                   //允许中断
137         zyI2cInit();                            //I²C 初始化
139         while (1) {
140             if (zyI2cRead(0x90,0,1,(unsigned char *)cTmpt,2)==2) {    //读出温度值
142                 /*
143                  * 将温度值转换成显示字符串
144                  */
145                 if (cTmpt[0]<0) {
146                     sprintf(cShowBuf, "-%2d.%s",-cTmpt[0],
                            __GpcShowTable[((-cTmpt[1])>>5) & 0x07]);
```

```
147                    } else {
148                        sprintf(cShowBuf,"%3d. %s", cTmpt[0],
                                __GpcShowTable[(((cTmpt[1])>>5) & 0x07]);
149                    }
150                    zyLedDisplayPuts(cShowBuf);           //显示温度值
152                } else {
154                    zyLedDisplayPuts(" error");
155                }
156
157                delay100us(500);                           //50 ms 读一次温度值
158            }
159        }
```

2.5 串行口及其驱动程序

2.5.1 硬件基础

标准 80C51 单片机的串行口是一个与外部设备进行串行数据交换的装置，它可配置为同步移位寄存器或全双工的通用异步接收/发送装置 UART（Universal Asynchronous Receiver/Transmitter）。它通过两个引脚 RXD(P3.0)和 TXD(P3.1)实现与外设的接口，发送器和接收器都有自己独立的物理一字节缓冲区，它们拥有相同的名字和地址 SBUF（地址：99H），当写 SBUF 时数据进入发送缓冲区；当读 SBUF 时数据来自于接收缓冲区。由于接收缓冲区有一字节，故在前一字节接收完毕进入接收缓冲区后可立即接收下一字节，但在下一字节接收完毕之前必须将前一字节读走，否则前一字节将会被覆盖。

P89V51RB2 的 UART 除可工作在所有的标准模式下之外，还包含一些 UART 的增强特性：帧错误检查和自动地址识别。由于本节仅以标准的 80C51 为例介绍单片机的串行通信原理，因此与 P89V51RB2 有关的 UART 增强特性，请参考相应的数据手册。

1. 相关寄存器

与串行口相关的寄存器有 2 个：串行口缓冲器 SBUF 和串行口控制器 SCON。
（1）串行口缓冲器 SBUF（如表 2.17 所列）

表 2.17 串行口缓冲器 SBUF

地址	名称	Bit7	Bit6	Bit5	Bit4	Bit3	Bit2	Bit1	Bit0	复位值
99H	SBUF	串行口缓冲器,对应两个物理缓冲器 读：数据来自于接收缓冲区；写：数据写入发送缓冲区								xx

(2) 串行口控制寄存器 SCON(如表 2.18 所列)

表 2.18 串行口控制寄存器 SCON

地址	名称	Bit7	Bit6	Bit5	Bit4	Bit3	Bit2	Bit1	Bit0	复位值
98H	SCON	SM0	SM1	SM2	REN	TB8	RB8	TI	RI	00H
位说明											

位号	位名	功能描述	说明	复位值
0	RI	接收中断标志。接收完成后由硬件置位,必须要由软件清除	0:接收未完毕 1:接收完毕	0
1	TI	发送中断标志。发送完成后由硬件置位,必须要由软件清除	0:发送未完毕 1:发送完毕	0
2	RB8	模式 2、3 中接收的第 9 位	—	0
3	TB8	模式 2、3 中发送的第 9 位	—	0
4	REN	接收使能位	0:禁止接收,1:允许接收	0
5	SM2	在模式 2、3 中的拒收数据帧使能位。在多机通信中,所接收的 RB8=0 时为数据帧,RB8=1 时为地址帧	0:允许接收数据帧 1:禁止接收数据帧 在模式 0、1 中应为 0	0
6	SM1	模式选择高位,与 SM0 配合使用	SM0SM1=00:模式 0 SM0SM1=01:模式 1	0
7	SM0	模式选择低位,与 SM1 配合使用	SM0SM1=10:模式 2 SM0SM1=11:模式 3	0

2. 串行口的工作模式

80C51 单片机的串行口共有 4 种工作模式,模式 0 为同步移位寄存器模式,而模式 1、2 和 3 则为全双工 UART 模式,例如,模式 1 即 SM0,SM1=01,如表 2.19 所列。

表 2.19 串行口的 4 种模式

模式	名称	特点	波特率
00	同步移位寄存器	RXD 引脚发送或接收 8 位数据 TXD 引脚输出同步时钟信号	固定值 $f_{osc} \div 12$
01	全双工 8 位 UART	1 个起始位、8 个数据位、1 个停止位 RXD 引脚接收数据,TXD 引脚发送数据	波特率可变 波特率 $= \dfrac{2^{SMOD}}{32} \times$ T1 溢出率
10	全双工 9 位 UART	1 个起始位、8 个数据位、1 个奇偶校验位、1 个停止位。RXD 引脚接收数据,TXD 引脚发送数据	固定值 当 SMOD=0 时,为 $f_{osc} \div 64$ 当 SMOD=1 时,为 $f_{osc} \div 32$
11	全双工 9 位 UART	1 个起始位、8 个数据位、1 个奇偶校验位、1 个停止位。RXD 引脚接收数据,TXD 引脚发送数据	波特率可变 波特率 $= \dfrac{2^{SMOD}}{32} \times$ T1 溢出率

注:(1) SMOD 是寄存器 PCON 的最高位,即 PCON.7。
　　(2) 全双工通信是指接收和发送可同时进行,不可同时进行则为半双工。

(1) 串行口模式 0

串行口模式 0 实现同步移位寄存器的功能,它利用 RXD 作为数据输入或输出端。TXD 则输出同步时钟信号,与外部移位寄存器进行通信,数据传送时低位在先,高位在后。

如图 2.23 所示为串行口在模式 0 发送时 RXD 和 TXD 上的波形图。由图中可看出,在发送前 RXD 和 TXD 均为高,当启动发送时,D0 首先出现在 RXD 上,以后在 TXD 上的每一个上升沿,移位寄存器移动一位,这样 D1~D7 依次出现在 RXD 上,8 个上升沿之后,数据发送完毕,RXD 恢复为 1。

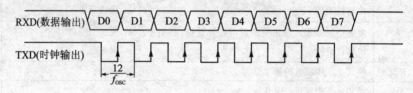

图 2.23　串行口模式 0 发送波形示意图

如图 2.24 所示为串行口在模式 0 接收时 RXD 和 TXD 上的波形图。由图中可看出,在 RXD 上所连接的外设控制了 RXD,在 TXD 的每个上升沿将数据 D0~D7 逐位读入,8 个上升沿之后,数据接收完毕。

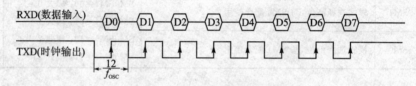

图 2.24　串行口模式 0 接收波形示意图

(2) 串行口模式 1

所谓异步通信是指串行通信的双方不需要同步时钟,为了正确地发送和接收串行数据,需要识别参与通信的数据的首、尾和每位的持续时间,双方的通信必须以一种事先约定的方式进行。UART 约定:

① 接收方必须知道发送数据每位的持续时间(即波特率周期);

② 发送开始时,发送方须先发送一个下降沿,以通知接收方作为同步信号启动一帧的数据接收;

③ 接收方必须知道发送数据的位数;

④ 发送和接收的首位必须是 0。

串行口模式 1 是全双工 8 位 UART,RXD 用于接收,TXD 用于发送,接收和发送可同时进行。传送格式为每帧 10 位:1 个起始位(低电平)、8 个数据位、1 个停止位(高电平)。波特率可变,为 T1 模式 2 溢出频率除以 32 或 16(取决于 SMOD)。

如图 2.25 所示为串行口模式 1 发送和接收数据帧示意图。由图可知,在没有数据传送时,数据线为高电平。在数据线上的下降沿启动一次数据传送,首先传送起始位 0,持续一个波特率周期后依次传送 D0~D7 和停止位 1,整个过程传送 10 位数据,共持续 10 个波特率周期。

(3) 串行口模式 2 和 3

串行口模式 2 和 3 是全双工 9 位 UART,RXD 用于接收,TXD 用于发送,接收和发送可

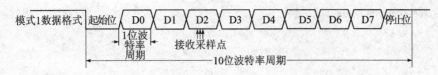

图 2.25 串行口模式 1 发送和接收数据帧格式示意图

同时进行。数据发送和接收的机制与模式 1 基本相同,不同之处在于传送格式为每帧 11 位:1 个起始位(低电平)、8 个数据位+TB8/RB8、1 个停止位(高电平),其中 TB8/RB8 可作为奇偶校验位或多机通信中的地址/数据指示位。串行口模式 2 和 3 的不同之处是它们的波特率不同,模式 2 的波特率固定,而模式 3 的波特率可变。

如图 2.26 所示为串行口模式 2、3 发送和接收数据帧格式示意图。由图中可看出,与模式 1 相比较,模式 2、3 模式只在数据位 D0～D7 之后和停止位之前多了一个 TB9/RB8 位,共传送 11 位数据,TB8/RB8 可用于奇偶校验或多机通信。

图 2.26 串行口模式 2、3 发送和接收数据帧格式示意图

奇偶校验是串行通信中检验所传输数据正确与否的一种常用和有效的方法。奇偶校验分为奇校验和偶校验,应用中只要取其一种即可。在偶校验中,在发送端 TB8 的取值取决于 D0～D7 中 1 的个数。若 D0～D7 中 1 的个数为奇数,则使 TB8 为 1,使数据 D0～D7 和 TB8 位中 1 的个数为偶数;若 D0～D7 中 1 的个数为偶数,则使 TB8 为 0。在接收端,若所接收的 D0～D7 和 RB8 位中 1 的个数为偶数,则校验成功,否则校验失败。奇校验与偶校验则相反。

3. 波特率编程

UART 模式 0 的波特率固定,无须编程。UART 模式 2 的波特率只有两种选择,其选择方法如下:

```
PCON    =PCON & ~0x80;              //选择低速模式
PCON    =PCON|0x80;                 //选择高速模式
```

而模式 1 和模式 3 的波特率计算公式则是一样的,都是基于定时器 1 的溢出率来计算的。如果定时器 1 设置为模式 2,其溢出率计算公式为:

$$溢出率 =(定时器 1 的输入频率/12)/(0x100-TH1)$$

其中,定时器 1 的输入频率可以配置为机器周期或外部电路输送给 T1(P3.5)的信号频率,而使用外部输入频率的机会很少。因此,波特率的编程主要是确定 TH1 的值和 SMOD 的值。如果 SMOD 为 0,则根据波特率的计算公式,TH1 的计算公式为:

$$TH1= 0x100-(定时器 1 的输入频率/32/波特率)$$

如果 SMOD 为 0,则根据波特率的计算公式,TH1 的计算公式为:

$$TH1= 0x100-(定时器 1 的输入频率/16/波特率)$$

假设晶振频率为__ZY_FOSC,波特率为__ZY_UART_BPS,则波特率的编程代码为:

```
PCON    =PCON & ~0x80;
```

```
TMOD    =(TMOD & 0x0F)|0x20;
TH1     =0x100-(__ZY_FOSC/12/32/__ZY_UART_BPS);
TR1     =1;
```

或

```
PCON    =PCON|0x80;
TMOD    =(TMOD & 0x0F)|0x20;
TH1     =0x100-(__ZY_FOSC/12/16/__ZY_UART_BPS);
TR1     =1;
```

4. 发送数据

UART 所有模式中，发送一字节数据只需要对寄存器 SBUF 赋值即可，参考代码如下：

```
SBUF=发送的数据
```

如果需要发送多字节数据，则在发送一字节数据后，必须等待硬件完成后，才能接着发送另一字节数据。这可以通过查询标志 TI 实现，其参考代码如下：

```
SBUF=发送的数据
while (TI==0) {
}
TI=0;
```

但是这样效率比较低，而高效的方法就是利用中断发送，其参考代码如下：

```
//开始发送一个数据，发送完毕硬件产生 UART 发送中断，其他数据在中断服务程序中发送
SBUF=第一个发送的数据
//UART 中断服务程序中的代码
if (TI==1) {
    TI=0;
    SBUF=下一个发送的数据
}
```

5. 接收数据

因为 UART 模式 0 为同步模式，接收方法与其他模式不同。其方法如下：在 RI 为 0 的条件下置位 REN 以启动接收，接收完毕 RI 置位，此时就可以读 SBUF 了。这样串行口便会启动一次接收，接收完毕 RI 由硬件置位。其参考代码如下：

```
RI      =0;
REN     =1;
while   (RI==0) {
}
TR1=0;
ucData=SBUF;
```

在其他模式下 UART 数据接收由硬件控制，一旦接收到一个有效数据，硬件将 RI 设置为 1。其接收数据参考代码如下：

```
while (RI==0) {
}
TR1=0;
ucData=SBUF;
```

但是这样效率比较低,而高效的方法就是利用中断接收,其参考代码如下:

```
if (RI==1) {
    RI=0;
    ucData=SBUF;
    …
}
```

2.5.2 决 策

1. 使用 80C51 串行口的模式 1

在实际应用中,同步串行口的应用很少,因此,排除串行口的模式 0。非 80C51 系列单片机中的 UART 往往是 16C550 兼容的 UART。其 9 位模式的第 8 位肯定为奇偶检验位,不能作为地址位。而 80C51 的 UART 要进行奇偶校验也可以实现,但软件复杂,占用 CPU 时间较多。事实上,好的通信协议都不依赖奇偶检验位来查错,否则移植到别的通信端口(如 TCP/IP)就比较麻烦。因此,驱动不使用 9 位模式。

2. 使用宏来确定波特率发生器使用的定时器,发送和接收使用同一个定时器

80C52 的串行口没有独立的波特率发生器。在模式 1 中,可以使用定时器 1 和/或定时器 2 (仅 80C52 具有,本书不进行描述)作为波特率发生器,而且发送和接收可以独立设置。在实际的应用中,几乎所有 UART 通信中发送与接收的波特率都相等。为了减少资源占用和使用灵活性,决定使用宏来确定波特率发生器使用的定时器,发送和接收使用同一个定时器。

3. 使用宏来确定波特率的具体数值

在多数应用中,波特率可以在设计之前确定。为减小代码占用空间,决定使用宏来确定波特率的具体数值。

4. 如果使用定时器 1 产生波特率,仅使用 8 位自动重载模式

当波特率较低时,使用定时器 1 的 8 位自动重载模式可能产生不了给定的波特率,而需要使用 16 位定时器模式。此时,需要中断服务程序辅助定时器 1 来产生正确的波特率,这会占用过多资源。事实上,目前大多数应用的波特率不低于 4800 bps,用定时器 1 的 8 位自动重载模式完全可以产生指定的波特率。因此,如果决定使用定时器 1 产生波特率,则仅使用 8 位自动重载模式即可。

5. 使用中断发送接收数据

使用 UART 通信时,可以使用软件查询方式,也可以使用中断方式。相对 CPU 来说,UART 速度很慢,使用查询模式会占用大量 CPU 时间,不合适。因此,决定使用中断发送接收数据。

6. 发送结束和接收结束时可调用用户指定的函数

因为 80C51 的内部 RAM 比较小,所以在发送/接收大量数据时,有可能一次只能发送/接

收部分数据。提供这样的接口,用户程序就不需要主动查询数据是否发送/接收完毕,只要在用户指定的函数中发送/接收下一部分数据即可。

2.5.3 软件接口

1. 函数接口

UART 两个基本操作为发送数据(写 UART)和接收数据(读 UART),很自然地可以使用两个函数实现,分别为 zyUartWrite()函数和 zyUartRead()函数。加上设备的基本操作——初始化,UART 驱动至少需要 3 个函数。

由于使用中断发送和接收,因此,必须增加中断服务程序,这样又增加 1 个函数。

因为 UART 使用中断发送和接收,所以 UART 的读/写与主程序是异步的,调用驱动的读/写函数后,中断才开始发送/接收数据。为了提高 CPU 效率,读/写函数不会等到数据真正发送或接收完毕才返回,而是告诉中断服务程序需要发送或接收多少数据后直接返回。因此,用户程序还需要查询数据发送或接收的进度,这又需要 2 个函数。

在数据发送或接收过程中,由于某种原因,用户程序可能不再需要发送或接收数据了。此时需要中止发送或接收,这样又增加 2 个函数。

综上所述,UART 驱动为用户提供 8 个函数,详见表 2.20~表 2.27。

表 2.20 UART 初始化

名 称	zyUartInit()
函数原型	char zyUartInit(void)
返回值	0:成功;-1:失败
描 述	初始化 UART

表 2.21 向 UART 写数据(通过 UART 发送数据)

名 称	zyUartWrite()
函数原型	char zyUartWrite(unsigned char idata * pucData, unsigned char ucDataLen)
输入参数	pucData:要写的数据,ucDataLen:要写的数据长度
返回值	0:成功;-1:失败;-2:参数错误
描 述	向 UART 写数据(通过 UART 发送数据)

表 2.22 从 UART 读数据(通过 UART 接收数据)

名 称	zyI2cRead()
函数原型	char zyUartRead(unsigned char idata * pucData, unsigned char ucDataLen)
输入参数	ucDataLen:要读的数据长度
输出参数	pucData:读到的数据
返回值	0:成功;-1:失败;-2:参数错误
描 述	从 UART 读数据(通过 UART 接收数据)

表 2.23 获得 UART 发送状态

名　称	zyUartWriteFlgGet()
函数原型	unsigned char zyUartWriteFlgGet(void)
返回值	还有未发送的字节数目
描　述	获得 UART 发送状态

表 2.24 获得 UART 接收状态

名　称	zyUartReadFlgGet()
函数原型	unsigned char zyUartWriteFlgGet(void)
返回值	还有未接收的字节数目
描　述	获得 UART 接收状态

表 2.25 中止 UART 发送

名　称	zyUartWriteBreak()
函数原型	unsigned char zyUartWriteBreak(void)
返回值	还有未发送的字节数目
描　述	0：成功，−1：失败

表 2.26 中止 UART 接收

名　称	zyUartReadBreak()
函数原型	unsigned char zyUartReadBreak(void)
返回值	0：成功，−1：失败
描　述	终止 UART 接收

2. 配置接口

- 定义用于配置晶振频率的宏，详见程序清单 2.33(35)；
- 定义用于配置 UART 波特率的宏，详见程序清单 2.33(37)；
- 定义波特率发生器使用的定时器，详见程序清单 2.33(38)，只能为 1 和 2；
- 定义发送完毕调用的函数，详见程序清单 2.33(50)，为无参数、无返回值的函数，范例为不调用；
- 定义接收完毕调用的函数，详见程序清单 2.33(51)，为无参数、无返回值的函数，范例为不调用。

表 2.27 UART 中断服务程序

名　称	isrUart()
函数原型	void isrUart(void) __interrupt 4
描　述	UART 中断服务程序

程序清单 2.33 UART 驱动配置(uart_cfg.h)

```
35    #define __ZY_FOSC            11059200ul         //系统频率,指令周期的12倍
37    #define __ZY_UART_BPS        9600               //波特率
38    #define __ZY_UART_TIMER      1                  //波特率发生器使用的定时器
50    #define UART_SEND_END_HOOK()                    //发送结束调用的函数
51    #define UART_REVICE_END_HOOK()                  //接收结束调用的函数
```

2.5.4 初始化

80C51 的 UART 初始化工作如下：

① 设置 UART 工作模式；
② 设置波特率，即初始化定时器 1 或定时器 2；
③ 如果使用中断发送/接收，允许 UART 中断。

因为 UART 的工作模式固定为 1，其参考代码如下：

```
48    SCON    =0x50;                                  //配置为8位UART,允许接收
```

允许 UART 中断也很简单，参考代码如下：

第 2 章　特殊功能部件与外设

```
75        ES   =1;                                   //允许串行口中断
```

至于设置波特率就比较麻烦了：既可使用定时器 1，又可使用定时器 2；既有普通模式 (SMOD 位为 0)，又有波特率加倍模式 (SMOD 位为 1)。组合为 4 种模式，每种模式都有自己的波特率计算公式。

定时器 1 可选的工作模式有 3 种，还可以选择对机器周期还是对外部脉冲进行计数。而定时器 2 虽然可选的工作模式只有一种，但也可以选择对机器周期还是对外部脉冲进行计数，这样的组合情况就非常之多了。

由于只有 80C52 具有定时器 2，因此本书不涉及其内容，本节仅给出用定时器 2 作为波特率发生器的代码，也不作详细解释，请感兴趣的读者参考相关资料。

由于规划使用定时器 1 作为发生器时仅使用 8 位自动重载模式，所以可选择的模式大大减少。又因为选择对外部脉冲进行计数需要增加额外硬件，不仅增加成本，还会降低可靠性，所以极少有用户作出这样的选择，故本驱动仅让定时器 1 对机器周期进行计数。

这样也就只有两种情况了：普通模式 (SMOD 位为 0) 和波特率加倍模式 (SMOD 位为 1)。对于普通模式，根据波特率计算公式可以获得定时器的重载值计算公式为：

定时器的重载值计算公式＝0x100－(晶振频率__ZY_FOSC/12/32/波特率)

对于波特率加倍模式，根据波特率计算公式可以获得定时器的重载值计算公式为：

定时器的重载值计算公式＝0x100－(晶振频率__ZY_FOSC/12/16/波特率)

为了让用户使用更多的波特率，这里做以下选择：使用普通模式可以获得的波特率则使用普通模式，否则使用波特率加倍模式。判断方法如下：如果"(晶振频率__ZY_FOSC/12/16/波特率)"大于或等于 0x100，则使用普通模式，否则使用波特率加倍模式。UART 初始化代码详见程序清单 2.34。

程序清单 2.34　UART 初始化代码 (uart.c)

```
45    char zyUartInit (void)
46    {
47
48        SCON   =0x50;                              //配置为 8 位 UART，允许接收
49
50        /*
51         *  初始化串行口波特率
52         */
53    #if __ZY_UART_TIMER==2                          //使用定时器 2
54        PCON=PCON|0x80;
55        RCAP2H=(0x10000-((__ZY_FOSC/2)/(16ul * __ZY_UART_BPS)))/0x100;
56        RCAP2L=(0x10000-((__ZY_FOSC/2)/(16ul * __ZY_UART_BPS))) % 0x100;
57        T2CON=(1ul<<5)|(1ul<<4)|(1ul<<2);
58    #endif                                          //__ZY_UART_TIMER
59
60    #if __ZY_UART_TIMER==1                          //使用定时器 0
61    #if (__ZY_FOSC/12/16/__ZY_UART_BPS)>=0x100
62        PCON = PCON & ~0x80;                        //波特率不加倍
63        TH1  =0x100-(__ZY_FOSC/12/32/__ZY_UART_BPS);
```

```
64        TL1   =0x100-(__ZY_FOSC/12/32/__ZY_UART_BPS);
65    #else
66        PCON =PCON|0x80;                              //使用波特率加倍
67        TH1   =0x100-(__ZY_FOSC/12/16/__ZY_UART_BPS);
68        TL1   =0x100-(__ZY_FOSC/12/16/__ZY_UART_BPS);
69    #endif                                            //__ZY_FOSC
70                                                      //__ZY_UART_BPS
71        TMOD=(TMOD & 0x0F)|0x20;                      //设置定时器为8位自动重载模式
72        TR1   =1;                                     //定时器0开始运行
73    #endif                                            //__ZY_UART_TIMER
74
75        ES    =1;                                     //允许串行口中断
76
77        return 0;
78    }
```

2.5.5 发送数据

由于要使用中断方式发送数据，因此 UART 发送数据牵涉到两部分代码：zyUartWrite()函数代码和 UART 中断服务程序发送中断部分代码。这两部分代码相互合作，共同完成发送数据的操作，其代码详见程序清单 2.35。其中，程序清单 2.35(92~98)检测用户传递下来的参数是否合法，如果不合法，则函数直接返回。一般来说，如果程序没有问题，参数都是合法的。如果参数不合法，则可能代码有问题，需要检查代码。加上这段代码，可以帮助程序员在调试时分析代码的问题。如果程序员保证不会出现参数非法的问题，则可以删除这些代码。

程序清单 2.35　UART 发送数据(uart.c)

```
32    static unsigned char idata * __GpucSendData;      //要发送的数据
34    static unsigned char          __GucSendLen;       //还要发送的数据个数
90    char zyUartWrite (unsigned char idata * pucData, unsigned char ucDataLen)
91    {
92        if (ucDataLen==0) {                           //参数错误
93            return-2;
94        }
95
96        if (pucData==0) {                             //参数错误
97            return-2;
98        }
99
100       /*
101        *  上次的数据还未发送完成,返回失败
102        */
103       if (__GucSendLen !=0) {
104           return-1;
105       }
106
```

```
107        /*
108         *  保存参数
109         */
110        __GpucSendData=pucData;
111        __GucSendLen=ucDataLen;
112
113        /*
114         *  发送一字节数据
115         */
116        SBUF=*__GpucSendData++;
117
118        return 0;
119    }
220    void isrUart (void) __interrupt 4
221    {
235        /*
236         *  发送数据中断
237         */
238        if (TI==1) {
239            TI=0;
240            if (--__GucSendLen !=0) {
241                SBUF=*__GpucSendData++;
242            } else {
243                UART_SEND_END_HOOK();
244            }
245        }
246    }
```

由于 zyUartWrite()函数与中断服务程序是异步操作的,因此两者间只能通过全局变量通信。且最少需要定义两个用于通信的全局变量,其中,一个用于指示当前还要发送的数据个数(程序清单 2.35(34)),一个用于指示要发送数据的存储位置(程序清单 2.35(32))。

根据上述分析和 2.5.1 小节可知,zyUartWrite()函数的实际工作如下:

① 保存参数(程序清单 2.35(110、111));
② 发送第一字节数据(程序清单 2.35(110、116))。

而在 UART 发送中断服务程序中要做的工作如下:

① 清除发送标志(程序清单 2.35(141));
② 由于已发送一个数据,因此__GucSendLen 先减 1,判断是否为 0(程序清单 2.35(142));
③ 如果__GucSendLen 不为 0,发送下一字节数据(程序清单 2.35(143));
④ 如果__GucSendLen 为 0,说明数据发送完毕,将调用用户指定的函数(程序清单 2.35(144))。

不过,这里还有一个问题,就是调用 zyUartWrite()函数后,数据并没有立即发送完毕,还需要等待一定的时间。此时,用户程序还可能再次调用 zyUartWrite()函数,如果不采取措施,则发送的数据就会混乱。解决的办法就是在进入 zyUartWrite()函数后,判断上一次发送是否完成(即__GucSendLen 是否为 0)。如果未完成,可以等待,也可以直接退出。本驱动采取直接退出的方法,详见程序清单 2.35(103~105)。如果用户可以保证不出现这种情况,则可以删除这部分代码。

至于 UART 获得发送状态,直接返回__GucSendLen 的值即可,详见程序清单 2.36。

程序清单 2.36　UART 获得发送状态(uart.c)

```
163    unsigned char zyUartWriteFlgGet (void)
164    {
165        return __GucSendLen;
166    }
```

而中止发送也很简单,如果在没有发送完毕的情况下(即__GucSendLen 不等于 0)而将__GucSendLen 设置为 1,则下次 UART 发送中断时就会中止发送,其代码详见程序清单 2.37。

程序清单 2.37　UART 中止发送(uart.c)

```
187    unsigned char zyUartWriteBreak (void)
188    {
189        ES=0;
190        if (__GucSendLen !=0) {
191            __GucSendLen=1;
192        }
193        ES=1;
194
195        return 0;
196    }
```

程序清单 2.37 先禁止 UART 中断(程序清单 2.37(189)),然后使能 UART 中断(程序清单 2.37(193))。如果没有这些代码,假设调用 zyUartWriteBreak()函数时__GucSendLen 为 1,而 UART 发送中断恰好在程序清单 2.37(190)与程序清单 2.37(191)处产生,则进入中断服务程序。此时,中断服务程序将__GucSendLen 修改为 0,说明发送完毕。由于没有给 SBUF 赋值,因此不会再产生 UART 发送中断。当中断服务程序返回后,zyUartWriteBreak()函数又将__GucSendLen 修改为 1。由于不会再产生 UART 发送中断,以后就永远不会发送数据了。

还有一个问题,为什么不将__GucSendLen 设置为 0 而设置为 1? 这是因为在 UART 发送中断服务程序中,先对__GucSendLen 进行减 1,然后再判断其是否为 0。如果设置为 0,则减 1 后就是 0xFF 了,表示还要发送 0xFF 字节,显然是不能停止发送的。当然用户也可以通过设置另外的标志变量来实现这些功能,但代码就没有这么简洁了。

2.5.6　接收数据

由于要使用中断方式接收数据,因此 UART 接收数据牵涉到两部分代码:zyUartRead()函数代码和 UART 中断服务程序接收中断部分代码。这两部分代码相互合作,共同完成接收数据的操作,其代码详见程序清单 2.38。其中,程序清单 2.38(132~138)检测用户传递下来的参数是否合法,不合法函数则直接返回。一般来说,如果程序没有问题,参数都是合法的。如果参数不合法,则可能代码有问题,需要检查代码。加上这段代码,可以帮助程序员在调试时分析代码的问题。如果程序员保证不会出现参数非法的问题,则可以删除这些代码。

第 2 章 特殊功能部件与外设

程序清单 2.38 UART 接收数据（uart.c）

```
33      static unsigned char idata * __GpucReviceData;        //要接收到的数据
35      static unsigned char         __GucReviceLen;          //还要接收的数据个数

130     char zyUartRead (unsigned char idata * pucData, unsigned char ucDataLen)
131     {
132         if (ucDataLen==0) {
133             return -2;
134         }
135
136         if (pucData==0) {
137             return -2;
138         }
139
140         /*
141          * 上次的数据还未接收完成,返回失败
142          */
143         if (__GucReviceLen !=0) {
144             return -1;
145         }
146
147         /*
148          * 保存参数
149          */
150         __GpucReviceData = pucData;
151         __GucReviceLen = ucDataLen;
152
153         return 0;
154     }

220     void isrUart (void) __interrupt 4
221     {
222         /*
223          * 接收数据中断
224          */
225         if (RI==1) {
226             RI=0;
227             if (__GucReviceLen !=0) {
228                 * __GpucReviceData++ = SBUF;
229                 if (--__GucReviceLen==0) {
230                     UART_REVICE_END_HOOK();
231                 }
232             }
233         }
246     }
```

由于 zyUartRead()函数与中断服务程序是异步操作的,因此两者间只能通过全局变量通信。且最少需要两个定义用于通信的全局变量,其中,一个用于指示当前还要接收的数据个数(程序清单 2.38(35)),一个用于指示要接收到的数据的存储位置(程序清单 2.38(33))。

根据上述分析和 2.5.1 小节可知,zyUartRead()函数的实际工作只是保存参数(程序清单 2.38(150、151))而已。而在 UART 接收中断服务程序中要做的工作如下：

① 清除接收标志(程序清单 2.38(226));

② 如果__GucReviceLen 为 0,说明数据已经接收完毕,不进行任何操作(程序清单 2.38(227));

③ 如果__GucReviceLen 不为 0,接收一字节数据(程序清单 2.38(228));

④ 接收数据后,__GucReviceLen 先减 1,然后判断其是否为 0(程序清单 2.38(229));

⑤ 如果__GucReviceLen 为 0,说明接收了最后一字节数据,将调用用户指定的函数(程序清单 2.38(230))。

不过,这里还有一个问题,就是调用 zyUartRead()函数后,数据并没有立即被接收完毕,还需要等待一定的时间。此时,用户程序还可能再次调用 zyUartRead()函数,如果不采取措施,则接收的数据就会混乱。解决的办法就是在进入 zyUartRead()函数后,判断上次接收是否完成(即__GucReviceLen 是否为 0)。如果未完成,则可以等待,也可以直接退出。本驱动采取直接退出的方法,其代码详见程序清单 2.38(143~145)。如果用户可以保证不出现这种情况,可以删除这部分代码。

至于 UART 获得接收状态,直接返回__GucReviceLen 的值即可,详见程序清单 2.39。

程序清单 2.39　UART 获得接收状态(uart.c)

```
174    unsigned char zyUartReadFlgGet (void)
175    {
176        return __GucReviceLen;
177    }
```

而中止接收也很简单,将__GucReviceLen 设置为 0 即可,其参考代码详见程序清单 2.40。与中止发送函数相比,程序清单 2.40 没有禁止 UART 中断然后使能 UART 中断的代码,这是因为给__GucReviceLen 赋值的操作是原子操作,不会被打断,因此无须保护。

程序清单 2.40　UART 中止接收(uart.c)

```
205    unsigned char zyUartReadBreak (void)
206    {
207        __GucReviceLen=0;
208
209        return 0;
210
211    }
```

2.5.7　测试用例

如图 2.27 所示为实现单片机和 PC 机通信的 SP232E 电路原理图,也可以通过此电路实现 ISP 下载编程和在线仿真。

第2章 特殊功能部件与外设

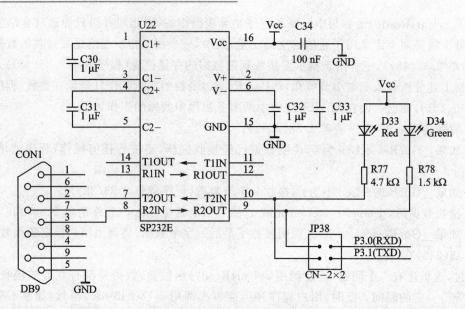

图 2.27 串行口通信接口电路

程序清单 2.41 就是使用 UART 驱动与计算机串行口通信的测试用例。首先向计算机发送字符串"OK! \n"(程序清单 2.41(81)),然后等待计算机发送数据(程序清单 2.41(84~87))。当接收完数据后,通过串行口原封不动地将接收到的数据发送回计算机(程序清单 2.41(89)),并在 LED 显示器上显示出来(程序清单 2.41(91、92))。程序清单 2.41 用到的显示程序可参考 2.6.1 小节。

程序清单 2.41 UART 驱动测试用例

```
71    void main(void)
72    {
73        char cData[5]="OK!\n";              //数据缓冲区
74
75        zyLedDisplayInit();                 //初始化显示器
76        timer0Init();                       //定时器0初始化
77        EA=1;                               //允许中断
78
79        zyUartInit();                       //UART初始化
80
81        zyUartWrite(cData, 4);
82
83        while (1) {
84            zyUartRead(cData, 4);
85
86            while (zyUartReadFlgGet() != 0) {
87            }
88
89            zyUartWrite(cData, 4);
90
```

```
91              cData[4]=0;
92              zyLedDisplayPuts(cData);
93          }
94      }
```

之所以没有采用最优化的方法来编写串行通信程序,主要是为了让读者深入理解串行通信原理,感兴趣的读者请到 http://www.zlgmcu.com "创新教育"专栏下载经过优化的文档和代码。3.4.2 小节将要介绍的串行口通信编程方法与本节又有所不同,请读者仔细分析。

第 3 章

数据结构与计算方法初步

📖 本章导读

在数字电路趋向于标准化的发展过程中,产品的差异化在很大程度上取决于嵌入式软件,而数据结构与计算方法则是软件的灵魂。一些软件开发人员在软件的开发过程中,虽然不自觉地采用了一些规律性的设计方法,或模仿别人的程序设计方法,但有更多成熟的基本方法未曾掌握,因此开发出来的软件水平不高,致使产品的功能和可靠性受到一定的制约。

由于本书并非一本"数据结构与计算方法"方面的专著,因此很难全面完整地反映与其相关的知识,仅仅希望起到一个引导入门的作用。

实际上,从可靠通信的角度来看,仅有 2.5 节介绍的"串行口及其驱动程序"还是远远不够的,因此,可以这样说,本章所介绍的知识是串行口通信技术的延伸。尽管有了这些知识,我们设计的串行通信程序可以上一个台阶,但如何使我们编写的串行通信程序能够应用于各种场合满足所有的要求呢?国际标准化组织为此制定了 Modem-bus 归一化的高层协议。

尽管这方面的教材很多,但目前能够选到的教材几乎都是为计算机专业编写的。这些教材的起点高,多偏重理论叙述,未考虑嵌入式系统的硬件特点,针对性不强。在此特别推荐著名嵌入式系统应用专家周航慈教授撰写的专著《嵌入式系统软件设计中的常用算法》[2]。

数据结构是一门研究"非数值计算"的程序设计的学科,它主要研究计算机操作对象和它们之间的关系以及操作方法等问题。它讨论的是那些不能用通常的数学分析来解决的,而且也无法用数学公式或方程来描述的问题。例如,图书馆的资料自动检索问题、两个城市之间多条交通道路选择问题等。这些无法用数学公式解决的实际问题都可以用"数据结构"知识来解决。

计算方法又称为"数值分析",而现代的计算方法则侧重于解决科学与工程的实际问题,同时还要求适应计算机的特点。在实际的应用中,只有将计算方法和程序设计方法紧密地结合起来,才能够更好地使用计算机正确而又高效地解决各种极其复杂的计算问题。

3.1 简单阈值控制算法

自动控制是嵌入式系统的重要应用领域,由于控制对象的物理特性千差万别,技术指标要求高低不同,故控制算法种类繁多。对于一些要求不高的场合,往往只需要将控制对象的某种物理参数控制在一个预定的范围之内,不需要很精确地控制,即使稍微超出预定的范围也不会引起严重后果。对于这种情况简单的阈值控制即可胜任。

例如空调对室内温度的控制、供水水箱对水位的控制等,在这一类系统中,物理参数控制范围的边界值(即阈值)就是它的技术指标。当控制系统检测到控制对象的物理参数超出阈值时,便输出控制信号,控制执行机构,将物理参数调整到预定的范围之内。

3.1.1 算法原理

在采用阈值控制的系统中,被控对象的状态在各种因素的作用下会产生变化,其状态值常会超出由上下限阈值所规定的范围。控制系统通过传感器实时检测被控对象的状态,每当发现该状态值超出预定范围时,便输出控制信号,由执行机构将被控对象的状态调整到预定范围内。

以普通家用空调为例,被控对象是室内温度。在夏天,室外的高温环境等各种因素的共同作用使得室内温度升高,当温度超过上限阈值(如 28 ℃)时,控制系统启动执行机构(制冷设备),将室内温度降低到上限阈值以下。

执行机构是在被控对象的状态值刚刚超过上限阈值时启动的,启动后很快就可以将系统状态调整到上限阈值之内。如果这时就关闭执行机构,系统状态值就会在短时间之内再次超过上限阈值,迫使刚刚关闭的执行机构再次启动。由于设备启动期间处于高耗能、低效率状态,执行机构的频繁启动不但会降低系统的效率,同时也会缩短设备的使用寿命。解决这个问题的办法就是让执行机构启动后连续工作一段时间,直到被控对象的状态值达到下限阈值时才停止工作,如图 3.1 所示。

① 当被控对象状态值高于上限阈值时启动执行机构,状态值将下降;
② 当被控对象状态值低于上限阈值时继续保持执行机构启动,状态值持续降低;
③ 当被控对象状态值低于下限阈值时关闭执行机构,状态值将上升;
④ 当被控对象状态值高于下限阈值时继续保持执行机构关闭,状态值持续升高。

在实际应用中,合理地设置上、下限阈值可以在满足需要的前提下使系统能耗最低。上、下限阈值之差也称为回差,图 3.1 所示的波形与我们之前学过的施密特触发器类似。

按以上分析,可以得到阈值控制算法的程序流程图如图 3.2 所示。按该程序流程图可得到如程序清单 3.1 所示的温度采样和控制函数,每个采样周期调用该函数一次。

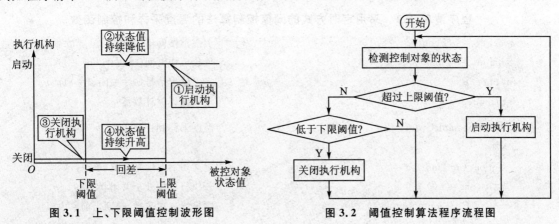

图 3.1　上、下限阈值控制波形图　　　　图 3.2　阈值控制算法程序流程图

程序清单 3.1　采用阈值控制算法的温度采样和控制函数

```
#define    HTmp    28.0                              //上限温度阈值(单位:℃)
#define    LTmp    25.0                              //下限温度阈值(单位:℃)
void TmpSampleCtrl ()                                //温度采样和控制函数
{
    float CurTmp;                                    //定义当前温度采样值(单位:℃)
    CurTmp=Sample ();                                //进行一次采样,得到当前室内温度
    if (CurTmp>HTmp)       CtrlOut (1);              //若高于上限温度阈值,则启动制冷设备
    else if (CurTmp<LTmp)  CtrlOut (0);              //若低于下限温度阈值,则关闭制冷设备
}
```

在阈值控制方式中,也可以只设置一个预定阈值,当控制对象的状态超过预定阈值后,即启动执行机构并开始计时,执行机构在工作一段固定的时间后即自行关闭,等待下一次的启动信号。这种采用定时方式的阈值控制算法程序流程详见图 3.3。

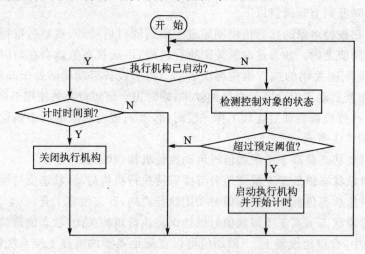

图 3.3　采用定时方式的阈值控制算法程序流程图

按图 3.3 所示的流程图可得到如程序清单 3.2 所示的温度采样和控制函数,每个采样周期(假设为 5 s)调用该函数一次。

程序清单 3.2　采用定时方式的阈值控制算法的温度采样和控制函数

```
#define    HTmp    28.0                              //上限温度阈值(单位:℃)
#define    Time    30                                //持续工作时间(单位:min)
int out=0;                                           //定义输出信号(0=关闭;1=启动)
int count;                                           //定义倒计时计数器
void TmpSampleCtrl ()                                //温度采样和控制函数
{
    float CurTmp;                                    //定义当前温度采样值(单位:℃)
    if (out==0) {                                    //若执行机构处于关闭状态
        CurTmp=Sample ();                            //则进行一次采样,得到当前室内温度
        if (CurTmp>HTmp){                            //若高于上限温度阈值,则启动制冷设备
```

```
            out=1;                    //置输出信号为启动状态
            CtrlOut (out);            //启动执行机构
            Count=12 * Time;          //设置倒计时计数器
        }
    } else {                          //若执行机构处于启动状态
        Count－－;                     //则倒计时计数器减1
        if (count==0){                //若计时时间到
            out=0;                    //则置输出信号为关闭状态
            CtrlOut (out);            //关闭执行机构
        }
    }
}
```

3.1.2 应用实例

　　自来水塔的水位受到两个因素的影响：电动水泵向水塔供水会使水位上升，用户用水会使水位下降。电动水泵的供水速度一定要超过用户平均用水速度，否则用户会常处于断水状态。电动水泵也不可能不停地向水塔供水，这会使水位过高而不断溢出，造成浪费。为此，对电动水泵进行自动控制就很有必要。控制要求为：自来水塔的水位不能太高（有一个上限），以免发生溢出现象；自来水塔的水位也不能太低（有一个下限），以免发生用户断水现象。该控制系统属于典型的阈值控制系统，其控制条件为水位的上下限，只要将水位控制在上下限之间就可以了，水位控制精度要求也不高。

　　如图3.4所示为采用金属探头检测水位的水塔水位控制系统原理图。图中水塔内的两个金属探头的安装位置高低不同，分别检测当前水位是否达到上下限，水塔的金属外壳与单片机的地电位连接。上下限金属探头通过上拉电阻分别接到单片机的P1.1和P1.0，当金属探头脱离水位时，单片机输入为高电平（逻辑1）；当金属探头浸入水中时，上拉电阻与水体等效电阻产生分压效果，合理选择上拉电阻，能使单片机输入为低电平（逻辑0）。

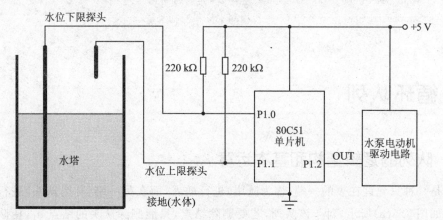

图3.4　水塔水位控制系统原理图

　　根据图3.2的阈值控制程序流程图和图3.4的控制系统原理图，可得到如程序清单3.3所示的控制程序。

第 3 章　数据结构与计算方法初步

程序清单 3.3　水位控制程序

```c
#include<8051.h>
    sbit Out=P1^2;                          //定义输出引脚,Out=1:开启水泵;Out=0:关闭水泵
    volatile unsigned char SecCnt;          //定义秒定时计数器
    void T0_Server (void) interrupt 1 using 1  //定时器 0 中断服务程序
    {
        if (SecCnt)  SecCnt--;              //若秒计数器不为 0,则减 1
    }
    void SampleCtrl ()                      //水位检测和控制函数
    {
        unsigned char CurStat;              //定义水位检测状态
        CurStat=P1 & 0x03;                  //进行一次采样,得到当前水位
        if (CurStat==3)    Out=1;           //若水位低于下限,P1.0 和 P1.1 均为高,则启动水泵
        if (CurStat==0)    Out=0;           //若水位高于上限,P1.0 和 P1.1 均为低,则关闭水泵
    }
    void main (void)
    {
        TMOD=0x01;                          //设置定时器 0 为模式 1:16 定时器
        TH0=0;                              //定时器 0 赋初值,约 71 ms 中断一次
        TL0=0;                              //定时器 0 赋初值
        TR0=1;                              //启动定时器 0
        ET0=1;                              //使能定时器中断
        EA=1;                               //使能全局中断
        while (1) {
            EA=0;                           //关中断,对 SecCntr 赋值时不能被中断
            SecCnt=70;                      //定时 5 s 检测一次,70×71 ms 约等于 5 s
            EA=1;                           //开中断
            while (SecCnt);                 //等待 5 s 定时时间到
            SampleCtrl ();                  //检测水位和控制水泵
        }
    }
```

3.2　循环队列

3.2.1　队列的逻辑结构和基本运算

队列是一种只允许在表的一端(称为队尾)进行插入,而在另一端(称为队头)进行删除的线性表。如图 3.5(a)所示,对于该队列,若要删除结点,只能删除队头的结点 a_1,使队列变为如图 3.5(b)所示;此后若要增加结点 x,只能在队尾插入,使队列变为如图 3.5(c)所示。队列与我们生活中的排队非常相似,先排队的先离开,后排队的后离开,不允许插队,也不允许中途离队,因此,队列也称为先进先出(FIFO)表。

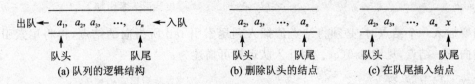

图 3.5 队列示意图

下面介绍队列的 5 种基本运算：
- 置队空 SetNull(Q)：将队列 Q 置成空队列；
- 获取有效结点长度 GetLenght(Q)：返回队列中的结点数，若为零则为空队列；
- 取头结点 GetHead(Q)：读取队列 Q 中头结点的值，队列中结点保持不变；
- 入队 InsQueue(Q,x)：将结点 x 插入到队列 Q 的队尾；
- 出队 DelQueue(Q)：删除队列头结点。

3.2.2 队列的存储结构

1. 顺序队列

当队列采用顺序存储结构时，可利用一维数组来存放结点数据。如图 3.6(a)所示，在数组 $a[\ ]$ 中存放了队列 $(a_1, a_2, a_3, \cdots, a_n)$。因为队列的操作只能在表头和表尾进行，且不移动队列中的结点，故必须有活动的表头和表尾的索引。图中 head 作为当前队头结点的数组下标索引，它指向一个满结点；tail 作为当前队尾结点的数组下标索引，它指向一个空结点。在下面的描述中分别称其为头索引和尾索引。

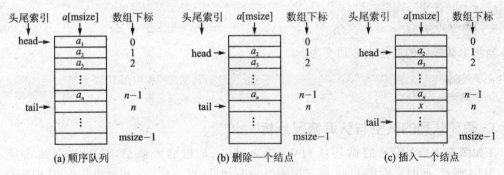

图 3.6 顺序队列示意图

由上可知顺序队列的结构描述如下：

```
# define    msize    128                    //队中可能的最大结点数
typedef    struct
{
    unsigned char    array[msize];          //队中的结点存于一维数组中
    unsigned char    head;                  //头索引
    unsigned char    tail;                  //尾索引
} Queue;
```

当要删除一个结点时，必须删除头索引 head 所指向的结点，再将头索引加 1，使其指向下一结点，详见图 3.6(b)。因此出队运算可描述为：

```
head++;                                              //出队后头索引加 1
```

当要插入一个结点时，必须将结点值插入到尾索引 tail 所指向的结点，再将尾索引加 1，使其指向下一结点，见图 3.6(c)。因此入队运算可描述为：

```
array[tail++]=x;                                     //入队后尾索引加 1
```

当队列为满时，再进行入队操作会产生"上溢"，如当尾索引 tail 等于最大结点数 msize 时，再进行入队操作会产生不可预测的后果。产生该现象的原因是：被删除的结点（出队结点）的空间永远不能再使用了。为了克服这一缺点，采用下面的循环队列。

2. 循环队列的概念

将存储队列的数组想为一个首尾相接的圆环，即接在 array[msize-1]之后的是 array[0]，将这种意义下的队列称为循环队列，详见图 3.7。

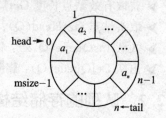

图 3.7　循环队列示意图

当尾索引 tail 等于数组的上界(msize-1)时，再进行入队操作，令尾索引等于数组的下界(0)，这样就能克服"上溢"现象。因此入队操作的描述变为：

```
array[tail++]=x;                                     //入队后尾索引加 1
if (tail==msize)                                     //若尾索引上溢
    tail=0;                                          //则置尾索引为上界
```

若利用模运算，可以更简洁地描述为：

```
array[tail++]=x;                                     //入队后尾索引加 1
tail %=msize;                                        //尾索引求模
```

当然出队操作的描述也必须变为：

```
head++;                                              //出队后头索引加 1
head %=msize;                                        //头索引求模
```

3. 循环队列的队空与队满情况分析

在如图 3.8(a)所示的循环队列中，当 e、f、g、h 相继入队后，队列空间被占满，如图 3.8(b)所示，此时头索引 head 等于尾索引 tail；相反，当 a、b、c、d 相继出队后，队列为空，如图 3.8(c)所示，此时头、尾索引也相等。因此，当 head 等于 tail 时，不能确定队列是"空"还是"满"。

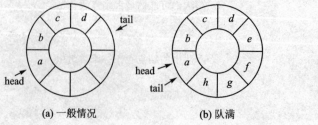
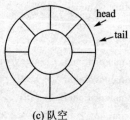

图 3.8　循环队列的头、尾索引

综上所述,必须对顺序队列的结构描述作出修改才能完整地描述循环队列的特征,循环队列的结构描述如程序清单 3.4 所示。

程序清单 3.4　循环队列的类型定义

```
# define    msize       128                    //队列中可能的最大结点数
typedef     struct
{
    unsigned char    array[msize];             //队列中的结点存于一维数组中
    unsigned char    head;                     //头索引
    unsigned char    count;                    //有效结点数
} lpQueue;
```

将尾索引 tail 去掉,取而代之的是有效结点数 count。设置 count 的初值为 0,一个结点入队时,count 加 1;出队时,count 减 1。因此,当 count 等于 0 时队列为空;当 count 等于最大结点数 msize 时队列为满。隐含的尾索引等于头索引加上有效结点数(tail=head+count)。

3.2.3　循环队列的运算

1. 置队空

由前面的循环队列的讨论可知,只要将队列的有效结点数(count)置为 0 即可置队空,但习惯上也可顺便将头索引(head)置为 0。

```
void SetNull (lpQueue * lp)
{
    lp->head=0;
    lp->count=0;
}
```

2. 获取有效结点长度

只要将 count 返回即可获取有效结点长度。

```
unsigned char GetLenght (lpQueue * lp)
{
    return (lp->count);
}
```

3. 取头结点

取出队列的头节点后,并不删除头结点,队列保持不变。

```
unsigned char GetHead (lpQueue * lp)
{
    return (lp->array[lp->head]);
}
```

4. 入　队

入队时,将新结点插入到队尾后,将有效结点数加 1。但要考虑到队列已满和隐含的尾索

第3章 数据结构与计算方法初步

引从 msize－1 过渡到 0 的情况。

```
BOOL InsQueue (lpQueue * lp, unsigned char x)
{
    if (lp->count<msize) {                              //队列未满
        lp->array[(lp->head+lp->count) % msize]=x;      //计算尾索引,且入队
        lp->count++;                                    //有效结点数加 1
        return TRUE;                                    //返回成功
    } else {                                            //队列已满
        return FALSE;                                   //返回失败
    }
}
```

5. 出　队

出队时,要将头结点的值输出,同时将头索引指向下一结点,且将有效结点数减 1。但要考虑到头索引从 msize－1 过渡到 0 的情况。

```
unsigned char DelQueue (lpQueue * lp)
{
    unsigned char temp;                                 //定义头结点值暂存器
    if (lp->count>0) {                                  //队列未空
        temp=lp->array[lp->head++];                     //读出头结点值后头索引加 1
        lp->head %= msize;                              //头索引求模
        lp->count--;                                    //有效结点数减 1
        return temp;                                    //返回头结点值
    } else {                                            //队列为空
        return FALSE;                                   //返回失败
    }
}
```

根据本函数的返回值并不能判断函数是否执行成功,因为正确的结点值有可能与 FALSE 值相同,所以在出队之前最好调用获取有效结点长度函数 GetLenght(),先确定队列是否为空再进行出队,以免从空队出队。

3.3　常用检错算法

在进行通信的过程中,信道中的各种干扰有可能使通信的内容发生差错;在进行信息的长期存储时,由于时变效应,所存储的信息有可能因为存储介质的性质退化而发生一些改变。为了提高信息在通信或存储过程中的准确性,一般要在通信或存储前进行一次编码,使出现的绝大多数差错都能及时发现,这种编码就是"校验码"。有了校验码就不会把错误的信息当做正确的信息加以利用,造成不良后果。在发现错误后可以要求重发,直到接收到正确的信息为止。

3.3.1　奇偶校验

最常用的校验码是奇偶校验码,它在原编码的基础上增加了一位奇偶校验位,使得整个编

码 1 的个数固定为奇数(奇校验)或偶数(偶校验),如表 3.1 所列。在信息的传输过程中,如果有奇数位代码发生改变,校验码的奇偶性(1 的个数)就会发生变化,从而检查出差错。如果有偶数位代码发生改变,则码的奇偶性(1 的个数)不变,这时就检查不出差错。通过概率分析可以得知,如果发生一个位差错的概率为 p,则发生两个位差错的概率大约为 $p^2/2$,因为 p 是一个很小的值(例如 $p=0.001$),发生更多差错的概率就更小。因此,绝大多数都是一个位差错的情况,而奇偶校验可以发现一个位差错,故具有很高的实用性。因为奇校验不能产生全零的代码,一般很少使用,常用的奇偶校验码是"偶校验码"。

80C51 单片机的串行口可很方便地实现奇偶校验的通信。串行口必须设置为 9 位数据模式(模式 2 或 3),其中 8 位数据由 SBUF 发送或接收,1 位奇偶校验值由 TB9 或 RB8 发送或接收。单字节数据的偶校验值可从程序状态字寄存器 PSW 中的位 P 获得,将需要计算校验位的数据字节写入 CPU 累加器 A,则 PSW 中位 P 的值就是该字节的偶校验值,奇校验值则为位 P 取反。80C51 单片机使用偶校验位进行串行通信的例程,详见程序清单 3.5。该例程有 2 个特点:

表 3.1 奇偶校验码示意表

原 码	校验类型	奇偶校验码		校验码中 1 的个数
		原码位	校验位	
0xA6	奇校验	10100110	1	5
	偶校验	10100110	0	4
0x5B	奇校验	01011011	0	5
	偶校验	01011011	1	6

① 串行口必须设置为 9 位数据模式(模式 2 或 3);
② 数据必须先进入累加器 ACC,然后从 PSW 的位 P 读取偶校验值。

程序清单 3.5 80C51 单片机使用偶校验位进行串行通信程序

```
SCON=0xd0;                  //设置串行口为模式 3(8 位数据+1 偶校验位),允许接收
…
//发送字符
ACC=x;                      //要发送的字符 x 写入累加器
TB8=P;                      //偶校验位写入发送的第 8 位
SBUF=ACC;                   //发送字符及校验位
…
//接收字符
ACC=SBUF;                   //接收的字符写入累加器
if (RB8=P)    x=ACC;        //校验正确,接收数据
else          …             //校验错误处理
```

3.3.2 和校验

当干扰持续时间很短(如常见的尖峰干扰)时,差错一般是单个出现,这时采用奇偶校验可以有效地达到检错的目的。但也有一些突发性干扰的持续时间较长(如雷电、电源波动等),会引起连续几个位差错。在进行信息存储时,存储介质的缺陷也会引起连续几个位差错。如果差错数是 2、4、6 个,简单的奇偶校验就不能发现差错,这时可以采用"和校验"。

如果一串信息有 n 字节,对这 n 字节进行"加"运算,然后将结果附在 n 字节信息后面一起传送(或存储),这附加的字节就是"校验和"。接收方按相同的算法对这 n 字节信息进行运算,将运算结果与附加的校验字节进行比较,从而判断有无差错。这种检错方式就是"和校验"。

第3章 数据结构与计算方法初步

在这里所谓的"加"运算有两种,一种是模2加(按位加),采用按位"异或"操作指令来完成;另一种是算术加(按字节加),采用加法指令来完成。两种算法的检错效果相同。

程序清单3.6为校验和计算的C代码函数,由代码可知由于和变量Sum的类型与原始信息的元素类型相同,故加法所带来的进位被舍去。若用模2加的方法来计算校验和,则将加法指令语句"Sum+=DataBfr[i];"改为"Sum ^=DataBfr[i];"即可。

程序清单3.6 校验和计算函数

```
/*************************************************************
**函数名:        CheckSum
**描述:          计算校验和
**输入参数:      DataBfr         原始信息码首址
                Len             原始信息码长度
**输出参数:      无
**返回值:        8位校验和结果
*************************************************************/
unsigned char CheckSum (unsigned char * DataBfr, unsigned char Len)
{
    unsigned char i, Sum;
    Sum=0;                                          //校验和赋初值
    for (i=0; i<Len; i++)    Sum+=DataBfr[i];       //校验和循加信息串
    return Sum;                                     //返回校验和
}
```

3.3.3 循环冗余校验

虽然采用"和校验"可以发现几个连续位的差错,但不能检测出差错之间的相互对冲(其校验和不变),检错能力有限。现在,应用最广泛、功能最强大的校验码是循环冗余校验码CRC(Cyclical Redundancy Check)。CRC的基本原理是将一段信息看成一个很长的二进制数(例如将一段128字节的信息看成一个1024位的二进制数),然后用一个特定的数(例如二进制数1000100000100001B,即十六进制数0x11021)去除它,最后将余数作为校验码附在信息代码之后一起传送(或存储)。在进行接收(或读出)时进行同样的处理,若有差错即可发现。据文献资料分析,当采用余数为16位的CRC时,它的错误发现率如下:

单个位的差错:	100%	比16位短的突发性差错:	100%
两个位差错:	100%	恰好17位的突发性差错:	99.9969%
奇数个位差错:	100%	其他所有的突发性差错:	99.9984%

如此强大的检错能力使CRC广泛地使用在数据存储与数据通信中,并且在国际上已经形成规范,以硬件形式放入磁盘驱动器和通信产品中。

1. CRC编、解码原理

任意一个由二进制位串组成的代码都可以与一个系数仅为"0"和"1"的多项式一一对应。例如:代码1010111B对应的多项式为$1x^6+0x^5+1x^4+0x^3+1x^2+1x^1+1x^0$,即$x^6+x^4+x^2+x+1$;而多项式为$x^5+x^3+x^2+x+1$对应的代码101111B。

设编码前的原始信息多项式为$P(x)$,$P(x)$的最高幂次加1等于k;生成多项式为$G(x)$,

$G(x)$ 的最高幂次等于 r；CRC 多项式为 $R(x)$；编码后的带 CRC 的信息多项式为 $T(x)$。

发送方编码方法：将 $P(x)$ 乘以 x^r（即对应的二进制码序列左移 r 位，右边填补 r 个零），再除以 $G(x)$，所得余式即为 $R(x)$。用公式表示为：$T(x)=x^rP(x)+R(x)$。

接收方解码方法：将 $T(x)$ 除以 $G(x)$，如果余数为 0，则说明传输中无错误发生，否则说明传输有误。

举例说明，设信息码为 1101 1001B，生成多项式为 1 0001 0000 0010 0001B，即：$P(x)=x^7+x^6+x^4+x^3+1$，$G(x)=x^{16}+x^{12}+x^5+1$。计算 CRC 的过程为：首先将原始信息码左移 16 位，变为 1101 1001 0000 0000 0000 0000B，再除以 1 0001 0000 0010 0001B。不过在这里所用的除法是模 2 除法，并非算术除法。

模 2 除法的操作过程是：从被除数高端（数据串的开始端）开始，取与除数相同的比特，如果最高位为 0，得 1 比特的商 0，被除数不用减去除数；如果最高位为 1，得 1 比特的商 1，被除数就要减去除数。用"异或"操作代替减法后，由于除数和被除数的最高位都为 1，"异或"操作必然使结果的最高位为 0，故所得余数必然小于除数的比特数，实际操作时就可以只进行比除数少 1 比特的"异或"操作。整个模 2 除法的过程可以概括为从高位到低位按二进制扫描被除数，对每一位进行判断，如果是 0，则不用处理；如果是 1，就将其后的若干比特与除数的低若干比特进行"异或"操作。直至所剩下的余数比除数少 1 比特，该余数就是所需的 CRC 校验码。

上例中用模 2 除法产生 CRC 校验码的除式见图 3.9，所得余数 0101 1010 0101 0100B 即为 CRC 校验码，将此校验码添加到原始信息码的尾部，即得带 CRC 的信息码为：

1101 1001 0101 1010 0101 0100B

发送端将此信息码发送出去。接收端将接收到的信息除以相同的生成多项式。若所接收的信息无差错，则所得的余数全为 0，若所得余数不全为 0，则说明通信产生了差错。

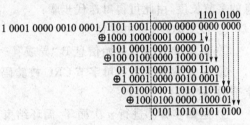

图 3.9　CRC 校验示意图

在图 3.9 中的模 2 除式运算中，我们所需要的是最后的余数，所得的商是没有实际用途的。

2. 计算 CRC 校验码的 C 语言实现

下面所实现的是 CRC16 校验算法，按 CCITT（国际电话和电报咨询委员会）规定，采用 17 位二进制数 1 0001 0000 0010 0001B，即十六进制数 0x11021，作为除数，则生成多项式为：$x^{16}+x^{12}+x^5+1$，CRC 校验码为 16 位。

根据图 3.9，可以用如下 C 代码来实现单字节 x 的 CRC 校验码的计算。

```
unsigned short CRCResult, FirstBit;      //定义CRC16结果及相关辅助变量
unsigned char j;
CRCResult=(unsigned short)(x<<8);        //将x扩展到16位结果的高8位
for (j=0; j<8; j++){                     //逐位扫描被除数x
    FirstBit=CRCResult & 0x8000;         //取首位
    CRCResult<<=1;                       //左移一位,右边补充0
    if (FirstBit)  CRCResult ^=0x1021;   //首位为1,则与除数"异或"
}
```

第3章 数据结构与计算方法初步

在 for 循环语句结束后，x 的 CRC 校验码放在变量 CRCResult 中。

可在单字节 CRC 校验的基础上实现多字节的 CRC 校验码的计算。以 4 字节 $B_0 \sim B_3$ 为例，如图 3.10(a)所示，图中 R_{iH}、R_{iL}（$i=0 \sim 3$）表示包括 B_i 的"异或"求值框的计算结果，由图可知，经过 4 次"异或"求值和一次"异或"可得到最终的结果 C_H、C_L。

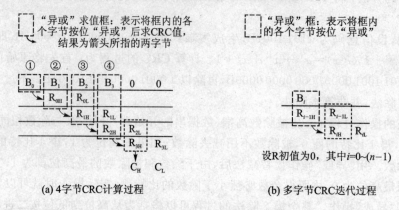

(a) 4 字节 CRC 计算过程　　　　　　(b) 多字节 CRC 迭代过程

图 3.10　多字节 CRC 校验示意图

对图 3.10(a)进行分析不难得出图 3.10(b)的多字节 CRC 迭代示意图。图中 n 为原始信息的字节长度，由此可得出迭代步骤：

① 设 CRC 结果初值 R 为 0；
② 将 R 高字节与原始信息 B_i "异或"（$i=0 \sim (n-1)$），结果存入 R 高字节；
③ 对 R 高字节进行单字节 CRC 校验码计算，结果存入 R（其中隐含结果高字节与原 R 低字节的"异或"）；
④ 返回步骤②进行 n 次循环，循环结束后 CRC 计算完成，结果存入 R 中。

具体实现代码如程序清单 3.7 所示。

程序清单 3.7　计算多字节 CRC 校验码

```
/************************************************************
**函数名：    CRC_16
**描述：      计算 16 位 CRC 校验码
             方向：        每字节的最高位(MSB)为首位
             生成多项式：  x^16+x^12+x^5+1='0x1021'
             预设值：      0x0000
**输入参数： DataBfr      原始信息码首址
            Len          原始信息码长度
**输出参数： 无
**返回值：   16 位 CRC 结果
************************************************************ */
unsigned short CRC_16 (unsigned char * DataBfr, unsigned char Len)
{
    unsigned short CRCResult, FirstBit;        //定义 CRC 结果及相关辅助变量
    unsigned char i, j;
    CRCResult=0;                               //结果余数赋预设值
    for (i=0; i<Len; i++) {                    //逐字节扫描原始信息
```

```
            CRCResult ^=(unsigned short) (DataBfr[i]<<8);    //结果变量高 8 位"异或"原始信息
            for (j=0; j<8; j++) {                              //逐位扫描原始信息
                FirstBit=CRCResult & 0x8000;                   //取首位
                CRCResult<<=1;                                 //结果变量左移一位
                if (FirstBit)    CRCResult ^=0x1021;          //若首位为1,则结果变量"异或"除数
            }
        }
        return CRCResult;                                      //返回最终的余数(CRC 校验结果)
}
```

通过对程序清单 3.7 的分析可以看出,若对 128 字节的原始信息进行 CRC 计算,则要进行 128×8=1024 次双字节"与"操作、双字节的位移操作和 if 语句判断操作,这对于 80C51 单片机的执行速度来说是不可忍受的。因此,必须设法提高程序的执行速度,可以考虑以空间换时间的方法来实现。在程序清单 3.7 中,大部分时间是消耗在计算单字节的 CRC 校验值的 8 次循环中,那么就可以将单字节每个值的 CRC 校验值预先算好,放入一个无符号短整型的表格中,这个表格就有 256 个元素。利用查表的方法来代替对每个单字节 CRC 值的直接计算会大大加快程序的执行速度。

实现快速计算多字节 CRC 校验的程序如程序清单 3.8 所示,其中数组 CRC_Tab8[256] 就是存放了 256 个单字节值的 CRC 校验码的表格,该表格是按照 CCITT 规定的基于除数 0x11021 和每字节高位在先的方式做出的。计算某个单字节的 CRC 值时,只要将这个单字节值作为该数组的下标查表即可得到。读者可以自行根据图 3.9 所示的计算式验证该表格,也可以根据如图 3.10(b)所示的迭代示意图分析程序清单 3.8。

程序清单 3.8 查表计算多字节 CRC 校验码

```
/*******************************************************************
**函数名:      CRC_16
**描述:        计算 16 位 CRC 校验码
              方向:          每字节的最高位(MSB)为首位
              生成多项式:    x^16+x^12+x^5+1='0x1021'
              预设值:        0x0000
**输入参数:    DataBfr        原始信息码首址
              Len            原始信息码长度
**输出参数:    无
**返回值:      16 位 CRC 结果
******************************************************************* */
//CRC8 位表,基于多项式 x^16+x^12+x^5+1,最高位(MSB)为首位
const INT16U CRC_Tab8[256]={0x0000,0x1021,0x2042,0x3063,0x4084,0x50a5,0x60c6,0x70e7,
                            0x8108,0x9129,0xa14a,0xb16b,0xc18c,0xd1ad,0xe1ce,0xf1ef,
                            …,
                            0x6e17,0x7e36,0x4e55,0x5e74,0x2e93,0x3eb2,0x0ed1,0x1ef0 };
unsigned short CRC_16 (unsigned char * DataBfr, unsigned char Len)
{
        unsigned short CRCResult;                  //定义 CRC 结果及相关辅助变量
        unsigned char FirstB, i;
```

```
    CRCResult=0;                              //CRC 结果赋预设值
    for (i=0; i<Len; i++) {                   //逐字节扫描原始信息
        FirstB=(CRCResult>>8) ^ DataBfr[i];   //提取原始信息且与 CRC 结果的首 8 位"异或"
        CRCResult<<=8;                        //CRC 结果的后 8 位前移 8 位
        CRCResult ^=CRC_Tab8[FirstB];         //查表计算首 8 位且与原 CRC 结果的后 8 位"异或"
    }
    return CRCResult;                         //返回最终的余数(CRC 校验结果)
}
```

3.4 应用实例

本应用实例用于巩固本章所学知识,所用的知识点有循环队列、奇偶校验与和校验。

一段完整的程序经过 PC 机上的编译器编译、链接后可生成 Hex 文件。Hex 文件是 Intel 公司定义的目标文件,可用于烧片。PC 机必须将该文件通过通信接口传递给编程器,然后通过编程器对单片机中的存储器进行烧片。

本节先介绍 Hex 文件的组成结构,然后介绍 80C51 单片机通过串行口接收 PC 机发送的 Hex 文件的编程方法。

3.4.1 Hex 文件

Hex 文件是一种十六进制格式的文本文件,它将需要传送或保存的数据分成记录组,每组数据一般不超过 16 字节,每个记录组信息结构依次如下:

➢ 记录起始域,以冒号":"(由 ASCII 码 0x3A 组成)开始。
➢ 1 字节数据长度域(由 2 个 ASCII 码组成,高位在先)。
➢ 2 字节起始地址域(由 4 个 ASCII 码组成,高地址字节、高位在先)。
➢ 1 字节记录类型域(由 2 个 ASCII 码组成,高位在先),0x00 表示数据记录,0x01 表示文件结束记录。
➢ 数据域(每字节由 2 个 ASCII 码组成,高位在先),文件结束记录组没有数据域。
➢ 1 字节校验和域(由 2 个 ASCII 码组成,高位在先),校验和域是前 4 个域(数据长度域、起始地址域、记录类型域和数据域)的 8 位二进制和,然后取补(2 的补码)且转换为 2 个 ASCII 字符。采用求和取补算法的好处是:前 4 个域加上本域的和为零,这给接收方校验带来了方便。
➢ 最后以回车换行(ASCII 码 0x0D、0x0A)结束。

示例程序如程序清单 3.9 所示。

程序清单 3.9 流水灯汇编程序

```
        .area   HOME (ABS,CODE)
        .org    0x0000                          ;复位向量
        MOV     A,#1
Loop:   MOV     P1,A
        RLC     A
        MOV     R6,#0xFF
Delay:  MOV     R7,#0xFF
```

Delay1:	DJNZ	R7,Delay1
	DJNZ	R6,Delay
	AJMP	Loop

程序清单 3.9 所示的流水灯汇编程序经过编译、链接后，生成的 *.hex 文件如下所示（可用"记事本"程序打开）。

:0D0000007401F590337EFF7FFFDFFEDEFA16
:02000D000102EE
:00000001FF

其中第一行表示在地址 0x0000 开始处有 13 字节数据；第二行表示在地址 0x000D 开始处有 2 字节数据；最后一行则为文件结束记录。

以第一行为例，冒号"："是记录开始标志；"0D"为数据字节数（十六进制）；"0000"为起始地址（十六进制）；"00"表示数据记录；然后就是 13 字节数据本身；最后的"BF"是校验和，它是这样得来的：

$0x0D+0x00+0x00+0x00+0x74+0x01+0xF5+0x90+0x33+0x7E+0xFF+0x7F+0xFF+0xDF+0xFE+0xDE+0xFA=0x8EA$

舍去进位只取一字节得 0xEA，取补后就是 0x16。也就是说，如果把这个 0x16 也加进去，总和就是 0x900，舍去进位后加法和就是 0x00。

在校验字节后还有不能显示的控制字符——回车换行符，最终用 ASCII 码字符组成的 Hex 格式文件为：

3A 30 44 30 30 30 30 30 30 37 34 30 31 46 35 39 30 33 33 37 45 46 46 37 46 46 46 44 46 46 45 46 41 31 36 0D 0A 3A 30 32 30 30 30 44 30 30 30 31 30 32 45 45 0D 0A 3A 30 30 30 30 30 30 30 31 46 46 0D 0A

单片机在接收到这样的数据后，除了冒号和回车换行符外，必须将每两个 ASCII 码字符合并为一个十六进制数据，这可通过如程序清单 3.10 所示的 C 函数代码实现。在程序清单 3.10 的函数中，只要输入 2 字节代表十六进制数 ASCII 码（高位在先，低位在后），就可返回十六进制数据。

程序清单 3.10 ASCII 码字符转换为十六进制数据程序

```
unsigned char GetHex (unsigned char * Asc)
{
    unsigned char Hex;
    Hex=(Asc[0] & 0x0f)<<4;                    //高 4 位为 0~9
    if (Asc[0]>='A')        Hex+=0x90;         //高 4 位为 A~F
    Hex|=(Asc[1] & 0x0f);                      //低 4 位为 0~9
    if (Asc[1]>='A')        Hex+=0x09;         //低 4 位为 A~F
    return Hex;                                //返回十六进制数据
}
```

3.4.2 通信编程

程序清单 3.11 为 80C51 单片机的 Hex 文件下载程序，它能通过串行口接收如 3.4.1 小节介绍的 Hex 文件，并按照文件中所指示的地址将程序写到片外 SRAM，相当于 SRAM 编程器。上位机从头至尾发送 Hex 文件的每一条记录，发送完毕，若收到 ACK(0x06)，则说明编程器接收成功；若收到 NAK(0x15) 或未收到任何应答，则说明编程器接收失败，上位机可重新发送。

程序清单 3.11　Hex 文件下载程序

```c
#include<8051.h>
#include "lpQueue.h"                       //包含循环队列类型定义和基本函数声明
volatile lpQueue lpQComm;                  //定义通信循环队列
unsigned char Record[21];                  //定义 Hex 文件记录十六进制数据缓冲区
volatile unsigned char RcvErr;             //接收错误指示,0 为无错误,否则有错误
void Uart_Server (void) interrupt 4 using 1
{
    if (RI) {                              //接收中断
        RI=0;                              //清除接收中断标志
        ACC=SBUF;                          //读接收字符到累加器
        if (RB8==P)                        //验证偶校验位
            InsQueue (&lpQComm, ACC);      //校验正确,则接收字符入队
        else                               //奇偶校验错误,应答 NAK
            RcvErr=1;                      //接收错误指示变量置 1
    } else {                               //发送中断
        TI=0;                              //清除发送中断标志
    }
}

unsigned char Comm (void)
{
    unsigned char Asc[2];                  //定义 ASCII 码数据缓冲区
    static unsigned char RecLen=0;         //定义十六进制数据缓冲区有效数据长度
    while (GetLenght (&lpQComm)>1) {       //队列内有 2 个以上的 ASCII 字符
        if (GetHead (&lpQComm)==':') {     //只要接收到冒号,就认为是记录的开始
            EA=0;                          //进入临界区
            DelQueue (&lpQComm);           //冒号出队
            EA=1;                          //退出临界区
            RecLen=0;                      //复位有效数据长度
        } else {                           //接收数据
            EA=0;                          //进入临界区
            Asc[0]=DelQueue (&lpQComm);    //高位 ASCII 码出队
            Asc[1]=DelQueue (&lpQComm);    //低位 ASCII 码出队
            EA=1;                          //退出临界区
            if (Asc[0]=='\r' && Asc[1]=='\n') {  //收到回车换行符,则记录接收结束
                if(CheckSum (Record, RecLen) !=0)  //检验校验和
                    RcvErr=1;              //接收错误指示变量置 1
                else                       //校验和正确,则应答 ACK
                    return 1;              //函数返回记录接收成功
            } else {                       //收到两个记录字符
                Record[RecLen++]=GetHex (Asc);  //将 ASCII 码转换为十六进制数据
```

```c
            }
        }
        return 0;                                   //函数返回记录接收未成功
}
main(void)
{
    unsigned char i;
    unsigned char xdata * MemPtr;
    P1=0x00;                                        //LED灯全灭
    SetNull(&lpQComm);                              //置队空
    TMOD=0x20;                                      //设置定时器1为模式2
    TH1=0xFE;                                       //设置波特率为19 200
    TR1=1;                                          //启动定时器1
    SCON=0xd0;                                      //设置UART为模式3(8位数据+1位偶
                                                    //校验位),允许接收
    IE=0x90;                                        //使能串行口中断和总中断
    while (1) {                                     //程序主循环
        if (Comm()==1){                             //记录接收成功
            if (Record[3]==0) {                     //收到数据记录
                MemPtr=(unsigned char xdata *)((Record[1]<<8)+Record[2]);
                                                    //提取编程地址
                for (i=0; i<Record[0]; i++) {
                    *(MemPtr++)=Record[i+4];        //写数据到存储器
                }
            } else {                                //收到文件结束记录,则编程结束
                if (RcvErr==0) {                    //接收无错误
                    P1=0x01;                        //点亮LED灯
                    ACC=0x06;                       //应答ACK
                } else {                            //接收有错误
                    RcvErr=0;                       //接收错误复位
                    ACC=0x15;                       //应答NAK
                }
                TB8=P;                              //偶校验位写入TB8
                SBUF=ACC;                           //发送应答
            }
        }
    }
}
```

1. 程序设计思路

在一个具体的应用程序中,可能要同时实现串行通信、A/D 转换、IO 控制和键盘显示等各种功能模块。我们知道,与 MCU 的指令执行速度相比,串行通信的波特率通常是非常低的,因此若在主程序循环中用"while(RI==0);"来等待一个字符的接收,程序的执行效率会

非常低。因此,我们期望在串行通信用中断来接收字符,而且为了不影响主程序循环中的其他功能,希望中断处理的时间越短越好。

基于此设想,可以利用 3.2 节所介绍的循环队列来实现该功能,在串行口接收中断服务程序中,只需将奇偶校验正确的字符存入队列(入队操作)后即可退出中断服务。而在主程序循环中,通过调用一个通信函数从队列中取出字符(出队操作),按照通信协议对收到的字符进行分析(提取控制字符,ASCII 码转换为十六进制数,验证校验和等),便可实现对有用的数据进行进一步的传输、存储操作。

2. 头文件

在所包含的头文件 lpQueue.h 中,有如程序清单 3.4 中的循环队列类型定义和如 3.2.3 小节中实现循环队列基本运算的函数声明。

3. 全局变量

定义 3 个全局变量:结构变量 lpQComm、数组 Record[21]和无符号字符型变量 RcvErr。

① lpQComm 被定义为用于通信的循环队列,在串行口接收中断服务程序中,将正确收到的 ASCII 码字符进行入队操作;而在通信处理函数 Comm()中进行出队操作。为了防止溢出,必须将循环队列的最大尺寸(宏定义 msize)设置得足够大,保证在主程序循环调用 Comm()函数的最大间隔周期中,串行口接收中断服务程序不至于将队列填满,在本程序中可设置为 64。

② Record[21]被定义为无符号字符型一维数组,是将一条 Hex 记录转换为十六进制数后的存储缓冲区(除了冒号和回车换行符外),因此 21 是它的最大长度。在通信处理函数 Comm()中,将每两个 ASCII 码字符转换为一个十六进制数据,且依次存入该数组中;在主程序循环中,将记录中的数据写入记录所指示的 SRAM 地址中。

③ RcvErr 用于接收错误指示。该变量初始化为 0,当在接收过程中发生错误(奇偶校验错误和校验和错误)时,将其置为 1。在主程序循环中,当判断出接收到文件结束记录时,再对变量 RcvErr 的值进行判断,如果在接收过程中有错误(RcvErr==0 为"假"),则发送 NAK(0x15),并复位变量 RcvErr;如果在接收过程中无错误(RcvErr==0 为"真"),则点亮 LED 灯,且发送 ACK(0x06)。

4. 主函数 main( )

main()函数的局部变量有两个:无符号字符型变量 i 和指向外部 SRAM 的指针 MemPtr。其中 i 用于循环计数;MemPtr 用于提取 Hex 文件数据记录中的地址域,以将记录中的数据写到相应的地址处。

main()函数的操作可分为两部分:初始化和主程序循环,程序流程如图 3.11 所示。

初始化部分在 main()函数的开头,分以下几步:

① 给 P1 口赋全 0 的值使 LED 全灭,当在主程序循环中判断出正确地收到一个 Hex 文件的文件结束记录时,会将接到 P1.0 口的 LED 灯点亮;

② 将全局变量 lpQComm(循环队列)置队空(置队空函数 SetNull()见 3.2.3 小节);

③ 将接收错误指示变量 RcvErr 清 0;

④ 设置串行口的工作模式为模式 3(1 位起始位、8 位数据位、1 位奇偶校验位和 1 位停止位),波特率为 19 200 bps。初始化操作的最后便是开启串行口中断和总中断,因此,当串行口

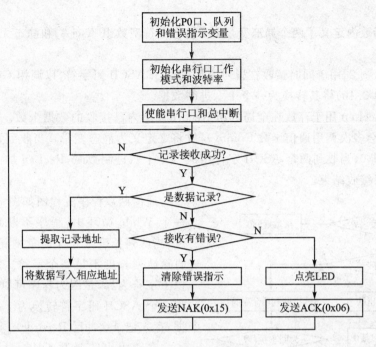

图 3.11　主函数程序流程图

接收到或发送完一个字符后都会产生中断。

主程序循环在一个 while(1)语句的循环体内,通过不断地调用通信函数 Comm()来获取文件记录。如果通信函数 Comm()调用成功(Comm()==1 为"真"),则说明在全局数组 Record[21]内正确地收到一条记录,可开始对这条记录进行分析。如果该记录是数据记录(Record[3]==0 为"真"),则通过局部变量 i 和 MemPtr 将数据(从 Record[4]开始的 Record[0]个十六进制数据)写入外部 SRAM 相应的地址处(通过 Record[1]、Record[2]指示);若该记录是文件结束记录(Record[3]==0 为"假"),则开始判断在接收过程中是否有错误发生,若无错误(RcvErr==0 为"真"),则将接到 P1.0 口的 LED 灯点亮,并发送应答 ACK(0x06);若有错误(RcvErr==0 为"假"),则发送应答 NAK(0x15),并将接收错误指示变量复位,准备重新接收 Hex 文件。在发送应答(ACK 或 NAK)之前,先要将字符的偶校验位写入 TB8 一起发送(见 3.3.1 小节)。

5. 串行口中断服务程序 Uart_Server()

若产生的是接收中断(RI==1),首先将 RI 清 0,再将所接收的字符写入累加器 ACC,进行奇偶校验检查(见 3.3.1 小节)。若偶校验正确(RB8==P 为"真"),则将字符加入循环队列 lpQComm(执行 InsQueue()函数,见 3.2.3 小节);若偶校验有错误(RB8==P 为"假"),则将接收错误指示变量 RcvErr 置 1,用以在文件接收结束时发送非应答字符 NAK(0x15)。

若产生的是发送中断(TI==1),则只要将 TI 清 0 即可。发送 ACK 和 NAK 字符完毕后都将产生发送中断。

6. 通信函数 Comm()

通信函数 Comm()在主程序循环中被循环调用,用以接收 Hex 文件记录。若该函数的返回值为"真"(1),则说明在全局数组 Record[21]正确地收到一条 Hex 文件记录;否则未收到记录。

Comn()函数内定义了两个局部变量：无符号字符型数组 Asc[2]和静态无符号字符型变量RecLen。

① 数组 Asc[2]用于同时接收在冒号之后的两个 ASCII 码字符，以调用 GetHex(Asc)函数(见程序清单 3.10)将其转换为一个十六进制数据。

② 变量 RecLen 用于存放在全局数组 Record[21]内已接收的数据个数。因一条记录的成功接收可能会多次调用通信函数 Comn()，故将之定义为静态变量。当收到冒号"："时，将变量 RecLen 清 0；当收到两个 ASCII 字符组成一个十六进制数时，RecLen 加 1；当收到回车换行符时，记录接收结束。

通信函数程序流程图如图 3.12 所示。在一个 While 循环中，程序不断地判断队列长度，当队列长度大于 1 时就对记录进行解析，直至队列长度不足 2 个字符。之所以以 2 个以上字符为界，是因为程序可以很方便地同时将 2 个 ASCII 码字符转换为 1 个十六进制数据，存入记录缓冲区 Record[21]。

在调用出队函数 DelQueue()之前关中断，这是因为 UART 中断可能发生在顺序程序流程的任何地方，而中断服务程序也有可能改变队列长度的入队操作(调用 InsQueue())。为了避免冲突，在调用出队函数时应禁止响应 UART 中断，调用完毕应重新使能。

Comn()函数中所调用的函数：循环队列操作 GetLenght()、GetHead()和 DelQueue()见 3.2.3 小节；计算校验和函数 CheckSum()见程序清单 3.6；ASCII 码转换为十六进制数据函数 GetHex()见程序清单 3.10。

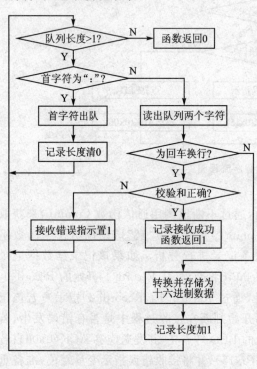

图 3.12　通信函数程序流程图

第 4 章

保险箱密码锁控制器(方案一)

📖 本章导读

本章以"保险箱密码锁"控制器为载体,详细地阐述用 C51 高级语言开发单片机的过程与方法,希望读者独立完成这个作品,借此提高自己的实战能力和设计能力。

4.1 概 述

4.1.1 保险箱

保险箱是一种特殊的容器,根据其功能要求主要分为防火型保险箱、防盗型保险箱、防磁型保险箱与防火防磁型保险箱几大类。目前市面上的保险箱多为防火型保险箱与防盗型保险箱。依据密码的产生原理,防盗型保险箱又可分为机械密码保险箱和电子密码保险箱两种类型,前者的特点是价格便宜,可靠性比较高,早期的保险箱大部分都是机械密码保险箱。电子密码保险箱是将电子密码与 IC 卡等智能控制方式的电子锁用到保险箱中,其特点是使用方便,特别适用于经常需要更换密码的场合,详见图 4.1。

由于机械密码输入不方便,密码多由制造厂商提供,个人自主更改密码较困难,这些缺点直接导致机械密码保险箱逐渐淡出保险箱市场。由于电子密码保险箱可随意更改密码,有些甚至可以设置两套密码,因此迅速成为市场主流。电子密码保险箱几乎都有自动报警功能,在连续 3 次输入错误密码后将激活报警器,有些保险箱在移动或者撞击情况下也能激活报警器,甚至还可以远程通知主人保险箱的实时状况。

图 4.1 电子密码保险箱

4.1.2 锁芯机械结构

电子密码保险箱仍然需要锁芯机械部分,由电子部分控制机械结构实现开锁锁舌缩进、关锁锁舌伸出等功能。常见的锁芯机械结构详见图 4.2,机械结构与控制部件主要包括 5 个部分,分别为减速电机、传动轮、传动机构、锁舌与行程开关。控制电路控制减速电机转动,通过

第 4 章　保险箱密码锁控制器（方案一）

传动轮带动传动机构左右方向移动，安装在传动机构上的锁舌即可实现伸出、缩进动作。行程开关用于检测锁舌的位置状态。

传动轮放大图详见 4.3，从图中可以看出，减速电机动力输出轴上连接一个小轮，小轮靠近边沿处有一圆柱形凸起，圆柱形凸起刚好插入传动机构的一个键槽中。这样，传动轮可以把电机的转动，转换为传动机构的平移运动。即使电机一直转动，传动机构也不会出现卡死，而是左右来回移动。传动机构左右来回移动即可带动锁舌伸出缩进动作，最终实现关锁、开锁操作。

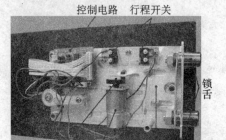

图 4.2　保险箱锁芯机械结构

图 4.3　传动轮放大图

位置检测部件放大图详见图 4.4，主要由两个行程开关和传动机构上凸出的金属片实现检测锁舌位置。当传动机构被电机带动往左移动时，移动到行程开关 1 的金属柄被传动机构上凸出的金属片碰到，使行程开关 1 闭合；当传动机构被电机带动往右移动时，移动到行程开关 2 的金属柄被碰到，使行程开关 2 闭合。密码锁控制器可以检测到行程开关的断开与闭合变化，并可以根据这些变化快速作出判断。

4.1.3　密码锁控制器

电子密码锁的控制器核心电路详见图 4.5，控制器内部包括单片机、E^2PROM 存储器、蜂鸣器、电机驱动、对外接口。对外接口包括键盘接口、显示器接口、电机接口、行程开关接口以及内部与外部电源接口。

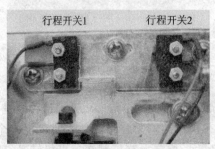

图 4.4　位置检测部件放大图

图 4.5　密码锁控制器核心电路

4.1.4 密码锁工作原理

密码锁由控制电路、机械结构与单片机 3 部分组成。控制电路实现电机输出控制、锁舌位置检测、用户键盘输入、数码管显示与蜂鸣器声音提示等硬件平台。机械结构实现将电力转换为机械运动,机械运动即锁舌的伸出与缩进(关锁与开锁)。单片机实现密码输入获取、密码存储、密码比对、输出显示、电机控制与驱动蜂鸣器等软件功能,也是锁的"大脑"。

在保险箱锁闭合状态下,用户可以通过键盘输入密码。若输入密码正确,则单片机输出控制信号驱动电机转动,带动锁舌缩进动作。

当单片机收到行程开关检测到锁舌已经缩进到位的信号时,立即停止电机转动,锁舌停止在完全缩进状态,即将锁打开。同时数码管显示开锁成功信息,蜂鸣器提示操作成功。若输入密码错误,则数码管显示密码错误,蜂鸣器报警提示,电机停止运转。

在保险箱锁打开状态下,当用户按下锁闭合按钮时,单片机输出控制电机转动,带动锁舌伸出动作;当单片机收到行程开关检测到锁舌已经伸出到位的信号时,立即让电机停止转动,锁舌处于完全伸出状态,即已经上锁。

在保险箱锁打开状态下,当用户按下修改密码按钮时,锁进入修改密码状态,用户通过键盘输入新的密码,再次按下修改密码按钮,保持新的密码,即修改密码成功。

4.2 准备工作

4.2.1 概 述

俗话说,"磨刀不误砍柴工",说明无论做什么事情,充分的准备工作很重要。而事实上,很多工作之所以做不好或做得太慢或需要返工等,都是因为准备不充分与计划不周密所引起的。

准备工作主要完成 3 件事情:

第一件(也是最主要的)就是确定产品的最终规格。以电子密码保险箱来说,包括使用方法、产品寿命、尺寸、成本、估计售价与待机时间等。也就是说,在纸面上设计出最终产品,设计得越接近实际产品越好。

第二件就是对产品进行概要设计,看一看产品在技术上和成本上是否可行,如果不可行,则中止项目。

第三件就是制定研发计划,但这超出本书的范畴,因此在这里不再深入探讨。

由于受到本书篇幅和内容的限制,本节主要对电子密码锁的使用说明和软硬件的概要设计进行说明,其他部分请读者自行查找资料。

4.2.2 使用说明

设计电子密码保险箱的前提,首先必须知道如何使用电子密码保险箱。由于本章的主要目的是探讨项目的研发过程与方法,而不是讨论电子密码保险箱的研发,故本小节重在实现电子密码保险箱的最基本功能:正常开锁、正常关锁和修改密码。

1. 正常开锁

① 在待机状态(屏幕全黑)情况下,按"♯"键即唤醒电脑板,屏幕显示"------",输入正确

第4章　保险箱密码锁控制器(方案一)

的1~6位密码,接着按"♯"键确认。出厂默认密码为123456。

② 如果密码正确,则蜂鸣器长鸣一声,屏幕显示 open,即保险箱打开。

③ 如果密码不正确,则蜂鸣器短鸣两声,屏幕显示 error,然后屏幕显示"------",等待用户重新输入密码。

④ 如果连续3次输入错误密码,则蜂鸣器短鸣4声,显示屏全黑,一分钟内禁止开锁。

⑤ 删除数字操作:在密码输入过程中,按一次"*"可删除一个数字,按照输入相反方向顺序删除。

⑥ 每按一次数字键,则蜂鸣器响一声,屏幕显示该数字,表示数字已输入。

⑦ 如果15 s内未输入,则电脑板进入待机状态。

2. 正常关锁

在开锁状态下,按"♯"键关锁,保险箱即锁住,电脑板进入待机状态。

3. 更改密码

① 正常开锁。

② 在开锁状态,输入"*"进入密码设置状态,屏幕显示"------"。

③ 输入1~6位密码,按"♯"确认,蜂鸣器长鸣一声,表示密码设置成功。2 s后屏幕显示 open,此时可正常关锁。

④ 每按一次数字键,则蜂鸣器响一声,屏幕显示该数字,表示数字已输入。

4.2.3　硬件概要设计

当产品的规格确定后,即可对硬件进行概要设计,但概要设计须根据研发团队的具体情况进行。

概要设计首先需要进行一些决策,增加产品的约束条件,以便达到产品的最终规格。然后设计出硬件框图,指导后续的硬件设计。

1. 决　策

根据研发团队的实际情况和项目的总目标进行决策,具体如下:

① 由于电子密码锁对控制器的性能要求不高,且80C51售价相对来说比较便宜,研发团队对80C51也很熟悉,因此研发进度和研发成本有保证;

② 选用已有的3×4矩阵键盘电路作为输入;

③ 选用已有的6位数码管作为显示输出;

④ 选用已有的无源蜂鸣器电路用于声音提示,相对有源蜂鸣器来说,无源蜂鸣器更加灵活;

⑤ 选用已有的CAT1025电路用于存储密码;

⑥ 第一版先暂时选用市售带驱动的锁模块,目的在于加快开发进度,让产品快速上市,为更低成本的第二版争取时间;

⑦ 选用已有的且成本合适的电源电路给系统供电。

上述决策中选择的3×4矩阵键盘电路、6位数码管、无源蜂鸣器电路、CAT1025电路,其成本都很低廉,且经过验证,都是成熟电路,因此,有利于提高研发进度和质量,降低研发成本。

2. 硬件框图

根据决策可以画出产品的硬件框图。决策中除了锁驱动电路外，其他电路都是成熟电路，不需要详细分析。而根据锁模块的说明书可知，电机的动作完全由锁模块控制，仅需要一个 COMS/TTL 电平的 I/O 即可驱动，低电平开锁，高电平关锁。

由此可画出电子密码保险箱的硬件框图，详见图 4.6。

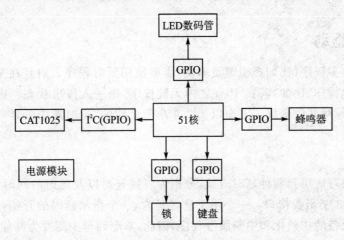

图 4.6　电子密码保险箱硬件结构图

4.2.4　软件概要设计

C 语言是模块化编程语言，因此，软件概要设计的一个重要工作就是模块划分。而针对嵌入式系统软件来说，因为硬件资源少，可能还需要对模块进行资源分配。

1. 模块划分

产品会不断地升级，硬件也会不断地改进。为了使软件具有更大的适应性，可将软件划分为硬件驱动层、虚拟设备层和应用层 3 大模块，每个大模块又可分为几个小模块。

① 硬件驱动层。硬件驱动层直接驱动硬件，根据本项目的实际情况，可划分为：延时驱动、锁驱动、键盘驱动、蜂鸣器驱动、显示器驱动、I^2C 驱动与 CAT1024 驱动 7 个子模块。

② 虚拟驱动层。虚拟驱动层是按照应用层需要的逻辑驱动组成的，比如，键盘和显示器都是通过扫描来实现的。为了节省 I/O，可以利用技巧让键盘和显示器共用一些 I/O 口，并将键盘和显示器合并为人机交互模块。虽然硬件驱动为人机交互驱动，但虚拟驱动依然为虚拟键盘驱动和虚拟显示驱动，因此，应用层模块无须改变即可在新的硬件上使用。

根据项目的实际情况，虚拟驱动可划分为：虚拟锁驱动、虚拟键盘驱动、虚拟蜂鸣器驱动、虚拟显示器驱动与虚拟存储器驱动 5 个子模块。

③ 应用层。应用层用于直接实现产品功能。根据本项目的实际情况，应用层对外只有一个模块：人机交互模块。当然，内部还可以划分几个模块，供内部自己使用。

2. 资源分配

由于 RAM 的分配是由 C 编译器自动完成的，因此，资源分配主要是 80C51 片内外设的分配。又由于 I/O 的分配是由硬件决定的，因此，资源分配不包括 I/O 部分。

第4章 保险箱密码锁控制器(方案一)

通过分析硬件驱动层可知,延时驱动和蜂鸣器驱动必须使用定时器,而显示驱动最好也使用定时器。由于80C51只有两个定时器,因此让蜂鸣器驱动使用定时器1,延时驱动使用定时器0。而其他驱动由于使用I/O或不使用任何片内外设资源,因此无须分配资源。

4.3 硬件驱动设计

4.3.1 延时驱动

本项目中有很多程序(比如虚拟键盘驱动)需要使用延时程序。而且在某些情况下,既要延时又要进行其他操作,比如,若在15 s之内无键按下,则进入待机状态。因此,必须建立延时驱动,否则不好编写其他模块。下面以2.2.4小节介绍的"定时器中断延时程序"的实现原理来设计延时驱动。

1. 规 划

由于其他模块可能用到两种延时方式,分别为直接延时以及延时的同时还可以做其他事情,故本驱动具有3个函数接口:一个用于直接延时,一个指示延时的开始,一个判断延时是否结束。再加上设备的初始化和中断服务程序,因此,本驱动至少需要为其他软件提供5个函数。于是决定将延时驱动程序划分为3个文件,分别为delay.h、delay.c和delay_cfg.h。其中,delay.h为驱动对外的接口,其他程序只要包含此文件,即可使用此驱动;delay.c为实现驱动的代码;delay_cfg.h为驱动配置文件,用于配置驱动使用的硬件等信息。

如果还要获得更大的灵活性,则可以让用户配置延时驱动程序使用的定时器,不过这样代码比较复杂,因此本驱动固定使用定时器0。

2. 配 置

如果采用直接延时的方法,则80C51会一直在做无用功。为了让单片机及时处理更重要的事情,比如显示扫描,可配置驱动在直接延时循环中调用用户指定的函数。

另外,必须在定时器延时之前计算延时的机器周期,且将公式化简以免计算时产生溢出(详见2.2.3小节),而公式化简必须在知道晶振频率的情况下进行。因此,驱动还需要配置延时的计算公式。delay_cfg.h配置文件详见程序清单4.1。

程序清单4.1 延时驱动配置文件(delay_cfg.h)

```
26    #include<8051.h>
27    #include "..\led_display\led_display.h"
28
29    #ifndef __DELAY_CFG_H
30    #define __DELAY_CFG_H
32    /*******************************************************
33      定义"延时"时调用的函数
34    *******************************************************/
35    #define    DELAY_HOOK()    zyLedDisplayScan()
37    /*******************************************************
38      获得指令周期,以毫秒为单位,公式为(晶振频率/12)×uiDly/1000,但应化简,以避免计算溢出
```

```
39     ***************************************************************/
40     #define   DELAY_CYCLES(uiDly) ((((11059200ul/12)/200) * (uiDly))/(1000/200))
41
42     #endif                                                    //__BUZZER_CFG_H
```

3. 接　口

delay.h 延时驱动统一接口规范详见程序清单 4.2。

程序清单 4.2　延时驱动接口(delay.h)

```
26     #ifndef __DELAY_H
27     #define __DELAY_H
28
29     #ifdef __cplusplus
30     extern "C" {
31     #endif                                                    //__cplusplus
33     /****************************************************************
35     * * Descriptions:          延时初始化
40     ****************************************************************/
41     extern char delayInit(void);                  //返回值：0——成功,-1——失败
43     /****************************************************************
45     * * Descriptions:          毫秒延时开始
50     ****************************************************************/
51     extern char delayMsStart(unsigned int uiDly);  //uiDly：以毫秒为单位的延时时间
53     /****************************************************************
55     * * Descriptions:          检查延时是否结束
60     ****************************************************************/
61     extern char delayMsIsEnd(void);               //返回值：1——结束,0——还在延时
63     /****************************************************************
65     * * Descriptions:          毫秒延时
70     ****************************************************************/
71     extern char delayMs(unsigned int uiDly);       //uiDly：以毫秒为单位的延时时间
73     /****************************************************************
75     * * Descriptions:          Timer0 中断服务函数
79     ****************************************************************/
80     extern void isrTimer0(void) __interrupt 1;
81
82     #ifdef __cplusplus
83     }
84     #endif                                                    //__cplusplus
85
86     #endif                                                    //__DELAY_H
```

第4章 保险箱密码锁控制器(方案一)

4. 实现代码

延时驱动是从 2.2.4 小节介绍的定时器中断延时程序修改而来的,详见程序清单 4.3。

程序清单 4.3　延时驱动实现代码(delay.c)

```
26    #include ".\delay_cfg.h"
27    #include ".\delay.h"
29    /***************************************************************
30    ** 全局变量定义
31    ***************************************************************/
32    static unsigned int            __GuiSum;            //32 位定时器高 16 位
33    static volatile unsigned char  __GucTimerFlg;       //32 位定时器溢出标志
35    /***************************************************************
37    ** Descriptions：         延时初始化
42    ***************************************************************/
43    char delayInit (void)
44    {
45        TMOD=(TMOD & 0xf0)|0x01;
46        ET0=1;
47        return 0;
48    }

50    /***************************************************************
52    ** Descriptions：         毫秒延时开始
57    ***************************************************************/
58    char delayMsStart (unsigned int uiDly)
59    {
60        unsigned long ulTmp1;
61        unsigned int uiTmp2;
63        /*
64         *   获得定时器初始值
65         */
66        ulTmp1=DELAY_CYCLES(uiDly);          //计算需要的机器周期数
67        ulTmp1=-ulTmp1;                      //加计数,所以取负
69        /*
70         *   设置定时器初始值
71         */
72        uiTmp2   =ulTmp1 % 0x10000;          //定时器低 16 位
73        TL0      =uiTmp2 % 256;
74        TH0      =uiTmp2/256;
75        __GuiSum =ulTmp1/0x10000;            //定时器高 16 位
76
77        __GucTimerFlg=0;                     //清除溢出标志
78        TR0=1;                               //启动定时器
79
80        return 0;
```

```
81      }
83   /****************************************************************
85   ** Descriptions:          检查延时是否结束
90   ****************************************************************/
91   char delayMsIsEnd (void)
92   {
93       return __GucTimerFlg;
94   }
96   /****************************************************************
98   ** Descriptions:          毫秒延时
103  ****************************************************************/
104  char delayMs (unsigned int uiDly)
105  {
106      /*
107       * 开始延时
108       */
109      if (delayMsStart(uiDly)<0) {
110          return -1;
111      }
113      /*
114       * 等待延时结束
115       */
116      while (!delayMsIsEnd()) {
117          DELAY_HOOK();
118      }
119
120      return 0;
121  }
123  /****************************************************************
125  ** Descriptions:          Timer0 中断服务函数
129  ****************************************************************/
130  void isrTimer0(void) __interrupt 1
131  {
132      if (++__GuiSum==0) {
133          __GucTimerFlg=1;               //设置溢出标志
134          TR0=0;                         //停止定时器
135      }
136  }
```

4.3.2 锁驱动

1. 规　划

根据锁模块的说明书可知,对锁有 2 个主要的动作:开锁和关锁,加上设备的初始化,可以规划锁驱动为其他模块提供 3 个函数。因此,可将驱动程序划分为 3 个文件,分别为

第4章 保险箱密码锁控制器(方案一)

lock.h、lock.c 和 lock_cfg.h。其中,lock.h 为驱动对外的接口,其他程序只要包含此文件,就可以使用此驱动;lock.c 为实现驱动的代码;lock_cfg.h 为驱动配置文件,用于配置驱动使用的硬件等信息。

2. 配 置

由于控制指定的 I/O 即可开锁和关锁,因此,只要定义 3 个用于初始化、开锁和关锁的宏即可,其配置文件 lock_cfg.h 详见程序清单 4.4。

程序清单 4.4 锁驱动配置文件(lock_cfg.h)

```
31    /***************************************************************
32     * * 引脚配置
33     ***************************************************************/
34    #define __ZY_PHY_LOCK_INIT()      __ZY_PHY_LOCK_LOCK()    //初始化
35    #define __ZY_PHY_LOCK_LOCK()      P3_6=1                  //关锁
36    #define __ZY_PHY_LOCK_UNLOCK()    P3_6=0                  //开锁
```

3. 接 口

lock.h 锁驱动统一接口规范详见程序清单 4.5。

程序清单 4.5 锁驱动接口(lock.h)

```
33    /***************************************************************
35     * * Descriptions:       锁初始化
40     ***************************************************************/
41    extern char phyLockInit(void);           //返回值:0——成功,-1——失败
43    /***************************************************************
45     * * Descriptions:       关锁
50     ***************************************************************/
51    extern char phyLockLock(void);           //返回值:0——成功,-1——失败
53    /***************************************************************
55     * * Descriptions:       开锁
60     ***************************************************************/
61    extern char phyLockUnlock(void);         //返回值:0——成功,-1——失败
```

4. 实现代码

调用对应的宏即可实现开锁和关锁,锁驱动实现代码详见程序清单 4.6。

程序清单 4.6 锁驱动实现代码(lock.c)

```
29    /***************************************************************
31     * * Descriptions:       锁初始化
36     ***************************************************************/
37    char phyLockInit (void)                  //返回值:0——成功,-1——失败
38    {
39        __ZY_PHY_LOCK_INIT();
40        return 0;
41    }
```

```
43    /***************************************************************
45     ** Descriptions:             关锁
50    ***************************************************************/
51    char phyLockLock (void)                    //返回值：0——成功，-1——失败
52    {
53        __ZY_PHY_LOCK_LOCK();
54        return 0;
55    }

57    /***************************************************************
59     ** Descriptions:             开锁
64    ***************************************************************/
65    char phyLockUnlock (void)                  //返回值：0——成功，-1——失败
66    {
67        __ZY_PHY_LOCK_UNLOCK();
68        return 0;
69    }
```

4.3.3 可复用的硬件驱动

从使用说明可以看出，键盘驱动、蜂鸣器驱动、I^2C驱动与CAT1024驱动都可以直接使用1.7.4小节、2.2.5小节、2.4.5小节与2.4.7小节已有的代码。

而事实上，1.7.3小节介绍的显示驱动就已经包含本章所述的显示器驱动和虚拟显示器驱动两部分，其中，本章的显示驱动代码包含1.7.3小节程序清单1.35的全部代码、程序清单1.36除去第52～70行的部分代码，以及程序清单1.37和程序清单1.38的全部代码，且无须修改函数名。

4.4 虚拟驱动设计

4.4.1 虚拟锁驱动

1. 规　划

由于虚拟锁仅支持开锁和关锁，再加上设备的初始化，因此，可以规划虚拟锁驱动为其他模块提供3个函数。为此，可将驱动程序划分为3个文件，分别为 vir_lock.h、vir_lock.c 和 vir_lock_cfg.h。其中，vir_lock.h 为驱动对外的接口，其他程序只要包含此文件，就可以使用此驱动；vir_lock.c 为实现驱动的代码；vir_lock_cfg.h 为驱动配置文件，用于配置驱动使用的硬件等信息。

2. 配　置

虚拟锁驱动使用锁驱动操作锁模块，其实没有什么可配置的，而定义文件 vir_lock_cfg.h 的目的仅仅是为了遵循统一的规范，详见程序清单4.7。

第4章 保险箱密码锁控制器(方案一)

程序清单4.7 虚拟锁驱动配置文件(vir_lock_cfg.h)

```
26    #include<8051.h>
27    #include "..\..\device\lock\lock.h"
28
29    #ifndef __VIR_LOCK_CFG_H
30    #define __VIR_LOCK_CFG_H
31
32    #endif                                              //__VIR_LOCK_CFG_H
```

3. 接口

vir_lock.h虚拟驱动驱动统一接口规范详见程序清单4.8。

程序清单4.8 虚拟锁驱动接口(vir_lock.h)

```
33    /***************************************************************
35    ** Descriptions:       虚拟锁初始化
40    ***************************************************************/
41    extern char virLockInit(unsigned char ucIndex);           //ucIndex:锁号
43    /***************************************************************
45    ** Descriptions:       关闭虚拟锁
50    ***************************************************************/
51    extern char virLockLock(unsigned char ucIndex);           //ucIndex:锁号
53    /***************************************************************
55    ** Descriptions:       打开虚拟锁
60    ***************************************************************/
61    extern char virLockUnlock(unsigned char ucIndex);         //ucIndex:锁号
```

4. 实现代码

调用锁驱动对应的函数,即可实现虚拟锁驱动,详见程序清单4.9。

程序清单4.9 虚拟锁驱动实现代码(vir_lock.c)

```
29    /***************************************************************
31    ** Descriptions:       虚拟锁初始化
36    ***************************************************************/
37    char virLockInit (unsigned char ucIndex)                  //ucIndex:锁号
38    {
39        ucIndex=ucIndex;
40
41        return phyLockInit();
42    }
44    /***************************************************************
46    ** Descriptions:       关闭虚拟锁
51    ***************************************************************/
52    char virLockLock (unsigned char ucIndex)                  //ucIndex:锁号
53    {
```

```
54              ucIndex = ucIndex;
55
56              return phyLockLock();
57      }
59      /***************************************************************
61       ** Descriptions：          打开虚拟锁
62       ** Input parameters：      ucInde：锁号
66       ***************************************************************/
67      char virLockUnlock (unsigned char ucIndex)              //ucIndex：锁号
68      {
69              ucIndex = ucIndex;
70
71              return phyLockUnlock();
72      }
```

4.4.2 虚拟键盘驱动

1. 规　划

虚拟键盘只有一个功能：获得按键对应的 ASCII 码。加上设备的初始化，可以规划虚拟键盘驱动为其他模块提供 2 个函数。因此，可将驱动程序划分成 3 个文件，分别为 vir_key.h、vir_key.c 和 vir_key_cfg.h。其中，vir_key.h 为驱动对外的接口，其他程序只要包含此文件，即可使用此驱动；vir_key.c 为实现驱动的代码；vir_key_cfg.h 为驱动配置文件，用于配置驱动使用的硬件等信息。

2. 配　置

虚拟键盘驱动其实没有什么可配置的，定义文件 vir_lock_cfg.h 类似于程序清单 4.7，仅仅是为了遵循统一的规范，详见程序清单 4.10。

程序清单 4.10　虚拟键盘驱动配置文件(vir_key_cfg.h)

```
26      #include<8051.h>
27      #include "..\..\device\key\key.h"
28      #include "..\..\device\led_display\led_display.h"
29      #include "..\..\device\delay\delay.h"
30
31      #ifndef __VIR_KEY_CFG_H
32      #define __VIR_KEY_CFG_H
33
34      #endif                                                  //__VIR_KEY_CFG_H
```

3. 接　口

vir_key.h 虚拟键盘驱动统一接口规范详见程序清单 4.11。

第4章 保险箱密码锁控制器(方案一)

程序清单4.11 虚拟键盘驱动接口(vir_key.h)

```
33    /***************************************************************
35    ** Descriptions:            虚拟键盘模块初始化
40    ***************************************************************/
41    extern char virKeyInit(void);              //返回值:0——成功,-1——失败

43    /***************************************************************
45    ** Descriptions:            获得按键的ASCII码
50    ***************************************************************/
51    extern char virKeyGet(unsigned int uiDly); //uiDly:以毫秒为单位,设定最长等待时间
                                                  //0为无穷等待
```

4. 实现代码

虽然在1.7.4小节已经给出键盘扫描范例代码,不过那些代码还不能直接用在虚拟键盘驱动中。这是因为其流程为:等待键按下→执行键处理程序→等待键释放。而"执行键处理程序"是调用虚拟键盘驱动函数执行的,但它将这个流程割裂开来了,因此"等待键按下"和"等待键释放"就不能在一个函数中实现。如果非要在一个函数中实现,则使用不方便。由于这个流程是循环执行的,因此可以改变流程的起始位置:等待键释放→等待键按下→执行键处理程序。这样,"等待键按下"和"等待键释放"就能够在一个函数中实现,用起来也就很方便了。

根据程序清单4.11(43~51)可知,获得按键的ASCII码有两种情况:一种是一直等到有键闭合才返回(参数为0的情况);另一种是若在指定时间内有键闭合,则返回键的ASCII码,否则返回-1,即不会无限等待。因此,两种情况在模块内部都应使用独立的函数完成,其代码详见程序清单4.12。

程序清单4.12 虚拟键盘驱动实现代码(1)(vir_key.c)

```
32    static code char __GcKeyTable[]={          //按键转换表
33                              '#','0','*','9','8','7','6','5','4','3','2','1', 0
34                              };
36    /***************************************************************
38    ** Descriptions:           获得按键的ASCII码,没有按键则一直等待
41    ** Returned value:         键的ASCII码
42    ***************************************************************/
43    static char __virKeyGet1 (void)            //返回值:键的ASCII码
44    {
45        char cTmp1, cTmp2;
47        /*
48         * 等待按键释放
49         */
50        while (1) {
51
52            while (zyKeyGet()>=0) {            //无键闭合,退出
53                delayMs(10);
54            }
```

```
56              /*
57               * 去抖
58               */
59              delayMs(10);
60              if (zyKeyGet()<0) {                        //两次状态一致,去抖成功
61                  break;
62              }
63          }
64
65          /*
66           * 等待按键闭合
67           */
68          while (1) {
69              while (1) {
70                  cTmp1=zyKeyGet();                      //获得按键状态
71                  if (cTmp1>=0) {                        //有键闭合,退出
72                      break;
73                  }
74                  delayMs(10);
75              }
76
77              /*
78               * 去抖
79               */
80              delayMs(10);
81              cTmp2=zyKeyGet();                          //两次按键状态一样,去抖成功
82              if (cTmp2==cTmp1) {
83                  break;
84              }
85          }
86
87          cTmp1=__GcKeyTable[cTmp1];                     //键码转换成ASCII码
88          return cTmp1;
89      }
```

由于需要在延时的同时扫描键盘,因此,只能在开始扫描之前调用延时驱动 delayMsStart() 函数,并在合适的位置不断调用函数 delayMsIsEnd(),根据 delayMsIsEnd() 的返回值决定是否返回"超时"。由于已经调用 delayMsStart() 函数,因此,在函数内部不能再调用 delayMs() 函数,只能使用 1.7.4 小节的方法延时,详见程序清单 4.13。

程序清单 4.13 虚拟键盘驱动实现代码(2)(vir_key.c)

```
32      static code char __GcKeyTable[]={                  //按键转换表
33                               '#', '0', '*', '9', '8', '7', '6', '5', '4', '3', '2', '1', 0
34                              };
91      /****************************************************************
93       * * Descriptions:           在指定的时间内获得按键的 ASCII 码
```

第4章 保险箱密码锁控制器(方案一)

```
100   *************************************************************/
101   static char __virKeyGet2 (unsigned int uiDly)      //uiDly:以毫秒为单位,设定最长等待
                                                         //的时间,0 为无穷等待
102   {
103       char cTmp1, cTmp2;
104       unsigned char i;
105
106       delayMsStart(uiDly);
108       /*
109        * 等待按键释放
110        */
111       while (1) {
112
113           while (zyKeyGet()>=0) {                    //无键闭合,退出
114               zyLedDisplayScan();                    //代替延时
115               if (delayMsIsEnd()) {                  //超时则返回
116                   return-1;
117               }
118           }
120           /*
121            * 去抖
122            */
123           for (i=0; i<50; i++) {
124               zyLedDisplayScan();                    //代替延时
125               if (delayMsIsEnd()) {                  //超时则返回
126                   return-1;
127               }
128           }
129           if (zyKeyGet()<0) {                        //两次状态一致,去抖成功
130               break;
131           }
132       }
134       /*
135        * 等待按键闭合
136        */
137       while (1) {
138           while (1) {
139               cTmp1=zyKeyGet();                      //获得按键状态
140               if (cTmp1>=0) {                        //有键闭合,退出
141                   break;
142               }
143               zyLedDisplayScan();                    //代替延时
144               if (delayMsIsEnd()) {                  //超时则返回
145                   return-1;
146               }
```

```
147            }
149            /*
150             * 去抖
151             */
152            for (i=0; i<50; i++) {
153                zyLedDisplayScan();              //代替延时
154                if (delayMsIsEnd()) {            //超时则返回
155                    return -1;
156                }
157            }
158            cTmp2 = zyKeyGet();                  //两次按键状态一样,去抖成功
159            if (cTmp2 == cTmp1) {
160                break;
161            }
162        }
163
164        cTmp1 = __GcKeyTable[cTmp1];             //键码转换成 ASCII 码
165        return cTmp1;
166    }
```

当两个主要的键盘扫描函数实现后,其他的代码就简单了,其代码详见程序清单 4.14。

程序清单 4.14 虚拟键盘驱动实现代码(3)(vir_key.c)

```
168    /***************************************************************
170     ** Descriptions:          虚拟键盘模块初始化
175     ***************************************************************/
176    char virKeyInit (void)                       //返回值:0——成功,-1——失败
177    {
178        return zyKeyInit();
179    }

181    /***************************************************************
183     ** Descriptions:          获得按键的 ASCII 码
188     ***************************************************************/
189    char virKeyGet (unsigned int uiDly)          //uiDly:以毫秒为单位,设定最长等待的时
                                                    //间,0 为无穷等待
190    {
191        if (uiDly == 0) {
192            return __virKeyGet1();
193        }
194
195        return __virKeyGet2(uiDly);
196    }
```

4.4.3 虚拟蜂鸣器驱动

1. 规划

操作蜂鸣器就是让蜂鸣器鸣叫,加上设备的初始化,即可规划虚拟蜂鸣器仅为其他模块提供2个函数。又因为应用层需要多种鸣叫方式,所以鸣叫的API需要一个参数指定鸣叫的方式,具体在"接口"部分指定。因此,可将驱动程序划分为3个文件,分别为vir_buzzer.h、vir_buzzer.c和vir_buzzer_cfg.h。其中,vir_buzzer.h为驱动对外的接口,其他程序只要包含此文件,就可以使用此驱动;vir_buzzer.c为实现驱动的代码。vir_buzzer_cfg.h为驱动配置文件,用于配置驱动使用的硬件等信息。

2. 配置

使用蜂鸣器需要配置蜂鸣器驱动,程序清单4.15为vir_buzzer_cfg.h配置文件。

程序清单4.15 虚拟蜂鸣器驱动配置文件(vir_buzzer_cfg.h)

```
36   #define __ZY_BUZZER_HZ        800           //定义鸣叫频率
```

3. 接口

vir_buzzer.h虚拟蜂鸣器驱动统一接口规范详见程序清单4.16。

程序清单4.16 虚拟蜂鸣器驱动接口(vir_buzzer.h)

```
33   /****************************************************************
34    鸣叫模式定义
35   ****************************************************************/
36   #define VIR_BUZZER_STOP         1           //停止鸣叫
37   #define VIR_BUZZER_SHORT        2           //短鸣叫
38   #define VIR_BUZZER_TWO_SHORT    3           //2声短鸣叫
39   #define VIR_BUZZER_LONG         4           //长鸣叫
41   /****************************************************************
43    ** Descriptions:          虚拟蜂鸣器初始化
48   ****************************************************************/
49   extern char virBuzzerInit(void);
51   /****************************************************************
53    ** Descriptions:          控制蜂鸣器鸣叫
54    ** Input parameters:ucMod:鸣叫方式
55    **                        VIR_BUZZER_STOP:      停止鸣叫
56    **                        VIR_BUZZER_SHORT:     1声短鸣叫
57    **                        VIR_BUZZER_TWO_SHORT: 2声短鸣叫
58    **                        VIR_BUZZER_LONG:      1声长鸣叫
59    ** Output parameters:     无
60    ** Returned value:        0——成功
61    **                        -1——失败
62   ****************************************************************/
63   extern char virBuzzerTweet (unsigned char ucMod);
```

4. 实现代码

有了蜂鸣器驱动,虚拟蜂鸣器驱动就比较好实现了,其代码详见程序清单 4.17。

程序清单 4.17 虚拟蜂鸣器驱动实现代码(vir_buzzer.c)

```
29  /*****************************************************************
31   * * Descriptions:          虚拟蜂鸣器初始化
36   *****************************************************************/
37  char virBuzzerInit (void)
38  {
39      return phyBuzzerInit();
40  }
42  /*****************************************************************
44   * * Descriptions:          控制蜂鸣器鸣叫
53   *****************************************************************/
54  char virBuzzerTweet (unsigned char ucMod)
55  {
56      switch (ucMod) {
57  
58      case VIR_BUZZER_STOP:
59          phyBuzzerStop();
60          break;
61  
62      case VIR_BUZZER_SHORT:
63          phyBuzzerTweet(__ZY_BUZZER_HZ);
64          delayMs(100);
65          phyBuzzerStop();
66          delayMs(100);
67          break;
68  
69      case VIR_BUZZER_TWO_SHORT:
70          phyBuzzerTweet(__ZY_BUZZER_HZ);
71          delayMs(100);
72          phyBuzzerStop();
73          delayMs(100);
74          phyBuzzerTweet(__ZY_BUZZER_HZ);
75          delayMs(100);
76          phyBuzzerStop();
77          delayMs(100);
78          break;
79  
80      case VIR_BUZZER_LONG:
81          phyBuzzerTweet(__ZY_BUZZER_HZ);
82          delayMs(500);
83          phyBuzzerStop();
84          delayMs(100);
```

第4章 保险箱密码锁控制器(方案一)

```
85            break;
86
87        default:
88            break;
89        }
90
91        return 0;
92    }
```

4.4.4 虚拟显示器驱动

事实上,1.7.3 小节介绍的显示驱动已经包含本章所述的显示器驱动和虚拟显示器驱动两部分,虚拟显示器驱动代码与 1.7.3 小节的代码只是函数名不同而已,详见程序清单 4.18。

程序清单 4.18 虚拟显示器驱动实现代码(vir_show.c)

```
    //将程序清单1.39复制在这里作为"显示字库",无须进行任何修改
50    /************************************************************
52     ** Descriptions:          虚拟显示器模块初始化
57     ************************************************************/
58    char virShowInit (void)
59    {
60        return zyLedDisplayInit();
61    }
63    /************************************************************
65     ** Descriptions:          输出字符串
70     ************************************************************/
71    char virShowPuts (char * pcStr)    //将程序清单1.40复制在这里,仅修改函数名即可
115   /************************************************************
117    ** Descriptions:          清屏
122    ************************************************************/
123   char virShowClr (void)             //将程序清单1.41复制在这里,仅修改函数名即可
```

4.4.5 虚拟存储器驱动

1. 规划

如果电子密码保险箱在每次上电时都需要重新设置密码,那么,使用起来非常麻烦且不可靠。因此,不能将密码保存在 RAM 中,只能保存在非易失存储器中。而实际的电子密码锁可能不止一组密码,还可能有开锁记录等信息需要保存。这些信息都需要保存在非易失存储器中,因此必须对这些信息进行存储管理。如果使用虚拟存储器驱动,则应用层代码无须关心具体使用何种非易失存储器。如果更换其他的非易失存储器,则不用再编写应用层程序。

一般来说,字节为存储器的最小存储单位。因此,将虚拟存储器模块模仿 char 类型数组,通过索引访问对应的存储单元。为了使用方便,定义以下宏用于密码访问:

```
#define USER_PASSWORD_ADDR    0              //用户密码保存位置
```

存储器主要就是读数据和写数据,加上设备的初始化,即可规划虚拟存储器模块为上层提供 3 个函数。因此,可将驱动程序划分为 3 个文件,分别为 vir_memory.h、vir_memory.c 和 vir_memory_cfg.h。其中,vir_memory.h 为驱动对外的接口,其他程序只要包含此文件,即可使用此驱动;vir_memory.c 为实现驱动的代码;vir_memory_cfg.h 为驱动配置文件,用于配置驱动使用的硬件等信息。

2. 配　置

虚拟存储器驱动最终还是要将数据保存到物理存储器中,而物理存储器的大小都需要配置,vir_memory_cfg.h 配置文件详见程序清单 4.19。

程序清单 4.19　虚拟存储器驱动配置文件(vir_memory_cfg.h)

```
36  #define __ZY_VIR_MEMORY_SIZE    256         //配置存储器大小
```

3. 接　口

vir_memory.h 虚拟存储器驱动统一接口规范详见程序清单 4.20。

程序清单 4.20　虚拟存储器驱动接口(vir_memory.h)

```
36  #define USER_PASSWORD_ADDR      0           //用户密码保存位置
38  /*****************************************************************
40   ** Descriptions:       虚拟存储器驱动初始化
45   ****************************************************************/
46  extern char virMemInit(void);
48  /*****************************************************************
50   ** Descriptions:       获得存储器中的数据
51   ** Input parameters:   uiAddr——存储位置
52   **                     ucLen——数据长度
53   ** Output parameters:  piData——读到的数据
54   ** Returned value:     读到的数据数目
55   ****************************************************************/
56  extern unsigned char virMemRead(unsigned int uiAddr, char *pcData, unsigned char ucLen);
58  /*****************************************************************
60   ** Descriptions:       保存数据到存储器中
61   ** Input parameters:   ucIndex——参数索引
62   **                     iData——参数值
63   ** Output parameters:  无
64   ** Returned value:     写入的数据数目
65   ****************************************************************/
66  extern char virMemWrite(unsigned int uiAddr, char *pcData, unsigned char ucLen);
```

4. 实现代码

有了 CAT1024 驱动,虚拟存储器驱动比较好实现,其代码详见程序清单 4.21。

程序清单 4.21　虚拟存储器驱动实现代码(vir_memory.c)

```
37  char virMemInit (void)
38  {
```

第 4 章 保险箱密码锁控制器(方案一)

```
39        return zyCat1024Init();
40    }
50    unsigned char virMemRead (unsigned int uiAddr, char * pcData, unsigned char ucLen)
51    {
52        if (uiAddr>=__ZY_VIR_MEMORY_SIZE) {
53            return 0;
54        }
56        /*
57         * 调整读取数目
58         */
59        if ((uiAddr+ucLen)>=__ZY_VIR_MEMORY_SIZE) {
60            ucLen=__ZY_VIR_MEMORY_SIZE-uiAddr;
61        }
62
63        return zyCat1024Read(uiAddr, (unsigned char *)pcData, ucLen);
64    }
74    char virMemWrite (unsigned int uiAddr, char * pcData, unsigned char ucLen)
75    {
76        if (uiAddr>=__ZY_VIR_MEMORY_SIZE) {
77            return 0;
78        }
80        /*
81         * 调整写入数目
82         */
83        if ((uiAddr+ucLen)>=__ZY_VIR_MEMORY_SIZE) {
84            ucLen=__ZY_VIR_MEMORY_SIZE-uiAddr;
85        }
86
87        return zyCat1024Write(uiAddr, (unsigned char *)pcData, ucLen);
88    }
```

4.5 主程序设计

4.5.1 准备工作

应用层是本项目中最复杂的一个软件模块,其开发过程相当于一个小的项目的开发过程,因此,必须做好充分的准备。但本项目毕竟比较简单,其应用层没有必要进行正规的模块划分工程,分析完毕即可编写代码。

1. 状态转换图

应用层的实质是一个状态机。通过分析保险箱的使用说明,可以画出应用层的状态转换图,详见图 4.7。其主要有 5 个状态:待机态、关锁态、开锁态、设置密码态和禁止输入态。

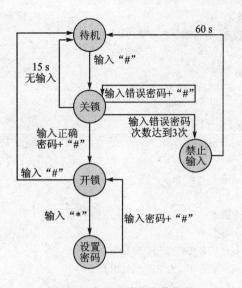

图 4.7 应用层的状态转换图

2. 待机态

待机态主要是清屏和等待输入"#",可由以下代码实现:

```
245     virShowClr();                           //待机状态不显示
247     /*
248      *  等待用户输入"#"
249      */
250     while (virKeyGet(0) != '#') {
251     }
252     virBuzzerTweet(VIR_BUZZER_SHORT);
```

3. 禁止输入态

禁止输入态逻辑上更简单,仅仅是不显示而已,可由延时来实现,可参考以下代码:

```
140     delayMs(60000);
```

4. 关锁态

关锁态最复杂,除了不能进入设置密码态外,它可能进入任何一种状态。因为只有关锁态能够进入禁止输入态,且禁止输入态代码非常简单,因此,可以将关锁态和禁止输入态代码合并到一个函数中。这样,关锁和禁止输入态只有两个走向:回到待机态或进入开锁态。

5. 设置密码态

设置密码态虽然只有一个出口:进入开锁态,但是其内部比较复杂,因此可用一个函数实现。

6. 开锁态

开锁态主要看输入的是"*"还是"#",如果是"#",则关闭锁后进入待机态;如果是"*",则进入设置密码态。因此,开锁态可以由以下代码实现:

```
261        /*
262         *  进入开锁态,等待输入"*"和"#"
263         */
264        do {
265            cTmp1=virKeyGet(0);
266
267            if (cTmp1=='*') {
268                __hmiPasswordSet();              //进入设置密码态
269            }
270        } while (cTmp1 !='#');
271
272        /*
273         *  返回到待机态
274         */
275        virBuzzerTweet(VIR_BUZZER_SHORT);
276        virBuzzerTweet(VIR_BUZZER_SHORT);
277    }
```

因此,决策将关锁态和设置密码态各自设计成一个函数,其他代码则在人机交互主程序中实现。

4.5.2 编写代码

通过上面的分析可知,虽然人机交互程序比较复杂,但并不难编写,其代码详见程序清单4.22。其中,用到2个C标准库函数:

- 函数原型:extern char * strcpy(char * dest,char * src);
  头文件:#include<string.h>;
  功　能:将src所指由NULL结束的字符串复制到dest所指的数组中;
  说　明:src和dest所指内存区域不可以重叠,且dest必须有足够的空间来容纳src的字符串;
  返回值:返回指向dest的指针。
- 函数原型:extern void * memcpy(void * dest, void * src, unsigned int count);
  头文件:#include<string.h>;
  功　能:将由src所指内存区域复制count个字节到dest所指内存区域;
  说　明:src和dest所指内存区域不能重叠,函数返回指向dest的指针。

> 注意:与strcpy相比,memcpy不是遇到"\0"后结束,而是一定要复制完n个字节。

程序清单4.22　人机交互程序(main.c)

```
23    #include<8051.h>
24    #include<string.h>
25    #include ".\vir_device\vir_buzzer\vir_buzzer.h"
26    #include ".\vir_device\vir_key\vir_key.h"
27    #include ".\vir_device\vir_lock\vir_lock.h"
```

```c
28  #include ".\vir_device\vir_memory\vir_memory.h"
29  #include ".\vir_device\vir_show\vir_show.h"
30  #include ".\device\buzzer\buzzer.h"
31  #include ".\device\delay\delay.h"
32  #include ".\device\i2c\i2c.h"
33  /****************************************************************
34  **全局变量定义
35  ****************************************************************/
37  static char         __GcHmiBuf[7];                      //缓冲区
38  static char         __GcPassword[7];                    //密码
40  /****************************************************************
42  **Descriptions:          打开保险箱
45  **Returned value:        0——密码输入正确
46  **                       1——超时
47  **                      -1——密码输入错误
48  ****************************************************************/
49  static char __hmiBoxOpen (void)
50  {
51      unsigned    char        i, j;
52                  char        cTmp1;
53
54      for (i=0; i<3; i++) {
56          /*
57           * 显示初始画面
58           */
59          strcpy(__GcHmiBuf, "------");                   //C标准库函数
60          virShowPuts(__GcHmiBuf);
62          /*
63           * 输入密码
64           */
65          j=0;
66          while (1) {
67              cTmp1=virKeyGet(15 * 1000);
68              if (cTmp1<0) {
70                  /*
71                   * 超时
72                   */
73                  return 1;
74              }
76              if (cTmp1=='*') {                           //"*"为删除键
77                  if (j>0) {
78                      j--;
79                  }
80                  __GcHmiBuf[j]='-';
81              } else {
```

```
82              __GcHmiBuf[j]=cTmp1;                    //保存输入的字符
83              j++;
84          }
86          if (cTmp1=='#') {                           //密码输入完毕
87              break;
88          }
90          /*
91           * 第7个字符必须为"#"
92           */
93          if (j==7 && cTmp1!='#') {
94              j--;
95              __GcHmiBuf[6]=0;
96              continue;
97          }
99          /*
100          * 提示用户字符输入完成
101          */
102         virShowPuts(__GcHmiBuf);
103         virBuzzerTweet(VIR_BUZZER_SHORT);
104     }
106     /*
107      * 校验密码
108      */
109     virMemRead(USER_PASSWORD_ADDR, __GcPassword, 7);
110     if (__GcPassword[0]==(char)0xff) {               //CAT1024未保存密码
111         memcpy(__GcPassword, "123456#", 7);           //默认密码为"123456"
112     }
113     if (memcmp(__GcPassword, __GcHmiBuf, j)==0) {    //比较密码
115         /*
116          * 开锁
117          */
118         virShowPuts(" OPEN");
119         virBuzzerTweet(VIR_BUZZER_LONG);
120         virLockUnlock(0);
121         return 0;
122     }
124     /*
125      * 密码错误
126      */
127     if (i<2) {
128         virShowPuts(" error");
129         virBuzzerTweet(VIR_BUZZER_TWO_SHORT);
130         delayMs(2000);
131     }
132 }
```

```
134         /*
135          * 连续输入错误
136          */
137         virShowClr();
138         virBuzzerTweet(VIR_BUZZER_TWO_SHORT);
139         virBuzzerTweet(VIR_BUZZER_TWO_SHORT);
140         delayMs(60000);
141         return-1;
142     }
144 /******************************************************************
146  ** Descriptions:              设置用户密码
150  ******************************************************************/
151 static char __hmiPasswordSet (void)
152 {
153     unsigned    char    i;
154                 char    cTmp1;
155
157     virBuzzerTweet(VIR_BUZZER_LONG);
158     virBuzzerTweet(VIR_BUZZER_SHORT);
160     /*
161      * 显示初始画面
162      */
163     strcpy(__GcHmiBuf, "------");
164     virShowPuts(__GcHmiBuf);
166     /*
167      * 输入密码
168      */
169     i=0;
170     while (1) {
171         cTmp1=virKeyGet(0);
172
173         if (cTmp1=='*') {                              //"*"为删除键
174             if (i>0) {
175                 i--;
176             }
177             __GcHmiBuf[i]='-';
178         } else {
179             __GcHmiBuf[i]=cTmp1;                       //保存输入的字符
180             i++;
181         }
183         if (cTmp1=='#') {                              //密码输入完毕
185             if (i!=1) {
186                 break;
187             }
189             /*
```

```
190                    *      不允许输入空密码
191                    */
192                    i--;
193                    continue;
194                }
196                /*
197                 *    第7个字符必须为"#"
198                 */
199                if (i==7 && cTmp1 !='#') {
200                    i--;
201                    __GcHmiBuf[6]=0;
202                    continue;
203                }
205                /*
206                 *    提示用户字符输入完成
207                 */
208                virShowPuts(__GcHmiBuf);
209                virBuzzerTweet(VIR_BUZZER_SHORT);
210            }
211
212            virMemWrite(USER_PASSWORD_ADDR, __GcHmiBuf, 7);  //保存密码
213            virBuzzerTweet(VIR_BUZZER_LONG);
214            delayMs(2000);
215            virShowPuts(" OPEN");
216            return 0;
217    }
219    /****************************************************************
221     ** Descriptions:           系统主函数
225     ****************************************************************/
226    void main (void)
227    {
228        char cTmp1;
229
230        zyI2cInit();
231        delayInit();
233        virBuzzerInit();
234        virKeyInit();
235        virLockInit(0);
236        virMemInit();
237        virShowInit();
238
239        EA=1;                                              //允许中断
240        virBuzzerTweet(VIR_BUZZER_LONG);
241
243        while (1) {
```

```c
244
245             virShowClr();                                   //待机状态不显示
247             /*
248              * 等待用户输入"#"
249              */
250             while (virKeyGet(0) != '#') {
251             }
252             virBuzzerTweet(VIR_BUZZER_SHORT);
254             /*
255              * 进入关锁状态
256              */
257             if (__hmiBoxOpen() != 0) {
258                 continue;
259             }
261             /*
262              * 进入开锁态,等待输入"*"和"#"
263              */
264             do {
265                 cTmp1 = virKeyGet(0);
266
267                 if (cTmp1 == '*') {
268                     __hmiPasswordSet();                      //进入设置密码态
269                 }
270             } while (cTmp1 != '#');
272             /*
273              * 返回到待机态
274              */
275             virBuzzerTweet(VIR_BUZZER_SHORT);
276             virBuzzerTweet(VIR_BUZZER_SHORT);
277             virLockLock(0);
278         }
279     }
```

4.6 直流电机及其功率接口

4.6.1 概述

商业化的电子密码保险箱比本章的设计要复杂得多,例如,本章是使用 I/O 的高低电平模拟开锁和关锁动作,而事实上是需要驱动真正的电机才能实现开锁和关锁。而且为了更好地控制开锁和关锁,还需要位置检测电路,使电机在适当的时机停止,避免提前停止而不能正确地开锁和关锁,也避免停止过晚而烧坏电机。

电子密码保险箱一般都使用电池供电,其电源电路与电池的选择相关。而且用电池供电要考虑省电问题,如果电池使用的时间太短就不实用了。

第4章 保险箱密码锁控制器(方案一)

为此,本节后面介绍的内容可让感兴趣的读者设计出真正的电子密码保险箱。

4.6.2 直流电机的工作原理

直流电机具有启动快、制动及时、可在大范围内平滑调速、控制电路相对简单等特点。直流电机主要由定子、转子、换向器和电刷四部分组成,详见图4.8。常见的直流电机定子为一对南北极的磁铁,转子为线圈绕组,换向器是固定在转子上的两个金属半环,电刷由弹簧片制作,压紧在换向器上,转子转动时直流电源通过电刷和换向器向转子线圈供电。

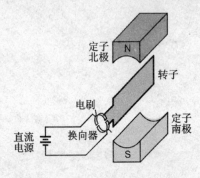

图4.8 直流电机的结构图

直流电机的基本工作原理详见图4.9。图4.9(a)是电机正转的情形,电源极性为上正下负,电流首先从转子线圈的顶端流进,然后从转子线圈的底端流出,形成环形电流。根据右手法则,线圈产生从右往左的磁力线,相当于产生一对左北(N)右南(S)的等效转子磁铁,转子磁铁在定子磁铁的吸引下,拖动转子逆时针转动。与图4.8(a)具有相同的原理,图4.9(b)是电机反转的情形,电源极性为下正上负,电流首先从转子线圈的底端流进,然后从转子线圈的顶端流出。根据右手法则,线圈产生从左往右的磁力线,相当于产生一对右北(N)左南(S)的等效转子磁铁,转子磁铁在定子磁铁的吸引下,拖动转子顺时针转动。

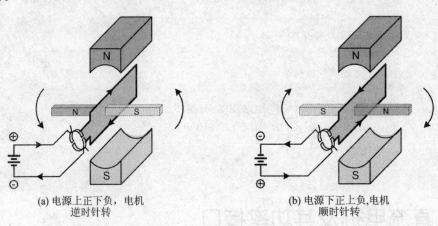

图4.9 直流电机工作原理

根据上面的分析可知,只要改变电源的供电方向,即可改变直流电机的转动方向。下面将要介绍的双向驱动电路就是按照此原理设计的。另外,在拖动负载不变的情况下,直流电机的转速和电源电压成正比,那么只要在驱动电路中改变电压的大小,即可改变电机的转速。

4.6.3 直流电机的单向驱动

1. 单向非隔离驱动电路

如图4.10所示为典型的直流电机单向驱动电路。单片机U1的P1.3引脚输出控制电压,当P1.3输出低电平时,"与非"门U2A输出5V,NPN三极管Q1导通,电机M1得到上正下负的电压,电机开始转动;当P1.3输出高电平时,U2A输出0 V,Q1截止,电机开始停转。R1是上拉电阻,确保在U1的P1.3引脚断开时电机停转。在这里使用U2A的目的是增大对三极管的驱动电流,因为电机的供电方向固定,所以电机的转动方向也是固定的。如果要改变转动方向,则需要交换电机的接线端的方向。

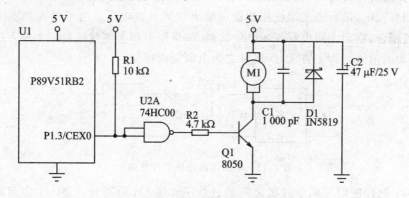

图 4.10　直流电机单向驱动电路图

图 4.10 中的 C1 要求直接并接在电机的接线柱两端,用于抑制电刷产生的干扰信号。C2 用于稳定电机回路的电压。D1是续流二极管,当 Q1 由导通变为截止的瞬间,由于电机是感性负载,电流继续从上而下地保持一小段时间,并在 D1 上形成回路,详见图 4.11。如果不安装 D1,Q1 截止后,电机电流无法继续流动,电机两端会产生高压,从而有可能烧坏驱动电路。

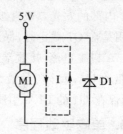

图 4.11　续流二极管的作用

2. 单向隔离驱动电路

图 4.12 是在图 4.10 的基础上改进而来的单向隔离驱动电路,其与图 4.10 不同的地方在于:在以三极管为核心的电机驱动电路和以单片机为核心的控制电路之间,使用了电源隔离模块 U3 和数字光耦 U4 完全隔离开。这里的隔离是指:驱动电路和控制电路之间没有任何电气接触,两个电路之间的电阻值为无穷大,驱动电路产生的静电、浪涌、群脉冲和高频辐射等干扰可以最大限度地与控制电路隔离开,从而保证单片机可靠地运行。在可靠性要求较高的应用场合,如工业自动化、医疗、航天等领域,通常要使用隔离驱动电路。

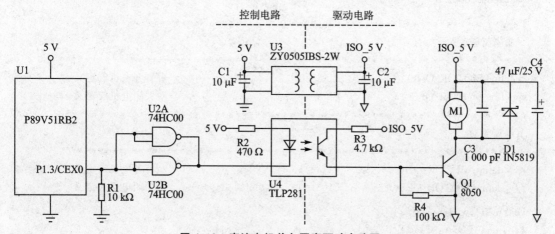

图 4.12　直流电机单向隔离驱动电路图

第4章 保险箱密码锁控制器(方案一)

图 4.12 使用电源隔离模块 U3,将单片机使用的 5 V 电源隔离出另外一路 5 V 电源 ISO_5V,供驱动电路使用。U3 选用广州致远电子有限公司生产的 ZY0505IBS-2W,输入和输出电压均为 5 V,输出最大功率为 2 W。U3 的基本工作原理详见图 4.13,首先 5 V 输入电压经过 DC 变 AC 电路,变换成交流电 AC1;接着隔离变压器把 AC1 变压成交流电 AC2;然后 AC2 经整流二极管变回直流电;最后经三端稳压器稳压输出 5 V 直流电压。由于输入和输出之间完全靠隔离变压器耦合,它们之间没有任何电气接触,如果用万用表测量任意一个输入引脚和输出引脚,它们之间的阻值则为无穷大,所以称之为电源隔离模块。

图 4.13 电源隔离模块工作原理

三极管 Q1 的控制信号和单片机之间通过数字光耦 U4 隔离开。当 U4 内部的发光二极管被点亮时,U4 的接收端导通,ISO_5V 电源经过 R3 和 U4 向 Q1 的基极提供电流,Q1 导通;当 U4 内部的发光二极管被关闭时,U4 的接收端截止,Q1 的基极电流为零,Q1 截止,其中 R4 的作用是在 Q1 截止时,保证 Q1 的基极和发射极之间的电压为零。由于 U4 的发光二极管需要 5 mA 以上电流,接收端才能可靠导通,所以图 4.12 使用两路"与非"门 U2A 和 U2B 并接起来驱动 U4,每个门的最大驱动电流为 4 mA,光耦的实际电流为 7 mA 左右。R1 是下拉电阻,确保在 U1 的 P1.3 引脚断开时电机停转。

3. 单向驱动程序

如程序清单 4.23 所示为直流电机的单向驱动程序,程序清单 4.23(1、2)分别是根据图 4.10 和图 4.12 定义的非隔离电路和隔离电路的开关电机宏定义,在编译时根据电路选择编译。主函数 main()进入死循环 for 之后,首先调用宏定义打开电机,接着延时 3 s 左右,然后调用宏定义关闭电机,最后延时 1 s 左右。这样电机将转动 3 s,停转 1 s,转动 3 s…一直循环下去。

程序清单 4.23 直流电机单向驱动程序

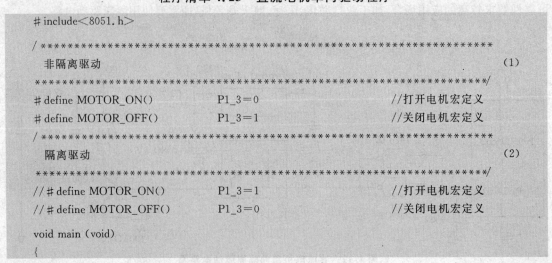

```
    unsigned long i;

    for (; ;) {                          //for 循环
        MOTOR_ON();                      //开电机
        fo (i=0; i<60000; i++) {         //延时 3 s
        }
        MOTOR_OFF();                     //关电机
        for (i=0; i<20000; i++) {        //延时 1 s
        }
    }
}
```

4.6.4 直流电机的双向驱动

1. 双向非隔离驱动电路

图 4.10 所示方案只能控制直流电机往单一方向转动,如果需要电机往两个方向都能转动,一般使用 H 桥驱动电路,详见图 4.14。

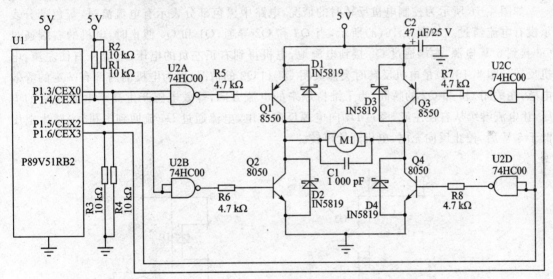

图 4.14 直流电机双向驱动电路图

H 桥驱动电路使用 4 个三极管搭建,上面两个 Q1 和 Q3 是 PNP 型,下面两个 Q2 和 Q4 是 NPN 型。

如图 4.15 所示为控制电机正转时的情况,电路中黑色部分表示有电流流过,灰色部分表示没有电流流过。如图 4.15(a)所示,当 Q1 和 Q4 导通,Q2 和 Q3 截止时,电机的左端通过 Q1 接到 5 V 电源,右端通过 Q4 接到电源地,电机得到左正右负的电压,电流从左往右流,电机正转。如图 4.15(b)所示为电机正转时突然关闭 Q1 和 Q4 的情况,因为电机的内部有一定的等效电感,在关闭 Q1 和 Q4 的瞬间,为了维持原来的电流方向,等效电感产生高于电源 5 V 的电压,让电流继续从左往右流,经过 D3 向电源反向充电,电流通过 D2 流回到电机,当感生电压低于 5 V 后,停止反向充电,电机开始停转。

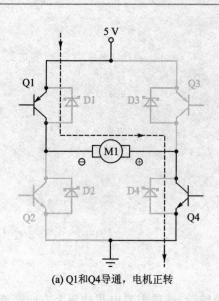
(a) Q1和Q4导通，电机正转

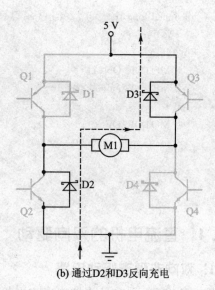
(b) 通过D2和D3反向充电

图 4.15　电机正转

如图 4.16 所示为控制电机反转时的情况，电路中黑色部分表示有电流流过，灰色部分表示没有电流流过。如图 4.16(a)所示，当 Q3 和 Q2 导通，Q1 和 Q4 截止时，电机的右端通过 Q3 接到 5 V 电源，左端通过 Q2 接到电源地，电机得到右正左负的电压，电流从右往左流，电机反转。图 4.16(b)是电机反转时突然关闭 Q3 和 Q2 的情况，因为电机的内部有一定的等效电感，在关闭 Q3 和 Q2 的瞬间，为了维持原来的电流方向，等效电感产生高于电源 5 V 的电压，让电流继续从右往左流，经过 D1 向电源反向充电，电流通过 D4 流回到电机，当感生电压低于 5 V 后，停止反向充电，电机开始停转。

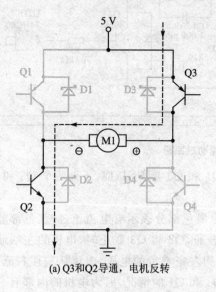
(a) Q3和Q2导通，电机反转

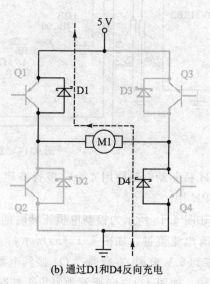
(b) 通过D1和D4反向充电

图 4.16　电机反转

在图 4.14 中,由于单片机的驱动电流有限,"与非"门 U2 一方面用于驱动三极管,另一方面用于防止三极管短路。如图 4.17 所示,如果没有 U2,那么当程序误操作时,会使得 R5 的输入电压为 0 V,R6 的输入电压为 5 V,Q1 和 Q2 会同时导通,导致 5 V 电源短路而烧毁电路。

图 4.18 显示了 U2 短路保护的原理。因为 Q2 是 NPN 型的三极管,如果 Q2 导通,则 U2B 必须输出高电平 5 V,单片机的 P1.4 引脚必须输入低电平 0 V。又因为 P1.4 是 U2A 的其中一路输入,根据"与非"门的工作原理,无论 P1.3 输入什么电平,U2A 必然都输出高电平 5 V,Q1 是 PNP 的三极管,Q1 必然截止。这样就保证了 Q1 和 Q2 不会同时导通。Q3 和 Q4 的关系也相同,这里不再另行分析。如表 4.1 所列为电机停转、正转和反转的控制时序,下面将按照此时序编程。

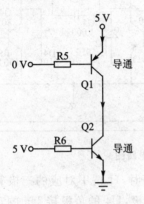

图 4.17 H 桥短路

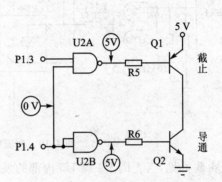

图 4.18 H 桥短路保护

表 4.1 H 桥控制时序

序号	P1.3	P1.4	P1.5	P1.6	三极管导通情况	电机工作情况
1	0	1	1	0	全部截止	停转
2	1	1	0	0	Q1 和 Q4 导通,Q2 和 Q3 截止	正转
3	0	0	1	1	Q1 和 Q4 截止,Q2 和 Q3 导通	反转

2. 双向隔离驱动电路

如图 4.19 所示是在图 4.14 的基础上改进而来的直流电机双向隔离驱动电路。其与图 4.14 的不同在于:以 H 桥为核心的电机驱动电路和以单片机为核心的控制电路之间,使用电源隔离模块 U3 和数字光耦 U4、U5 完全隔离开。

光耦 U4 和 U5 一方面用于隔离单片机 U1 的控制引脚,另一方面用于驱动 H 桥。

以 U4 为例说明,如图 4.20 所示,当 U4 内部的发光二极管被点亮时,接收端导通,隔离电源 ISO_5V 产生的电流首先经过 Q1 的 e 极和 b 极,在上面产生 0.7 V 左右的压降;然后流过 U4 的接收端,产生 0.2 V 左右的压降;最后经 R10 流进 Q4,在 Q4 的 b 极和 e 极之间产生 0.6 V 左右的压降。

通过如图 4.20 所示的公式计算得出,电流大约为 1 mA。因为这个电流分别流过 Q1 和 Q4 的 b 极,它们可以同时导通,电机得到左正右负的电压,电机正转。同理让 U5 导通,Q3 和 Q2 导通,电机得到右正左负的电压,电机反转。

第4章 保险箱密码锁控制器(方案一)

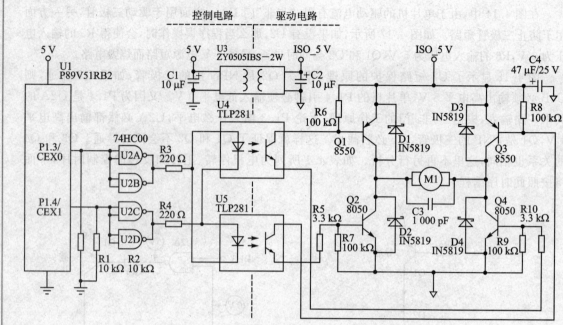

图 4.19 直流电机双向隔离驱动电路图

由此可见,当光耦 U4 或 U5 内部的发光二极管被点亮时,H 桥中对应的三极管导通,如图 4.21 所示。又因为 U4 的发光二极管的正极接 U5 的负极,U4 的负极接 U5 的正极,同一时间只能有一个光耦导通,所以 H 桥不会短路。

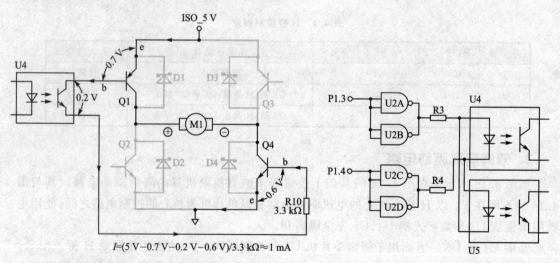

图 4.20 光耦 H 桥驱动原理　　　　图 4.21 光耦防止短路

表 4.2 是根据图 4.19 设定的电机停转和正/反转的控制时序,下面的双向驱动程序就是按照此时序编程实现电机控制的。

第4章 保险箱密码锁控制器(方案一)

表 4.2 隔离 H 桥控制时序

P1.3	P1.4	光耦工作情况	三极管导通情况	电机工作情况
1	1	U4 和 U5 都截止	全部截止	停转
0	1	U4 导通,U5 截止	Q1 和 Q4 导通,Q2 和 Q3 截止	正转
1	0	U4 截止,U5 导通	Q1 和 Q4 截止,Q2 和 Q3 导通	反转

3. 双向驱动程序

如程序清单 4.24 所示为直流电机的双向驱动程序,程序清单 4.24(1、2)是分别根据表 4.1 和表 4.2 定义的非隔离电路和隔离电路的电机停转、正转和反转的宏定义,在编译时根据电路选择编译。

主函数 main()进入死循环 for 之后,首先调用电机正转的宏定义,让电机正转 3 s 左右;接着调用关电机的宏定义,让电机停转 1 s 左右;然后调用电机反转的宏定义,让电机反转 3 s 左右;最后再调用关电机的宏定义,让电机再停转 1 s 左右。这样电机将正转 3 s,停 1 s,反转 3 s,停 1 s…一直循环下去。

程序清单 4.24 直流电机双向驱动程序

```
#include<8051.h>
/****************************************************************
    非隔离驱动                                                (1)
****************************************************************/
#define MOTOR_OFF()        P1_3=0; P1_4=1; P1_5=1; P1_6=0   //电机停转宏定义
#define MOTOR_FORWARD()    P1_3=1; P1_4=1; P1_5=0; P1_6=0   //电机正转宏定义
#define MOTOR_BACKWARD()   P1_3=0; P1_4=0; P1_5=1; P1_6=1   //电机反转宏定义
/****************************************************************
    隔离驱动                                                  (2)
****************************************************************/
//#define MOTOR_OFF()       P1_3=1; P1_4=1                  //电机停转宏定义
//#define MOTOR_FORWARD()   P1_3=0; P1_4=1                  //电机正转宏定义
//#define MOTOR_BACKWARD()  P1_3=1; P1_4=0                  //电机反转宏定义
void main(void)
{
    unsigned long i;
    for(;;) {                                               //for 循环
        MOTOR_FORWARD();                                    //电机正转
        for(i=0; i<60000; i++) {                            //延时 3 s
        }
        MOTOR_OFF();                                        //电机关闭
        for(i=0; i<20000; i++) {                            //延时 1 s
        }
```

第4章 保险箱密码锁控制器(方案一)

```
        MOTOR_BACKWARD();                    //电机反转
        for (i=0; i<60000; i++) {            //延时3 s
        }
        MOTOR_OFF();                         //电机关闭
        for (i=0; i<20000; i++) {            //延时1 s
        }
    }
}
```

第 5 章

TinyOS51 嵌入式操作系统微小内核

> **本章导读**
>
> 传统的操作系统 OS(Operation System)原理教材所阐述的理论过于抽象,不仅教师深感困惑,学生也深陷其中而痛苦,我们不能回避这种现象。
>
> TinyOS51(Tiny Operation System for 80C51)是一个基于 80C51 系列单片机,且全部使用 C 语言编写的开源操作系统微小内核。本书不是一本有关操作系统的理论教材,作者只是希望初学者通过本书学习 TinyOS51 的实现机理,从而对操作系统的基本概念有所了解。
>
> 读者学完这一章后,或许还不能全面、深入地理解 TinyOS51 的实现机理。但不要完全拘泥于细节,应该立即进入第 6 章"程序设计基础"的学习。待有了一定的编程经验之后,再回头来看 TinyOS51 的源代码,一定会有一种"恍然大悟"的感觉。

5.1 基础知识

5.1.1 概 述

1. 协作式与抢占式 OS

在操作系统的发展过程中,先后有 2 种形式的多任务(Multi-tasking)管理机制,即协作式(Cooperative)和抢占式(Preemptive)。

如果任务切换(Task Switch)的时机完全取决于正在运行的任务,那么这样的操作系统就是协作式多任务操作系统(Cooperative Multi-tasking OS)。也就是说,某个任务一旦抓住控制权,它就会霸占 CPU 的运行时间。如果它不愿意放弃 CPU 的控制权,则整个系统看起来就像死机一样。即任务在执行时的权利比操作系统还大,只有等任务将当前的工作处理完毕之后,才会将控制权交给操作系统,然后下一个任务才能运行。一旦某个任务运行出错,导致整个系统的挂起(Pending),系统就不能正常运转。

那么如何解决这个矛盾呢?唯有制定一个规约:任何一个任务在抓住控制权之后,只能使用 CPU 一段时间,然后再主动放弃控制权,以便让下一个任务运行。由此可见,任务之间必须协作才能保证系统的正常运行,只有这样才能保证任务的切换机制是可控的。协作式多任务操作系统相对来说比较简单。

如果任务优先运行的决定权取决于操作系统,而且即使有一个任务死掉,系统仍能正常工作,那么这样的操作系统就是抢占式多任务操作系统(Preemptive Multi-tasking OS)。如何设计一个抢占式多任务内核,对于初学者来说,则是一件非常复杂的事情,在此不再详细描述。

2. 用户任务(User Task)与系统任务(System Task)

在单片机应用系统设计中,为了提高系统的透明性、可移植性和强壮性,常常将一个应用程序分解为许多可执行的程序单元。由于没有使用操作系统,故所有的模块都是在监控模块管理下运行的。当一个模块调用另一个模块时,主模块以实参的形式将信息传递给子模块的形参,子模块则以返回值的形式将结果传递给主模块。模块之间的信息传递都是面对面完成的,面对面的本质是同步,发送与接收是在同一时刻完成的。

当使用操作系统时,如果将这些可执行的程序单元进行分类,即可得到在操作系统调度下的用户任务,简称任务(Task)。在任务独占 CPU 的运行期间,一个任务看不见另一个任务。也就是说,一个任务不可能像调用子程序那样调用另一个任务,因此任务之间的信息传递只能通过异步的方式来完成,即由操作系统的各种通信机制来实现,比如,信号量(Semaphore)与消息邮箱(Message Postbox)等。

其实,上面所提到的任务与操作系统自己的系统任务是有区别的。比如,当系统没有其他活动时,MCU 便进入空闲任务(Idle Task),而空闲任务则是内核启动时创立的,并且是一个不可忽略的系统任务。因为空闲任务的优先级是最低的,当没有其他任务运行或无其他任务存在时,它典型地按无限循环运行,其唯一目的就是使空闲的 MCU 有事可做,只有空闲任务的运行才能保证 MCU 的程序计数器 PC 始终指向合法的指令。当 MCU 处于掉电保护状态时,如果没有其他任务运行,则内核可以切换并执行用户定义的掉电保护程序,而不是空闲任务,其作用与空闲任务相同。

3. 并发性(Concurrent)与调度(Scheduling)

调度器是每个内核的心脏,它提供决定何时必须执行哪个任务的算法。比如,在某个时刻,有多个任务均处于就绪状态,应该让哪个任务运行呢? 为了满足实时性的要求,嵌入式实时操作系统可以让"一个已经就绪的高优先级任务"剥夺(抢占)另一个"正在运行的低优先级任务"的运行权而进入运行状态。

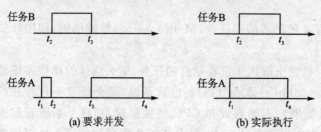

图 5.1 任务的并发运行

如图 5.1(a)所示,任务 B 的优先级比任务 A 的优先级高。在任务 A 的运行过程中,任务 B 只要条件满足,就可以投入运行,并不需要等待任务 A 运行结束。如图 5.1(b)所示,任务 A 在时刻 $t_1 \sim t_4$ 之间完成,任务 B 在时刻 $t_2 \sim t_3$ 之间完成,它们的运行时间有重叠部分,这种运行方式称为"并发运行"。从宏观上看,不同的任务可以并发运行,好像每个任务都有自己的 CPU 一样。

在实际的应用中,大多数嵌入式实时 RTOS 内核支持两种普遍的调度算法:基于优先级的抢占调度和时间轮询调度。

采用基于优先级的抢占调度算法,意味着一个"已经就绪的高优先级任务"可以剥夺另一个"正在运行的低优先级任务"的运行权而进入运行状态。如图 5.2 所示,task1 被更高优先级的 task2 抢占,接着被 task3 抢占;当 task3 完成后,task2 恢复;当 task2 完成后,task1 恢复。

时间轮询调度为每个任务提供相等份额的 CPU 执行时间。事实上纯粹的时间轮询调度不能满足实时系统的要求,取而代之的是基于优先级抢占调度来扩充时间轮询调度,对同样优先级的任务使用时间片(Time-slice)获得相等的 CPU 分配时间,详见图 5.3。由于任务 task1、task2 和 task4 的优先级相同,但低于任务 task3 的优先级,所以 task3 会抢占它们的时间片,直到 task3 运行完毕才恢复轮询调度。

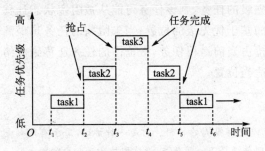

图 5.2 基于优先级的抢占调度

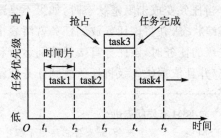

图 5.3 时间轮询与抢占调度

由此可见,由于操作系统分配给每个任务的时间都非常短,即 CPU 在多个任务之间快速地切换,从而造成很多任务同时都在"并发运行"的假象。因此,通过实时内核任务调度算法实现的并发运行,仅仅是宏观上的并发运行,也可以称之为"伪并发运行"。

如果系统所有的功能在执行时间上都是互相错开的(如操作顺序固定的电子系统),不存在发生重叠交错的可能性时(没有并发运行的需求),就不需要进行任务调度,也就不需要操作系统。由此可见,在使用操作系统的前提下,并发性也是任务的基本特征。进行任务划分就是将可以并发运行的程序单元用一个个任务来进行封装,只有这样才能在操作系统任务调度内核下运行。

4. 任务状态

无论是用户任务还是系统任务,在任何时候,每个任务至少包含就绪(Ready)、运行(Running)或阻塞(Blocked)在内的状态。随着实时系统的运行,每个任务都根据简单的有限状态自动机 FSM(Finite State Machine)逻辑,从一个状态迁移到另一个状态,详见图 5.4。虽然内核可以定义更多的任务状态组,但典型的 OS 中至少有 3 个主要的状态,分别为:

(1) 就绪状态(Ready State)

当一个任务首先创立并准备运行时,内核将其放入就绪状态。但还是不能运行,因为有一个更高优先级的任务在执行,内核调度器根据优先级决定哪个任务先迁移到运行状态,但处于就绪态的任务不能直接迁移到阻塞状态。

(2) 运行状态(Running State)

在单 CPU 系统中,只有一个任务可以运行,那么正在运行的任务就是最高优先级的

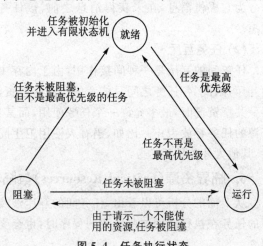

图 5.4 任务执行状态

任务。操作系统可让处于运行状态的任务暂停运行,转而执行另一个处于就绪状态的任务,这样任务就从运行状态迁移到就绪状态。

(3) 阻塞状态(Blocked State)

若任务已经请求一个还不能用的资源,或已经请求等待某些事件的发生,或自身要延迟一段时间,则任务从运行状态转移到阻塞状态。如果没有阻塞状态,那么较低优先级的任务将不能运行;如果更高优先级的任务没有设置成阻塞状态,则可能导致 CPU 处于饥饿状态。

当任务变成未阻塞状态时,如果不是最高优先级的任务,则该任务可能从被阻塞状态迁移到就绪状态,并将该任务放到任务就绪表中适当的基于优先级的位置;当未阻塞的任务是最高优先级的任务时,该任务直接迁移到运行状态并抢占当前运行任务,被抢占的任务迁移到就绪状态,并且依据优先级将任务放到任务就绪表的适当位置。

☞ **FSM 有限状态机**

FSM 是一个数学概念,如果将它运用于程序中,则可以发挥很大的作用。它是一种协议,用于有限数量的子程序(状态)的发展变化。每个子程序都进行一些处理并选择下一种状态(通常取决于下一段的输入)。

FSM 可以作为程序的控制结构,FSM 对于那些基于输入的在几个不同的可选动作中进行循环的程序尤其合适。比如,投币售货机就是一个 FSM 的好例子,它具有接受硬币、选择商品、发送商品和找零钱等数种状态。它输入的是硬币,输出的是商品。

5. 任务之间的关系

由于内存中可能同时存在多个任务,这些任务之间可能存在直接与间接的相互作用关系。直接作用只发生在相关任务之间,其相互之间的联系是有意安排的,它们需要相互协作来共同完成一个任务。而间接作用是指任务之间因为某种中介(如共同使用的同一设备)而发生一定的联系,也就是说,它可以发生在相关任务之间,也可以发生在无关任务之间。从另一个角度来看任务间的相互关系,可以将其提炼为同步(Synchronization)与互斥(Exclusion)两种。

(1) 任务同步

任务间的同步是一种直接作用,"任务同步"是,指系统中的多个任务之间存在某种时序关系,需要相互协作才能共同完成一项任务。比如,一个任务运行到某一时间点时,要求另一个任务为它提供消息,在未获得消息之前,该任务处于阻塞状态,获得消息后被唤醒进入就绪状态。

(2) 任务互斥

任务间的互斥是一种间接作用,由于内存中的多个任务要求共享某一资源,而有些资源必须互斥,因此,各任务之间只能竞争使用这些资源。"任务互斥"是指,当有若干任务都要使用某一共享资源时,最多允许一个任务使用,而其他要使用该资源的任务必须阻塞,直到占有该资源的任务释放为止。比如,当有人使用卫生间时,其他人都不能使用,直到当前使用者出来后,其他人才能使用。

6. 临界资源(Critical Resources)与临界区(Critical Section)

从上面的分析可以看出,任务间的互斥涉及共享资源的竞争使用,因此,竞争使用这些资源的任务在执行使用这些资源的程序时,也会受到一定的限制,从而引出临界资源与临界区的概念。

- 临界资源。在操作系统中将一次只允许一个任务(中断)使用的资源称为临界资源。
- 临界区。在操作系统中将并发任务中访问临界资源的程序称为临界区,临界区也常常叫做互斥区。

7. 上下文切换(Context Switch)

当系统有中断产生且 CPU 允许这个中断时,当前指令流暂停,转而执行一个上下文切换。在这一过程中,CPU 从执行当前指令流转换为执行另外的指令流。这种在中断发生时执行的替换指令集合就是中断服务程序(ISR)。通常一个中断向量表包含中断服务程序的地址。其详细描述如下:

如果将任务被中止运行的位置称为"断点(Break Point)",将当时存放在 CPU 寄存器中的数据叫做"上下文信息(Context Infomation)",那么当任务恢复运行时,必须在断点处以上下文信息作为初始数据接着运行,只有这样才能实现"无缝"接续运行。要想实现这样的无缝接续运行,必须在任务被中止时,将任务的上下文信息保存到堆栈中,有时还包括禁止其他的中断;而任务在重新运行时,则要将堆栈中的上下文信息再恢复到 CPU 的各个寄存器中,只有这样才能实现上下文切换,详见图 5.5。调度器从一个任务切换到另一个任务所开销的时间,称为上下文切换时间。

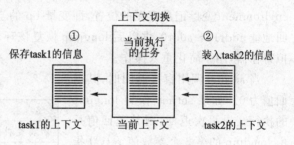

图 5.5 上下文切换示意图

8. 可重入性(Reentrant)

由于任务的并发性,经常会出现调用同一个函数的情况。如果一段程序可以被多个任务同时调用,而不必担心数据被破坏,那么这样的程序就是可重入的程序。

一般来说,具有可重入性的函数应该只使用局部变量,因为函数的局部变量保持在 CPU 内部的寄存器或堆栈中,所以可以保证不同的任务调用同一个函数时不会发生冲突。如果函数一定要使用全局变量,那么一定要对使用的全局变量进行必要的保护。由此可见,C 编译器也应该具有产生可重入代码的能力。

5.1.2 <setjmp.h>头文件

与霸道无比的中止函数 abort()和退出函数 exit()相比,初看起来使用 goto 语句处理异常更可行。但不幸的是,goto 只能在函数内部跳转,即禁止从一个函数直接跳转到另一个函数。

为了解决这个问题,标准 C 函数库提供了 setjmp()和 longjmp()函数。setjmp()函数相当于非局部标号,longjmp()函数相当于 goto 的作用,从而弥补了 goto 语句不能从一个函数直接跳转到另一个函数的缺陷,即实现了非局部跳转。头文件<setjmp.h>声明了这些函数及所需的 jmp_buf 数据的类型。

第5章　TinyOS51 嵌入式操作系统微小内核

1. 非局部远程跳转

无论什么时候，要想实现非局部跳转，都可以使用头文件＜setjmp.h＞。＜setjmp.h＞声明了 setjmp 与 longjmp 函数以及类型 jmp_buf。头文件中声明了以下必需的规则：

➤ jmp_buf 是一个数组类型变量，可将它当做"标号"数据对象类型来看待，用于存放恢复调用环境所需要的上下文信息，比如，堆栈指针的当前位置和函数的返回地址；

➤ setjmp 将程序的上下文信息保存到跳转"缓冲区(jmp_buf 类型的数组)"，当稍后调用 longjmp 时，将保存在缓冲区中的上下文信息作为返回地点标记；

➤ 无论在什么地方调用 longjmp，都将恢复最后一次由 setjmp 调用保存在缓冲区中的上下文信息，以实现非局部远程跳转。

2. 保存调用环境

如表 5.1 所列的 setjmp 是 C 标准库中的一个函数，setjmp 函数使用 jmp_buf 类型数组 envlronment 变量记录现在的位置，即变量 bp 的当前值、堆栈指针的当前值(SP)和函数的返回地址 addr15～addr0，供以后 longjmp 恢复该环境时使用。bp 是在 SDCC 中定义的一个虚拟寄存器，用于简化重入操作。

当 setjmp 调用直接返回时，其返回值为 0。如果 setjmp 作为 longjmp 的执行结果再次返回，则其返回值是由 longjmp 的第 2 个参数值 retval 指定的，它必须是非 0 值。因此，通过检查它的返回值，程序可以判断是否调用了函数 longjmp。如果存在多个 longjmp，也可以由此判断哪个 longjmp 被调用。

表 5.1　setjmp( )函数

名　称	setjmp( )
所属类别	流程控制
格　式	#include＜setjmp.h＞ int setjmp(jmp_buf envlronment);
输入参数	envlronment：用于保存当前环境的 jmp_buf 数组

☞ **小知识：局部变量与 bp**

标准 C 中所有的非静态局部变量，即未用 static 修饰的局部变量，都保存在堆栈中，其示例详见程序清单 5.1(左边的代码)。

由于调用 func 函数是使用 ACALL 或 LCALL 指令实现的，且自动将调用指令的下一条指令的地址作为断点地址(当前 PC 值：16 位地址)压入堆栈保护起来，因而 SP 指向"函数返回地址 1"，详见图 5.6(a)。

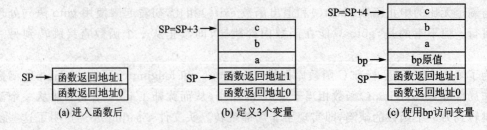

图 5.6　堆栈变化示意图

以 80C51 为例，程序清单 5.1(右边的代码)就是编译器可能生成的伪代码。由于 fun()函数定义 3 个局部变量 a、b、c，因而 SP＝SP+3 指向 c，见图 5.6(b)。注意，此处仅仅介绍局部变量的原理，变量实际存储的顺序在不同的编译器甚至相同编译器的不同版本中可能都不一致。return 返回指令自动将断点地址从堆栈弹出送到 PC，从而实现程序返回原程序断点处继续往下执行。

程序清单 5.1　func( )函数示例

```
void func（void）              func：
{                                 SP=SP+3；
    char a，b c；                  …
    …                             SP=SP-3；
}                                 return；          //RET
```

可以用程序清单 5.2 所示伪代码访问变量 a、b 和 c。

程序清单 5.2　访问变量示例(1)

```
//读 a                         //写 a
R0=SP；                        R0=SP；
R0=R0-2；                      R0=R0-2；
ACC=@R0；                      @R0=ACC；
```

由于 80C51 对堆栈指针"SP 的减法"操作比较耗时，因此 SDCC 编译器"私自"定义了一个全局变量 bp，用于简化这些操作。程序清单 5.3 就是使用了 bp 访问变量的 func()函数伪代码。当调用 func 函数后，SP 指向断点地址 1。首先将 bp 压栈，此时 SP=SP+1；接着保存 SP 到 bp 中；然后执行 SP=SP+3 指向 c；最后通过 bp 原值恢复 SP，因而此时 SP 指向断点地址 1，详见图 5.6(c)。

程序清单 5.3　访问变量示例(2)

```
func：
    PUSH   bp；
    bp=SP；
    SP=SP+3；
    …
    SP=bp；
    POP    bp
    return；
```

使用 bp 访问变量的伪代码详见程序清单 5.4。

程序清单 5.4　访问变量示例(3)

```
//读 a                         //写 a
R0=bp；                        R0=bp；
R0=R0+1；                      R0=R0+1；
ACC=@R0；                      @R0=ACC；
```

由此可知，SDCC 实际上是将自己定义的全局变量 bp 当做寄存器来使用了。

3. jmp_buf

由于 jmp_buf 主要用于保存当前调用的上下文信息，为相应的 longjmp 调用作为返回地点标记，因此保存在缓冲区 jmp_buf 中的上下文信息（详见图 5.7），至少包括变量 bp 的当前值、堆栈指针的当前值（SP）、高 8 位返回地址 addr15~addr8 和低 8 位返回地址 addr7~addr0。其中的 bp 是在 SDCC51 中定义的一个虚拟寄存器，用于简化重入操作。而对于用户来说，无须关心和编译器有关的变量 bp 的变化情况。

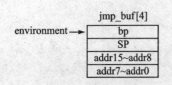

图 5.7 上下文信息

从理论上来讲,jmp_buf 还应该保存 ACC、B、R0～R7、DPTR 等寄存器。但根据 SDCC51 的函数调用规范约定,当一个外部函数返回时,会假设这些寄存器的值均已改变,那么在调用外部函数前,SDCC51 会将这些寄存器中有效的数据保存起来,在调用函数后再将它们予以恢复,因此也就没有必要保存这些寄存器。由于 SDCC51 编译器将变量 bp 当做寄存器到处使用,且并未像 ACC 等寄存器那样受到保护,因此需要将变量 bp 的值保存起来。

4. 恢复调用环境

如表 5.2 所列的 longjmp 也是 C 标准库中一个函数,longjmp 表示回到跳转缓冲区 jmp_buf 类型数组 envlronment 变量记录的位置,恢复 setjmp 调用所保存的变量 bp 的当前值、堆栈指针的当前值(SP)和函数返回地址 addr15～addr0,转移到 setjmp 调用处继续执行。

表 5.2 longjmp( )函数

名　　称	longjmp( )
所属类别	流程控制
格　　式	#include＜setjmp.h＞ int longjmp(jmp_buf envlronment, int retval);
输入参数	envlronment：所要恢复的环境,该环境是由 setjmp( )函数调用保存的 retval：传送给 setjmp( )函数,作为该函数调用返回值的表达式

longjmp 不能让 setjmp 的返回值为 0。如果 retval 为 0,则 setjmp 的返回值为 1;如果 retval 不为 0,则 setjmp 的返回值为 retval。尽管 longjmp 会导致程序转移,但它和 goto 又有所不同,其区别如下:

➤ goto 语句不能跳出 C 语言的当前函数。
➤ longjmp 只能跳回曾经到过的地方。由于在执行 setjmp 的地方仍留有一个活动过程记录,所以 longjmp 更像"回到那里(go back to)",而不是"往那里去(go to)"。longjmp 还接受一个额外的整型参数 retval 并返回它的值,从而知道是由 longjmp 转移到这里的,还是从上一条语句执行后自然而然来到这里的。

与此同时,setjmp 与 longjmp 必须协同工作,它们有严格的执行顺序,必须先调用 setjmp,然后再调用 longjmp,以恢复到先前被保存的"程序执行点"。如果在 setjmp 调用之前执行 longjmp,则程序的执行流程会变得不可预见,从而导致程序崩溃而退出。

5.1.3　变量命名规则

命名变量需要考虑,该名字要完全、准确地描述出该变量所代表的事物。这个名字应该便于阅读,容易记忆,不能产生歧义。

最佳的变量名长度应该在 8 到 16 个字符之间。当变量名太短时,需要花费大量的时间来判断该变量的含义。一般来说,单字符的变量只能用于循环变量或者数组下标。

使用类匈牙利命名法,变量名最多由 3 部分组成:作用域、类型、描述。

- 作用域：变量的作用范围,确定变量的有效范围是在函数体外还是函数体内。
- 类型：变量的类型,使用小写字符,例如,整型、字符型和单精度浮点型等,还包括自定义的结构体类型。
- 描述：要完全、准确地描述出该变量所代表的事物,例如,Max、Error、New 等。

1. 作用域

作用域是变量名字的第一部分,只有 3 种情况：局部变量、模块内全局变量和应用程序全局变量。其定义详见表 5.3,其中,"__G"由双下划线"__"+"G"组成。

表 5.3 作用域的定义

类型	缩写
局部变量	空
模块内全局变量	__G
应用程序全局变量	G

2. 变量类型缩写

类型是变量名字的第二部分,使用缩写形式,C 语言基本变量类型的缩写详见表 5.4。

表 5.4 C 语言基本变量类型的缩写

类型	缩写
整型(int、unsigned int、signed int)	i、ui、si
短整型(short、unsigned short、signed short)	s、us、ss
长整型(long、unsigned long、signed long)	l、ul、sl
浮点型(float、double)	f、d
字符型(char、unsigned char、signed char)	c、uc、sc

如果使用指针类型,则在缩写前加小写 p,例如,无符号长整型指针变量(unsigned long *)缩写为：pul。如果是双重指针,则在缩写前加 pp,禁止使用三重及以上指针。

对于用户定义类型(如结构体等),由编程者决定缩写字母,但必须为小写字母,并在整个程序中一致。

3. 变量描述

变量类型后紧跟变量的描述,变量的描述以大写开始,例如,Name、Error、New 等。如果变量描述由多个单词组成,每个单词的首字母必须大写。禁止使用拼音作为变量的描述,变量名中间部分不允许使用下划线。

4. TinyOS51 中定义的变量类型缩写

TinyOS51 中定义了一些变量类型,其类型缩写详见表 5.5。

表 5.5 TinyOS51 变量类型缩写

类型	缩写	类型	缩写
jmp_buf	jb	TN_OS_SEM	os
TN_OS_TASK_HANDLE	th	TN_OS_MSG	om

5.1.4 范例分析

setjmp 与 longjmp 在嵌入式操作系统 TinyOS51 中起到至关重要的作用,因此初学者必

第5章 TinyOS51 嵌入式操作系统微小内核

须搞清楚它们之间的关系,否则将无法掌握操作系统的设计思想和实现机理。下面通过一个实例来说明 setjmp 与 longjmp 的具体作用,详见程序清单5.5。

> **注意**:本范例使用的是 5.1.5 小节介绍的 setjmp() 函数和 longjm() 函数,而不是使用编译器自带的库函数,以方便用户调试。

程序清单5.5 非局部跳转控制范例(main.c)

```
24    #include ".\lib\setjmp.h"        //" "表示使用了自编的而不是系统的 setjmp
29    jmp_buf jbTest;
30    unsigned char    ucSum0;
31    unsigned char    ucSum1;
32    unsigned char    ucSum2;
41    void func0 (void)
42    {
43        ucSum0++;
44        longjmp(jbTest);              //调用 longjimp,其返回值为1,即 iRt=1
45        ucSum0++;                     //程序始终不会执行到这里
46    }
55    void func1 (void)                 //程序始终不会执行这个函数
56    {
57        ucSum1++;
58    }
67    void func2 (void)
68    {
69        ucSum2++;
70    }
79    void main (void)
80    {
81        int iRt;
82
83        while (1) {
84            iRt=setjmp(jbTest);       //调用 setjmp,其返回值为0,即 iRt=0
85            if (iRt==0) {
86                func0();              //如果 iRt=0,则调用 fun0 函数
87                func1();              //程序始终不会执行到这里
88            } else {
89                func2();
90            }
91        }
92    }
```

5.1.5 setjmp 与 longjmp 的实现

setjmp 与 longjmp 是标准库函数,这两个函数的具体实现与编译器有很大的关联。由于编译参数不一样,因此其代码也不一样。因为这两个函数的实现与硬件有密切的关系,所以它们往往都是由汇编语言编写的。

本书所有例子均是基于 SDCC51 编译器来实现的,为了提高兼容性,SDCC51 提供的库函数都很复杂。为了简化这两个函数,约定以下规则:

▶ 限定 SDCC51 为小模式(--model-small);
▶ 限定 SDCC51 的 integer 和 long 库被编译成可重入的(--int-long-reent);
▶ 限定 SDCC51 所有函数被编译成可重入的(--stack-auto);
▶ 修改 setjmp 与 longjmp 的返回值为 char;
▶ 取消 longjmp 的第 2 个参数,当调用 longjmp 时,让 setjmp 的返回值始终为 1。

由于制定了以上规则,因此完全可以使用 C 语言来编写 setjmp 和 longjmp。

1. jmp_buf

由于程序与硬件的关联性,因此常使用 typedef 来定义数据类型。但它仅为数据类型创建别名,而不是创建新的数据类型,也不为变量分配空间。在某些方面,typedef 类似于宏文本替换,其目的是为了提高程序的可移植性。当将代码移植到不同的平台,并要选择正确的类型(如 short、int、long)时,只要在 typedef 中进行修改即可,无须对每个声明都加以修改。这些声明一般放在文本文件中,比如,setjmp.h,并将其包含(#include)在使用它们的每一个源代码文件中。根据 5.1.2 小节对 jmp_buf 的详细介绍,新的 jmp_buf 定义详见程序清单 5.6。

程序清单 5.6 jmp_buf 定义(setjmp.h)

30	#define __SP_SIZE	1	//堆栈指针长度
31	#define __BP_SIZE	__SP_SIZE	//编译器虚拟的寄存器,用于重入
32	#define __RET_SIZE	2	//返回地址长度
34	typedef unsigned char jmp_buf[__RET_SIZE+__SP_SIZE+__BP_SIZE];		

2. setjmp 的实现

setjmp 就是将相应的寄存器和返回地址保存到 jmp_buf 数组类型的 jbBuf 变量中,即保存的寄存器为变量 bp 的当前值、堆栈指针 SP 的当前值、高 8 位返回地址 addr15~addr8 和低 8 位返回地址 addr7~addr0。对于 80C51 系列单片机来说,由于调用函数是使用 ACALL 或 LCALL 指令实现的,因此,这些指令会将函数的返回地址保存在堆栈中。setjmp() 定义详见程序清单 5.7。

void 通常用于指针变量的初始化,比如:

| data unsigned char * pucBuf=(data void *)0; | //定义 pucBuf 为 unsigned char 类型指针并初始化 |
| | //为空指针 |

标准 C 在定义时规定,任何一种指针类型都有一个特殊的指针值,即空指针。它既不会指向任何对象或函数,也不是任何对象或函数的地址。一般来说,未初始化的指针,实际上是非法的指针,不能使用。未初始化的指针完全有可能指向任何地方,从而导致程序无法判断它为非法指针。由此可见,空指针与未初始化的指针是完全不同的两个概念。

第 5 章 TinyOS51 嵌入式操作系统微小内核

如果后续的代码忘记初始化 pucBuf 指针而直接使用它,可能造成程序失败。虽然空指针也是非法指针,但可以通过程序来判断并告诉程序员代码可能有问题。也就是说,如果一开始就将指针初始化为空指针,则可避免程序异常。比如:

```
if(pucBuf==0){
    return error;            //如果 pucBuf 为空指针,则返回参数错误
}
```

由于 setjmp 不需要在堆栈中保存其他的数据,因此,仅需用程序清单 5.7(46,47)保存返回地址即可,根据约定函数最后返回 0(程序清单 5.7(48))。

程序清单 5.7　setjmp( )定义(_setjmp.c)

```
30      extern unsigned char bp;                          //编译器为简化重入操作而定义的变量
39      char setjmp (jmp_buf jbBuf)
40      {
41          data unsigned char * pucBuf=(data void * )0;  //指向上下文信息存储位置的指针
42
43          pucBuf=(data unsigned char * )jbBuf;          //将 jbBuf 数组的首地址赋给 pucBuf
44          * pucBuf++=bp;                                //保存 bp 的当前值
45          * pucBuf++=SP;                                //保存 SP 的当前值
46          * pucBuf++= * (( data unsigned char * )SP);   //保存返回地址的高 8 位
47          * pucBuf= * (( data unsigned char * )((char)(SP-1)));
                                                          //保存返回地址的低 8 位
48          return 0;
49      }
```

下面不妨以"iRt=setjmp(jbTest);"为例,详细说明 setjmp()的使用。其执行过程分两步,第一步,调用 setjmp()函数,第二步,将函数的返回值赋给 iRt 变量。

setjmp()函数的执行过程详见图 5.8,分别用实线、虚线和点划线表示。对于 SDCC51 来说,编译器将调用 setjmp()函数的语句编译成:

```
LCALL    _setjmp;
```

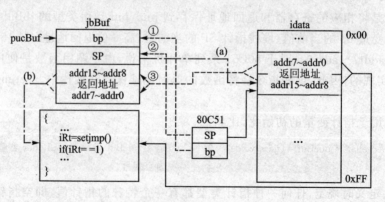

图 5.8　setjmp( )执行过程

(1) 实线表示此时各个成员指向的位置

当执行"LCALL　　_setjm"指令后，单片机将"返回地址"保存到单片机内部 SP 指向的 idata 位置，且跳转到程序清单 5.7(43)，使 pucBuf 指向 jbBuf 数组的首地址。

(2) 虚线表示 setjmp()函数复制数据的过程

图 5.8 中：

虚线①对应程序清单 5.7(44)，将 bp 的当前值保存到 jbBuf 中；

虚线②对应程序清单 5.7(45)，将单片机内部 SP 的值保存到 jbBuf 中；

虚线③对应程序清单 5.7(46、47)，将返回地址保存到 jbBuf 中。

对于 SDCC51 来说，return 0 被 SDCC 编译成：

```
MOV    DPL,#0x0              ;SDCC用DPL保存char类型返回参数
RET
```

(3) 点划线表示程序执行相应的复制步骤后，各个成员指向的新位置

图 5.8 中：

点划线(a)对应程序清单 5.7(45)；

点划线(b)对应程序清单 5.7(46、47)。

然后将 setjmp()的返回值保存到变量 iRt 中，即"iRt=setjmp();"。对于 SDCC51 来说，编译器将这条 C 语句编译成：

```
;参数赋值语句
LCALL      _setjmp
MOV        A,DPL                    ;SDCC用DPL保存char类型返回参数
```

图 5.8 中的返回地址指向"MOV A,DPL"这条语句，即点划线(b)指向的位置。

3. longjmp 的实现

我们知道，在 setjmp()定义中，其存储先后顺序依次为 bp、SP 以及返回地址的高 8 位、低 8 位，那么，longjmp()的定义就是——按程序清单 5.8 所示的顺序恢复即可，最后函数返回 1。

程序清单 5.8　longjmp()定义(_setjmp.c)

```
30     extern unsigned char bp;                      //编译器为简化重入操作而定
                                                     //义的变量
58     char longjmp (jmp_buf jbBuf)
59     {
60         unsigned char          ucSpSave;          //保存堆栈指针的变量
61         data unsigned char     *pucBuf=(data void *)0;   //指向上下文信息存储位置的
                                                     //指针
62
63         pucBuf=(data unsigned char *)jbBuf;       //将jbBuf数组的首地址赋
                                                     //给pucBuf
64         bp=*pucBuf++;                             //恢复bp
65         ucSpSave=*pucBuf++;                       //暂存SP堆栈指针的原始值
66         *((data unsigned char *)ucSpSave)=*pucBuf++;     //恢复返回地址的高8位
67         *((data unsigned char *)((char)(ucSpSave-1)))  = *pucBuf;
                                                     //恢复返回地址的低8位
```

```
68        SP=ucSpSave;                              //恢复堆栈指针
69        return 1;
70    }
```

longjmp()函数的执行过程详见图5.9,分别用实线、虚线和点划线表示。对于SDCC51来说,编译器将调用longjmp()函数的语句编译成:

```
LCALL   _longjmp;
```

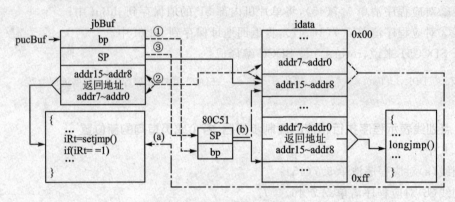

图 5.9　longjmp()执行过程

(1) 实线表示此时各个成员指向的位置

当执行"LCALL _longjmp"指令后,单片机将返回地址(程序清单5.5(45))保存到单片机内部SP指向的idata位置,且转到程序清单5.8(63),使pucBuf指向jbBuf数组的首地址。

(2) 虚线表示longjmp()函数复制数据的过程

图5.9中:

虚线①对应程序清单5.8(64),从jbBug中恢复调用setjmp()时的bp值,然后从jbBuf中获得调用setjmp()时的SP值并保存到变量ucSpSave中;

虚线②对应程序清单5.8(66、67),将setjmp()的返回地址保存到ucSpSave指向的位置;

虚线③对应程序清单5.8(68),将单片机内部SP设置为ucSpSave的值,即使SP指向调用setjmp()时单片机SP所指向的位置。

(3) 点划线表示程序执行相应的复制步骤后,各个新成员指向的新位置

图5.9中:

点划线(a)对应程序清单5.8(66、67);

点划线(b)对应程序清单5.8(68)。

对于SDCC51来说,return 1被SDCC编译成:

```
MOV    DPL,#0x01                ;SDCC用DPL保存char类型返回参数
RET                              ;RET使程序跳转到setjmp的返回地址
```

从图5.9可以看出,由于longjmp()函数改变了堆栈的位置,所以,longjmp()不是返回到调用它的语句,而是返回到对应的setjmp()调用语句("MOV A,DPL"这条指令处)。

由于DPL为1,所以执行"MOV A,DPL"指令后,iRt就是1了。

4. 调试与分析

为了更好地阅读程序，请使用 TKStudio 集成开发环境打开变量"观察窗口和存储器窗口"，使用单步调试命令，则会发现程序清单 5.5 所示范例的执行流程为：
84→85→86→43→44→85→89→69→70→92→84…循环反复。

① 当执行 setjmp() 函数（程序清单 5.5(84)）时，其返回值 iRt=0。
② 当执行程序清单 5.5(85) 时，由于 iRt=0，故调用 func0() 函数（程序清单 5.5(86)）。
③ 当程序跳转到程序清单 5.5(43) 后，接着调用 longjmp() 函数（程序清单 5.5(44)），其返回值为 1，即此时 DPL=1。由于 longjmp() 函数改变了堆栈的位置，所以，longjmp() 不是返回到调用它的语句，即程序不是返回到程序清单 5.5(87)，而是返回到对应的 setjmp() 调用语句（"MOV A,DPL"这条指令处），即程序清单 5.5(85)。由于 DPL=1，故 iRt=1。
④ 由于 iRt=1，故跳转到程序清单 5.5(89) 调用 func2() 函数。
⑤ 执行程序清单 5.5(69、70)，再跳转到程序清单 5.5(92)。
⑥ 程序返回到程序清单 5.5(84)，如此周而复始。

通过以上分析得出，setjmp 有 2 次返回，第 1 次返回与普通的函数调用返回没有任何区别，其返回值为 0；第 2 次返回实际上是由 longjmp 的调用返回的，其返回值为 1。由此可见，setjmp 是唯一一次调用，可返回两次，且有两个返回值的函数。

longjmp 并不是不返回，但它不像一般的函数那样返回。其实普通函数是返回到调用它的代码的下一条指令，而 longjmp 的返回位置是由第 1 个参数 jbTest 指定的。

因为 longjmp 的第 1 个参数 jbTest 保存了 longjmp 的返回位置，而参数 jbTest 的内容则是在执行 setjmp 保存下来的，因此 setjmp 将其设定为调用它的代码的下一条指令。由此可见，longjmp 是唯一不返回调用者，也不结束程序的函数。

5.2 最简单的多任务模型

5.2.1 双任务切换模型

双任务是多任务最简单的典型情况，而任务切换是学习多任务操作系统的重点和难点。如果搞清楚了两个任务间的任务切换，那么也就搞清楚了多任务操作系统核心的基本原理。

在 5.1.2 小节中，我们已经掌握了非局部跳转函数 setjmp() 和 longjmp() 的作用。因为在源代码层次，任务也是函数，所以很自然地想到，可以使用 setjmp() 和 longjmp() 函数实现任务间的切换。假设两个任务已经运行起来，则任务间的切换模型详见图 5.10，其切换程序流向及状态详见程序清单 5.9。

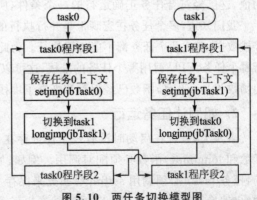

图 5.10 两任务切换模型图

程序清单 5.9　双任务切换模型程序流向及状态

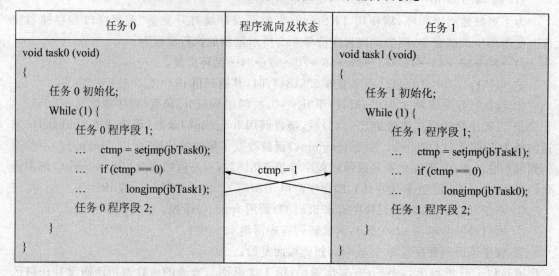

5.2.2　待解决的问题

图 5.10 仅仅描述了任务正确运行后的模型,要编写多任务操作系统,还有两个重要的问题需要解决。

1. 如何让任务互不干扰地运行

我们知道,函数在运行期间可能被某一中断打断,转而运行中断服务程序。在中断服务程序执行完毕后,再继续执行这个函数。如果这个函数与此中断无关,即不访问中断服务程序改变的全局变量,则无论是否被中断打断,这个函数的执行结果不变。

为什么会这样呢？因为中断服务程序不改变 80C51 的 R0～R7、ACC、B、SP、DPL、DPH 等通用寄存器的值,也不改变函数使用的堆栈内容。由此可见,函数使用的所有数据都未改变,函数执行的结果当然不变。

在源代码层次,任务也是一个函数,任务正确运行的条件与函数一致。

通过 setjmp() 函数和 longjmp() 函数的配对调用,不会改变函数正在使用的通用寄存器的值,这已经符合任务正确运行的一个条件,所以关键是满足另一个条件。

我们知道,多个任务在宏观上是并行执行的,如果共用一个堆栈,势必造成互相修改对方的堆栈数据,造成两个任务都不能正确执行。为此,只有让每个任务的堆栈互相独立,(微观上)运行哪个任务,CPU 就用哪个任务的堆栈,这可以通过改变堆栈指针实现。而事实上,由于 setjmp() 函数和 longjmp() 函数已经保存和恢复了堆栈指针,所以不必特别地改变堆栈指针。

2. 如何让任务运行

事实上,系统在启动时没有一个任务存在,也就是说,没有一个任务在运行。而 setjmp() 函数和 longjmp() 函数必须配对调用。例如,如果系统需要切换到任务 task1 运行,则在此之前,任务 task1 必须调用 setjmp() 函数来保存上下文,否则另一个函数即使调用 longjmp() 函数,也切换不到任务 task1。于是这就产生了矛盾：如果要切换到任务 task1,则任务 task1 必须调用 setjmp() 函数；而一开始任务 task1 却并没有运行,无法调用 setjmp() 函数。因此,解决的办法就是在创建任务 task1 时,系统用另一个函数(假设为 setTaskjmp()函数)模拟任务 task1 来调用 setjmp()函数。而事实上,只要两者执行效果一致,软件是分辨不出这两种情况的。

如果任务函数为 task1(),则代码如下:

```
void task1 (void)
{
    …
}
```

编译器可能生成以下伪代码(注意注释内容,以理解 setTaskjmp()函数):

```
//setTaskjmp()函数让系统任务在这里调用 setjmp()函数,即 longjmp()函数将返回到 task1()
task1:
    …
    return;
```

5.2.3 setTaskJmp()的实现

要用 setTaskJmp()模拟任务调用 setjmp(),首先必须搞清楚任务调用 setjmp()做了哪些工作。通过分析以及 5.1.2 小节的介绍可知,任务调用 setjmp()做了以下工作:
- 将返回地址压入任务堆栈(即使用 ACALL 或 LCALL 指令),此时堆栈指针 SP 的值增加 2;
- 保存 bp 到任务上下文中;
- 保存堆栈指针 SP(SP 指向任务堆栈)到任务上下文中;
- 保存返回地址到任务上下文中。

当调用 setTaskJmp()函数时,即使用 ACALL 或 LCALL 指令,同样也会将返回地址压入堆栈。不过,这个堆栈是"当前堆栈"而不是"任务堆栈"。在这里,当前堆栈与任务堆栈并不是同一个存储空间。因此,当调用 setTaskJmp()函数时,必须告诉 setTaskJmp()函数任务堆栈在哪里,可以通过一个参数指定,并将这个参数命名为 pucStk,其类型为 idata unsigned char *。

当调用 setjmp()函数时,返回地址是 ACALL 或 LCALL 的下一条指令。而通过 5.2.2 小节可知,当调用 setTaskJmp()函数时,其虚拟返回地址为指定任务的第一条指令的地址。而事实上,C 语言的函数名就是指向函数的第一条指令所在的地址,所以 setTaskJmp()函数还必须有一个参数用于指定任务的第一条指令的地址,并将这个参数命名为 pfuncTask,它是一个指向无参数和返回值的函数指针。

通过上述分析,可以编写出 setTaskJmp()函数,详见程序清单 5.10。函数原型为:

```
void setTaskJmp (void ( * pfuncTask)(void), idata unsigned char * pucStk, jmp_buf jbTaskContext)
```

其中,pfuncTask 是一个指向任务函数的函数指针,有了这个参数,操作系统就知道这个任务的执行代码在哪里可以找到(即任务函数的入口地址)。任务函数的函数名实际上就是任务函数的指针,其类型用 void(*)()表示。它是一个指向函数的类型为 void 且参数为 void 的函数,即这个函数返回值和常数都是 void。pucStk 为指向任务堆栈栈顶的指针,有了这个参数,系统就知道这个任务配置的任务堆栈的栈顶在哪里。jmp_buf jbTaskContext 指定任务上

第5章 TinyOS51 嵌入式操作系统微小内核

下文的存储位置。

由于函数名是一个常量地址,如果将它赋值给函数指针变量,则函数指针的内容就是函数名。其调用示例如下:

```
setTaskJmp(task0, __GucTaskStks[0], __GjbTask0);
```

其中,task0 为任务函数的地址;__GucTaskStks[0]为任务堆栈的位置,以及用于保存上下文信息的__GjbTask0。其传递过程相当于:

```
void (* pfuncTask)(void)=task0;    //定义一个 pfuncTasks 函数指针,并初始化指向 task0 函数
```

即等价于:

```
void (* pfuncTask)(void);          //定义一个指向任务函数的函数指针变量
pfuncTask=task0;                   //将函数的起始地址赋值给函数指针
```

程序清单 5.10 填充任务上下文(_setjmp.c)

```
80    void setTaskJmp (
          void (* pfuncTask)(void),              //指向任务函数的函数指针
          idata unsigned char * pucStk,          //指向任务堆栈栈顶的指针
          jmp_buf jbTaskContext                  //用于存储任务的上下文信息
          )
81    {
82        idata unsigned char * pucBuf=(data void *)0;  //指向上下文信息存储位置的指针
83
84        pucBuf=(data unsigned char *)jbTaskContext;   //指向 jbTaskContex 数组
85        * pucBuf++=0;                                 //保存 bp
86        * pucBuf++=(unsigned char)(pucStk+2);         //保存 SP,堆栈空2字节用于保
                                                        //存返回地址
87
88        * pucBuf++=((unsigned int)pfuncTask)/256;     //保存返回地址的高8位字节
89        * pucBuf=((unsigned int)pfuncTask) % 256;     //保存返回地址的低8位字节
90    }
```

程序清单 5.10(86)用于模拟 setjmp()调用(LCALL 指令)压栈返回地址的操作。因为 longjmp()会修改这两个字节,所以不必真实地保存数据。

5.2.4 任务切换模型范例分析

1. 模型范例

根据上面的分析,可以写出任务切换模型的范例,详见程序清单 5.11。

程序清单 5.11 任务切换模型范例(main.c)

```
23    #include<8051.h>
24    #include ".\lib\setjmp.h"
29    static idata unsigned char    __GucTaskStks[2][32];   //分配任务堆栈
30    static unsigned char          __GucTask0;             //任务0测试变量
```

```c
31      static unsigned char        __GucTask1;              //任务1测试变量
32
33      static jmp_buf              __GjbTask0;              //任务0上下文
34      static jmp_buf              __GjbTask1;              //任务1上下文
44      void task0 (void)
45      {
46          char cTmp1;
47
48          while (1) {
49              __GucTask0++;
50
51              /*
52              ** 任务切换
53              */
54              cTmp1=setjmp(__GjbTask0);              //其返回值为0,即cTmp1=0
55              if (cTmp1==0) {
56                  longjmp(__GjbTask1);               //执行任务1,其返回值为1,即cTmp1=1
57              }
58
59              __GucTask0++;
60          }
61      }
70      void task1 (void)
71      {
72          char cTmp1;
73
74          while (1) {
75              __GucTask1++;
76
77              /*
78              ** 任务切换
79              */
80              cTmp1=setjmp(__GjbTask1);              //其返回值为0,即cTmp1==0
81              if (cTmp1==0) {
82                  longjmp(__GjbTask0);               //执行任务0,其返回值为1,即cTmp1=1
83              }
84
85              __GucTask1++;
86          }
87      }
96      void main (void)
97      {
98          setTaskJmp(task0, __GucTaskStks[0], __GjbTask0);
99          setTaskJmp(task1, __GucTaskStks[1], __GjbTask1);
```

```
100          longjmp(__GjbTask0);
101    }
```

2. 堆栈分配

每个任务都必须有独立的堆栈。由 80C51 的特性可知,其堆栈为 idata unsigned char 类型数组。因此,可以通过定义对应的全局数组变量来分配任务堆栈,程序清单 5.11(29)就是为两个任务分配堆栈空间。

虽然程序员分配了堆栈空间,但任务并不知道自己的堆栈空间在哪里,因此,程序员还需要告诉系统任务的堆栈在哪里。而事实上,系统在调用 setTaskJmp()函数时就顺带指定了对应任务的堆栈。

3. 切换任务

通过本节的分析,可以画出完整的双任务切换图,详见图 5.11,程序清单 5.11 的切换程序流向及状态详见程序清单 5.12。

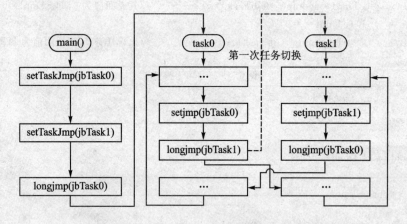

图 5.11 双任务切换图

程序清单 5.12 双任务切换程序流向及状态

任务 0	程序流向及状态	任务 1
44 void task0 (void)		70 void task1 (void)
45 {		71 {
48 while (1) {		74 while (1) {
49 __GucTask0++;		75 __GucTask1++;
54 cTmp1 = setjmp(__GjbTask0);		80 cTmp1 = setjmp(__GjbTask1);
55 if (cTmp1 == 0) {	ctmp = 1	81 if (cTmp1 == 0) {
56 longjmp(__GjbTask1);		82 longjmp(__GjbTask0);
57 }		83 }
59 __GucTask0++;		85 __GucTask1++;
60 }		86 }
61 }		87 }

如果单步调试程序清单 5.11,忽略 setTaskJmp()、longjmp()和 setjmp()内部执行流程后

的第一阶段流程为：

98→99→100→49→54→ 55 →56→75→80→ 81 →82→ 55 →59→49
　　　　　　　　　(cTmp1=0)　　　　　　(cTmp1=0)　(cTmp1=1)

第二阶段流程为无限循环，忽略 setTaskJmp()、longjmp()和 setjmp()内部执行流程后的循环流程为：

　→49→54→ 55 →56→ 81 →85→75→80→ 81 →82→ 55 →59…
　　　　　(cTmp1=0) (cTmp1=1)　　　　　　(cTmp1=0) (cTmp1=0)

其中，→49→54→55→56→55→59…为 task0 循环，而→81→85→75→80→81→82…为 task1 循环。

5.3 协作式多任务操作系统

5.3.1 整体规划

1. 内核 API

虽然现代操作系统不再使用协作式多任务管理机制，但它作为学习范例还是非常合适的。下面将详细介绍协作式多任务操作系统的设计思想，暂且命名为 TinyOS51 V1.0 版本，并完全使用 C 语言编写。不妨从这里起步开启操作系统之旅，通过调用 setjmp()和 longjmp()函数，编写一个能够实现任务切换的协作式操作系统。

对于操作系统来说，仅有内核是不够的，还需要各种应用程序才能完成相应的功能，所以 TinyOS51 必须具备创建任务的功能。tnOsTaskCreate()的作用就是创建任务（tn 源于单词 tiny 的缩写），该函数可在调用 tnOsInit()函数后的任何时候调用，但在调用 tnOsStart()函数之前至少调用一次，详见表 5.6。

表 5.6　tnOsTaskCreate( )函数

名　称	tnOsTaskCreate( )
函数原型	TN_OS_TASK_HANDLE tnOsTaskCreate(void (* pfuncTask)(void), idata unsigned char * pucStk)
输入参数	pfuncTask：任务函数；pucStk：堆栈位置，堆栈至少要 16 字节
返回值	thTask：任务句柄，如果其值为－1，则创建任务失败

即便任务退出运行状态，但它依然还是占用系统的资源，比如 RAM。由于 80C51 系列单片机的 RAM 是极其有限的，一旦程序退出运行态，则必须释放占有的资源，以便让其他任务使用。因此，TinyOS51 必须具备删除任务的功能，以达到释放系统资源的目的，而且还要求能够删除自身或删除别的任务。tnOsTaskDel()的作用就是删除任务，详见表 5.7。

当任务运行一段时间后，然后主动放弃控制权，让下一个任务运行，这是通过调度程序来实现的。因此，TinyOS51 必须具备任务切换功能，tnOsSched()的作用就是实现任务切换，执行下一个任务。该函数必须在任务中调用，而且每个任务都必须周期性地调用它，详见表 5.8。

第5章 TinyOS51 嵌入式操作系统微小内核

表5.7 tnOsTaskDel( )函数

名 称	tnOsTaskDel( )
函数原型	void tnOsTaskDel(TN_OS_TASK_HANDLE thTask)
输入参数	thTask：任务句柄，如果其值为-1，则任务删除自身

表5.8 tnOsSched( )函数

名 称	tnOsSched( )
函数原型	void tnOsSched(void)

事实上，Windows从启动到创建任务的过程中，操作系统需要做很多准备工作，其实这些工作都是由初始化引导程序完成的。当然在嵌入式系统中，这些工作同样可以由main()函数来完成。但由于嵌入式系统应用的个性化，无法像Windows那样提供一个标准的"桌面"，所以也就无法启动其他用户任务。

为了解决上述问题，TinyOS51提供2个供用户调用的函数，其中，一个是初始化TinyOS51内部变量的函数tnOsInit()，这个函数必须在调用其他函数之前调用，并只能调用一次，详见表5.9；另一个是启动多任务环境的函数tnOsStart()，并执行第一个任务。在调用此函数之前必须创建至少一个任务，该函数不能重复调用，且不返回，详见表5.10。用户必须先调用tnOsInit()函数，然后至少创建一个任务，最后调用函数tnOsStart()运行第一个任务。

表5.9 tnOsInit( )函数

名 称	tnOsInit( )
函数原型	void tnOsInit(void)

表5.10 tnOsStart( )函数

名 称	tnOsStart( )
函数原型	void tnOsStart(void)

> 注意：tnOsStart()函数是不返回的。这种方式对于用户来说非常灵活，可以在main()函数中安排一些在启动过程中必须完成的工作。

2. 资源配置与示例

尽管TinyOS51对最大任务数目没有限制，但由于任务堆栈需要占用单片机片内有限的idata资源，还需要保护可重入函数的变量，那么势必会占用更多的堆栈，所以可支持的任务数目有限。

一般来说，TinyOS51的任务堆栈至少占用32字节空间，而单片机片内idata最多只有256字节，除去R0～R7以及编译器用到的空间、TinyOS51占用的空间、用户代码占用的空间，理论上最大任务数目一般少于8个。而事实上，TinyOS51的最大任务数以3～4个最为合适。tiny_os_51_cfg.h 配置代码详见程序清单5.13。

程序清单5.13 OS资源配置(tiny_os_51_cfg.h)

```
37    #define TN_OS_MAX_TASKS    2         //最大任务数目
```

> 小知识：任务需要多大的堆栈？
> 在嵌入式软件编程中，一个需要特别注意，而往往又容易忽略的问题：如果给软件分配的堆栈太小，尽管此时可能程序的逻辑正确，但会出现一些莫名其妙的问题。在用SDCC51编写前后台程序时，SDCC51会将所有空闲的片内RAM(idata)分配给堆栈使用。此时，如果堆栈不够，则只能优化程序，让其少占片内RAM。

而在嵌入式多任务操作系统下编程,其任务堆栈往往需要用户分配,因此,在编程时就要特别注意:一定要为任务分配足够的内存,这就需要知道任务最多会使用多少堆栈。

无论在前后台程序还是在任务中,程序使用的最大堆栈的计算公式都是一样的,即"程序本身使用的最大堆栈空间＋中断服务程序使用的最大空间"。而程序本身使用的最大堆栈空间和中断服务程序使用的最大空间都需要查看反汇编代码,一点一点计算获得,可以说很麻烦。

由于80C51有两个中断优先级,且中断还可以嵌套,因此,中断服务程序使用的最大空间就是"低优先级中断服务程序使用的最大空间"＋"高优先级中断服务程序使用的最大空间"。其中,要知道低优先级中断服务程序使用的最大空间,就要将所有优先级为低的中断服务程序最大使用的堆栈都计算一遍,选取最大的一个;要获得高优先级中断服务程序使用的最大空间也是一样。

而针对任务,需要调用操作系统的函数,因此必须知道这些函数使用堆栈的情况,才能计算程序使用的最大堆栈。对于库版本TinyOS51来说,这些函数使用的堆栈小于6字节,而中断服务程序由用户控制,因此无法计算;而对于时钟节拍中断,其典型情况占用16字节堆栈。

至于前面所说的32字节堆栈空间,在无中断嵌套的情况下,对于一般测试程序来说够用了,但对于复杂的任务还是不够。而在有中断嵌套的情况下,堆栈的占用就更多了。因此,尽量不要使用堆栈嵌套,中断服务程序也要尽可能简单,以减少对堆栈的占用。

虽然main()函数是C语言执行的第一个函数,但事实上,当程序执行到main()函数的第一行时,系统已经做了许多初始化工作。由于TinyOS51是与应用程序在一起编译的,因此不提供main()函数。当系统进入main()函数时,实际上TinyOS51并没有运行,这样用户的main()函数需要初始化和启动TinyOS51,并在启动TinyOS51之前至少建立一个任务。其测试范例详见程序清单5.14,程序清单5.14(70～76)为main()函数,程序清单5.14(29～31)为全局变量定义。

程序清单5.14　协作式多任务操作系统测试范例(main.c)

```
29      static idata unsigned char  __GucTaskStks[2][32];    //分配任务堆栈
30      static unsigned char        __GucTask0;              //任务0测试变量
31      static unsigned char        __GucTask1;              //任务1测试变量
40      void task0 (void)
41      {
42          while (1) {
43              __GucTask0++;
44              tnOsSched ();
45          }
46      }
55      void task1 (void)
56      {
57          while (1) {
58              __GucTask1++;
59              tnOsSched ();
60          }
61      }
70      void main (void)
71      {
```

```
72        tnOsInit();
73        tnOsTaskCreate(task0, __GucTaskStks[0]);
74        tnOsTaskCreate(task1, __GucTaskStks[1]);
75        tnOsStart();
76    }
```

如果用户在程序清单 5.14(43、58)处设置断点,然后全速运行,则可以看到 2 个任务依次执行。

5.3.2 任务控制块

1. 任务的识别

企业识别员工可以通过名字、工号、职务等方式来进行,而对于 RTOS 来说,则是为每一个任务分配一个称为任务控制块 TCB(Task Control Block)的结构体变量来管理任务,即使用指向任务控制块结构体变量的指针来识别任务。

任务控制块是多任务操作系统的核心数据,如果错误操作,则可能造成系统崩溃。而事实上,操作系统错误地修改任务控制块的可能性极小,但为了避免用户程序"意外"修改任务控制块,这个指针不应当提供给用户程序。

TinyOS51 之所以不使用指向任务控制块结构体类型变量的指针来识别任务,主要是为了节省 MCU 的片内 RAM。对于 SDCC51 编译器来说,指针占用 3 字节,如果使用指针来识别 4~6 个任务,则开销太大。

既然用指针的开销太大,那么,最好的办法就是为每个任务建立一个任务控制块结构体类型数组,将任务的完整信息保存到这个数组中,然后通过数组 __GtcbTasks[] 的下标来识别任务。由此可见,下标就是识别任务的字符型整数。下标又俗称为句柄(Handle),任务句柄的定义详见程序清单 5.15。

程序清单 5.15 任务句柄的定义(tiny_os_51.h)

```
31    typedef char    TN_OS_TASK_HANDLE;
```

2. 任务控制块的内容

(1) 任务状态字

我们知道,当一个任务创立并准备运行时,内核将其放入就绪状态。由于单片机的 RAM 非常有限,因此对于不需要驻留内存的任务,一旦运行完毕,则立即删除,从而达到释放 CPU

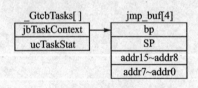

图 5.12 TCB 关联图

资源的目的。故必须设立一个任务状态字 ucTaskStat 来管理任务所处的状态,详见图 5.12,任务状态字的定义详见程序清单 5.16。其中,"任务被删除"说明指定的任务不存在,即 TCB 中的 TCB 表项空闲。无论如何 TinyOS51 都不会让不存在的任务进入执行状态。而"任务就绪"则表明任务可以执行(或正在执行)。由于任务状态的数目比较少,因此可以使用一个无符号字符型变量来保存任务状态字。

程序清单 5.16 任务状态字的定义(tiny_os_51_core.c)

```
31    #define __TN_TASK_FLG_DEL    0x00        //任务被删除
32    #define __TN_TASK_FLG_RDY    0x01        //任务就绪
```

(2) 上下文信息(Context Infomation)

当一个任务主动放弃 CPU 的控制权,允许下一个任务运行时,必须保存该任务的上下文信息。若操作系统决定再次运行这个任务,通过释放上下文信息就可以实现。在 TinyOS51 中,上下文信息保存在 jmp_buf 数组类型的 jbTaskContext 变量中,而 jmp_buf 是在 C 语言标准头文件<setjmp.h>中定义的。

3. 任务控制块的定义

如程序清单 5.17 所示为一个任务控制块的结构体数组,首先声明了一个 struct tn_os_tcb 类型,它代表任务控制块,包括 2 个成员:不同数据类型的 jbTaskContext 上下文信息与 ucTaskStat 任务状态字。将 TN_OS_TCB 定义为 struct tn_os_tcb 类型的变量,接着定义数组__GtcbTasks,其元素为 TN_OS_TCB 类型数据,数组有 TN_OS_MAX_TASKS 个元素。

程序清单 5.17　任务控制块(tiny_os_51_core.c)

```
37    struct tn_os_tcb {
38        jmp_buf        jbTaskContext;        //用于存储上下文信息
39        unsigned char  ucTaskStat;           //任务状态字
40    };
41    typedef struct tn_os_tcb TN_OS_TCB;       //TN_OS_TCB 类型等效 struct tn_os_tcb
46    static  data  TN_OS_TCB  __GtcbTasks[TN_OS_MAX_TASKS];
                                                 //任务控制块的结构体数组
```

> **注意**:类型与变量是不同的两个概念,只能对变量赋值、存取或运算,不能对一个类型赋值、存取或运算。在编译时,对类型是不分配空间的,只对变量分配空间。比如:
>
> __GtcbTasks[thTask].ucTaskStat=__TN_TASK_FLG_DEL;   //使任务处于删除状态

5.3.3　内部变量初始化

我们知道,其实单片机上电复位的过程就是初始化,通过初始化操作将单片机内部相关的功能部件和特定的寄存器都恢复为默认值,比如,程序计数器 PC 被设置为 0,即程序从 0 地址开始执行。接着调用初始化程序,将没有准备好的工作全部做好,比如,将单片机片内的 128 字节清 0。

其实 TinyOS51 同样也需要进行初始化。尽管用户在 tiny_os_51_cfg 文件中定义了最大的任务数目 TN_OS_MAX_TASKS 为 2,但这仅仅是配置了任务的最大数目。而事实上,此时还没有任务存在,因此,必须将所有的任务控制块初始化为一个"空白表",即将任务初始化为"删除状态"(程序清单 5.18(61~63))。

因为 TinyOS51 只有知道当前运行的是哪个任务,才能在任务切换时决定下一个将要运行的任务。由于用户创建的第一个任务的句柄为 0,所以系统开始运行句柄为 0 的任务。因此,必须将用于追踪当前正在运行的任务的句柄__GthTaskCur 初始化为 0(程序清单 5.18(64))。

第5章 TinyOS51 嵌入式操作系统微小内核

TinyOS51 的初始化就是通过调用 tnOsInit() 函数来实现的,详见程序清单 5.18。而事实上,只有在 main() 函数中调用 tnOsInit() 后,用户程序才能调用 TinyOS51 提供其他的服务。

程序清单 5.18 OS 初始化(tiny_os_51_core.c)

```
47    static data TN_OS_TASK_HANDLE  __GthTaskCur;           //当前任务句柄
57    void tnOsInit (void)                                   //初始化任务控制块
58    {
59        TN_OS_TASK_HANDLE thTask;                          //操作的任务
60
61        for (thTask=0; thTask<TN_OS_MAX_TASKS; thTask++) {
62            __GtcbTasks[thTask].ucTaskStat=__TN_TASK_FLG_DEL;
                                                             //使任务处于删除状态
63        }
64        __GthTaskCur=0;                                    //初始任务号为 0
65    }
```

5.3.4 创建任务

在操作系统中,任何一个程序只有成为任务才能在内存中运行。如果一个程序需要运行,则必须创建与之对应的任务。

创建任务(Create Task)函数的功能就是将任务交给 TinyOS51 管理。一个任务可以在操作系统启动(即调用 tnOsStart())前创建,也可以在其他任务的执行过程中创建,但任务不能由中断服务程序来创建。创建任务函数原型为:

```
TN_OS_TASK_HANDLE tnOsTaskCreate ( void ( * pfuncTask)(void), idata unsigned char  * pucStk)
```

创建任务函数的函数名由三部分构成:第一部分 tnOS 表示这是一个操作系统提供的函数,第二部分 Task 表示这个函数属于任务管理类型函数,第三部分 Create 表示这个函数的功能是创建。pfuncTask 是一个指向任务函数的函数指针,指定执行任务的起始地址。pucStk 为指向任务堆栈栈顶的指针,指定任务堆栈的位置。

在任务创建的过程中,操作系统根据用户提供的以上参数,为该任务建立档案(任务控制块),并让任务进入就绪状态。以程序清单 5.14 为例,创建任务 task0 的示例如下:

```
tnOsTaskCreate(task0, __GucTaskStks[0]);
```

其中,task0 为任务函数的入口地址,__GucTaskStks[0] 为任务堆栈的位置。

针对任务的三状态模型,创建任务函数源代码详见程序清单 5.19。

程序清单 5.19 创建任务(tiny_os_51_core.c)

```
130   TN_OS_TASK_HANDLE tnOsTaskCreate (void ( * pfuncTask)(void),
                                                             //指向任务函数的函数指针
                                       idata unsigned char  * pucStk
                                                             //指向任务堆栈栈顶的指针
                                      )
```

```
131     {
132         TN_OS_TASK_HANDLE thRt;                                    //返回值
134         /*
135         ** 搜索是否有空闲的任务控制块
136         */
137         for (thRt=0; thRt<TN_OS_MAX_TASKS; thRt++) {
138             if (__GtcbTasks[thRt].ucTaskStat==__TN_TASK_FLG_DEL) {
140                 /*
141                 ** 如果搜索到有空闲的 TCB,则创建任务
142                 */
143                 setTaskJmp(pfuncTask, pucStk, __GtcbTasks[thRt].jbTaskContext);
144                 __GtcbTasks[thRt].ucTaskStat=__TN_TASK_FLG_RDY;     //任务就绪
145                 return thRt;
146             }
147         }
148         return-1;          //如果没有空闲的 TCB,则创建任务失败,即任务句柄的返回值为-1
149     }
```

创建任务的过程如下:

(1) 申请一个空白 TCB

如果 TCB 中没有空闲的 TCB 表项,可想而知用户不能创建任务。因此,必须先搜索 TCB,看是否有空闲的 TCB 表项。如果有,则将它分配给新任务,同时系统为新任务赋予其唯一的任务句柄 thRt。其示例如下:

```
for(thRt=0; thRt<TN_OS_MAX_TASKS; thRt++) {
    if (__GtcbTasks[thRt].ucTaskStat==__TN_TASK_FLG_DEL) {
    //创建任务实体代码
    }
}
```

(2) 填充 TCB

首先保存新任务的上下文,然后将搜索到的 TCB 设置为就绪状态,也就是说,将相应的任务设置为就绪状态,其返回值为就绪任务的任务句柄 thRt。

本来填充任务的上下文需要在任务运行后调用 setjmp() 函数来完成,但由于此时任务并未运行,不可能调用 setjmp(),所以只能用另一个函数来模拟任务运行时 setjmp() 的调用,这个函数就是 setTaskJmp。其示例如下:

```
setTaskJmp(pfuncTask, pucStk, __GtcbTasks[thRt].jbTaskContext);
_GtcbTasks[thRt].ucTaskStat=__TN_TASK_FLG_RDY;
return thRt;
```

一般来说,RTOS 都会创建一个优先级最低的空闲任务(系统任务)。为了节省片内 RAM,在规划 TinyOS51 时,就决定使用调度器来完成空闲任务的工作。

在启动多任务环境之前,操作系统至少需要创建一个用户任务。当启动多任务环境之后,多任务环境已经建立,即可以创建新的任务了。

假设 TN_OS_MAX_TASKS 为 2,则 thRt 的有效值为 0、1 和 −1。如果没有空闲的 TCB,则创建任务失败,即任务句柄为 −1。

5.3.5 启动多任务环境

对于单 CPU 系统来说,其微观上同时只有一个任务在运行,因此启动操作系统就是运行第一个用户任务。只有当用户任务运行起来后,才能表明多任务环境已经建立。

在操作系统中运行第一个用户任务的过程称为启动多任务环境。由于用户创建的第一个任务的句柄为 0,所以系统开始运行句柄为 0 的任务。TinyOS51 是通过调用 tnOsStart() 函数来实现的,由 longjmp() 函数执行句柄为 0 的任务,详见程序清单 5.20。

程序清单 5.20 启动 OS(tiny_os_51_core.c)

```
107    void tnOsStart (void)
108    {
109        longjmp(__GtcbTasks[0].jbTaskContext);        //执行 0 号任务
110    }
```

由 __GtcbTasks[0].jbTaskContext 保存了 setTaskjmp() 调用的函数返回地址 addr15 ~ addr0,因此,其返回地址就是任务函数的首地址。当执行 longjmp() 后,程序转移到任务函数处继续执行。也就是说,程序将从 task0() 开始处运行,详见程序清单 5.14(40)。

假设用户在 tiny_os_51_cfg 中仅定义 2 个任务,当执行 OsStart() 启动多任务环境时,系统开始运行句柄为 0 的任务。它之所以调用 tnOsSched() 函数,目的就是让下一个任务运行。

5.3.6 任务切换

任务切换(Task Switch)是指保存当前任务的上下文,并恢复需要执行任务的上下文的过程。由于任务(在宏观上)是并发运行的,因此必须进行任务切换,否则其他任务将得不到运行的机会。

当发生任务切换时,首先搜索下一个将要执行的任务是否处于就绪状态。如果任务处于就绪状态,则将当前正在运行的任务的上下文保存到该任务的 TCB 中,然后再从相应的 TCB 中恢复下一个将要运行的任务的上下文。如果所有任务都未处于就绪状态,则等待本任务直到就绪为止,相当于一般操作系统的空闲任务。这就是任务切换的设计思想。TinyOS51 的任务切换功能就是通过调用 tnOsSched() 函数来实现的,详见程序清单 5.21。

程序清单 5.21 任务切换(tiny_os_51_core.c)

```
86     void tnOsSched (void)
87     {
88         TN_OS_TASK_HANDLE    thTask;              //任务句柄即操作的任务
89         char                 cTmp1;
90         TN_OS_TASK_HANDLE    thTmp2;
91         volatile data char * pucTmp3=(void *)0;
92
93         thTmp2=__GthTaskCur;                      //首次运行时,__GthTaskCur 为 0
95         /*
```

```
96              **  搜索下一个任务
97              */
98              for (thTask=0; thTask<TN_OS_MAX_TASKS; thTask++) {
99                  thTmp2++;                                    //首次运行时,thTmp2=1
100                 if (thTmp2>=TN_OS_MAX_TASKS) {
101                     thTmp2=0;
102                 }
103                 if ((__GtcbTasks[thTmp2].ucTaskStat & __TN_TASK_FLG_RDY) !=0) {
104
105                     cTmp1=setjmp(__GtcbTasks[__GthTaskCur].jbTaskContext);
                                                                 //保存当前任务上下文,cTmp1=0
106                     if (cTmp1==0) {                          //如果 cTmp1=0,往下执行
107                         __GthTaskCur=thTmp2;                 //更新当前任务句柄
108                         longjmp(__GtcbTasks[thTmp2].jbTaskContext);
                                                                 //改变堆栈位置,执行指定任务
109                     }
110                     return;                                  //如果 cTmp1=1,返回函数
111                 }
112             }
114             /*
115              ** 如果所有任务都未就绪,则等待本任务就绪,相当于一般操作系统的空闲任务
116              */
117             pucTmp3=(volatile data char *)(&(__GtcbTasks[thTmp2].ucTaskStat));
118             while ((*pucTmp3 & __TN_TASK_FLG_RDY)==0) { //任务未就绪,直到就绪为止
119             }
120         }
```

以程序清单 5.14 为例,TN_OS_MAX_TASKS 为 2。

其实,在创建任务时,task0 与 task1 已经处于就绪状态。当启动多任务环境时,系统开始运行 task0,即 __GthTaskCur 为 0,那么下一个将要运行的任务就是 task1;当通过任务切换运行 task1 时,即 __GthTaskCur 为 1,那么下一个将要运行的任务就是 task0。

由于下一个任务 task1 还没有运行,因此,longjmp()函数对应的 setTaskJmp 位于 tnOsTaskCreate()函数中;如果下一个任务 task1 已经执行,则 longjmp()函数对应的 setjmp()函数位于 tnOsSched()函数中。

当系统没有其他活动时,MCU 便运行空闲任务。而空闲任务则是在内核启动时创建的,并且是一个不可忽略的系统任务,因为空闲任务的优先级是最低的。当没有其他任务运行或没有其他任务存在时,典型地按无限循环运行,其唯一的目的就是使空闲的 MCU 有事可做,因为只有运行空闲任务,才能保证 MCU 的程序计数器 PC 始终指向合法的指令。

由于 TinyOS51 没有创建空闲任务,当所有任务都未处于就绪状态时,搜索不到下一个将要运行的任务。此时 TinyOS51 需要等待当前任务处于就绪状态时才退出,从而实现空闲任务的作用(程序清单 5.21(117~119))。而事实上,只有当所有任务都被删除时,才搜索不到下一个将要执行的任务,因此,用户必须避免这种情况的出现。

5.3.7 删除任务

为了减轻操作系统的负担,将不需要运行的任务删除是很有必要的。只要将任务句柄告诉删除任务(Delete Task)函数,即可将对应的任务删除。不仅可以在别的任务中删除不需要运行的任务,而且还可以删除自身。

如果删除其他任务,则只要将任务设置为不可运行状态即可;如果删除自身,不但要将任务设置为不可运行状态,而且还要将 CPU 的控制权交给另一个可运行的任务,即进行任务切换。既然自身已经被删除,那么任务也就不能运行了,当然需要运行下一个可执行的任务。TinyOS51 删除任务的功能是通过调用 tnOsTaskDel()函数来实现的,详见程序清单 5.22。

当任务句柄 thTask 为 -1 时,即任务删除自身,这需要进行特殊处理:首先将它转换成真实的句柄 __GthTaskCur。接着再检查参数是否在有效范围之内。如果合法则继续执行,然后将对应的任务控制块设置为删除状态。如果是删除自身,则还需要进行任务调度。

假设 TN_OS_MAX_TASKS 为 2,则 thTask 的有效值为 0、1 和 -1。程序清单 5.22 (163、164)已经将 -1 转换为真实的句柄,那么,thTask 的有效值只能为 0 和 1(程序清单 5.22(166))。

程序清单 5.22 删除任务(tiny_os_51_core.c)

```
158    void tnOsTaskDel (TN_OS_TASK_HANDLE thTask)
159    {
160        /*
161         **    检查参数
162         */
163        if (thTask==-1) {
164            thTask=__GthTaskCur;              //转换为真实的句柄
165
166        if (thTask>=TN_OS_MAX_TASKS||thTask<0) {  //检查参数是否合法
167            return;                           //不合法则不执行
168        }
170        /*
171         **    删除任务
172         */
173        __GtcbTasks[thTask].ucTaskStat=__TN_TASK_FLG_DEL;
175        /*
176         **    删除自身,则执行下一个任务
177         */
178        if (thTask==__GthTaskCur) {
179            tnOsSched();
180        }
181    }
```

5.3.8 小 结

虽然抢占式实时多任务操作系统已经成为商业化实时多任务操作系统的主流,而对于初

学者来说,协作式多任务操作系统仍然是最佳的入门级范例,但不推荐初学者使用协作式 OS 用于竞赛与项目的开发。

在嵌入式应用系统的实战中,所选用的实时操作系统并非越先进越好,恰到好处的性价比是决定是否使用操作系统的最佳指标。下面以 TinyOS51 V1.1 时间片轮询多任务操作系统为基础进入实战阶段。

TinyOS51 V1.1 是在 V1.0 的基础上进化而来的,然后又进化到 V1.2、V1.3 和 V1.4 版本。V1.4 之前版本的源代码是以适合初学者阅读和学习为前提而设计的。而 V1.4 则是完全使用汇编语言编写的可用于竞赛和商业用途的免费"时间片轮询操作系统",但仍然可以使用 TKStudio 集成开发环境调试用户代码。

为了避免给初学者带来阅读上的困难,以及避免给作者带来更大的技术支持难度,对于 TinyOS51 V1.4 版本不再公开源代码,将不为任何免费使用者承担因此所带来的任何后果,特此声明。如果 TinyOS51 存在 bugs,请通过 zlg3@zlgmcu.com 联系作者。

5.4 时间片轮询多任务操作系统

5.4.1 概　述

在协作式多任务操作系统中,由于受到任务调度程序的影响,任务的工作量显著增加。那么是否可以将任务切换的时机交给操作系统来管理呢? 回答是肯定的。

不同的操作系统内核使用不同的调度算法来决定什么时候运行哪一个任务(即调度),而事实上,协作式多任务操作系统是没有算法的,它由任务自己来决定何时调度。一般来说,操作系统的调度算法主要有 3 类:时间片轮询(Time-slice Polling)、优先级(Priority)与带优先级的时间片轮询调度算法。

在分时系统中,一般采用时间片轮询调度算法,这是一种绝对公平的思想策略。首先将 MCU 的执行时间划分为若干个时间片,然后让处于就绪状态的任务,按顺序轮流占有 MCU。当时间片用完时,即使任务没有执行完毕,系统也会无情地剥夺该任务使用 MCU 的权力。每个任务在被剥夺前都可以运行一个给定的时间片时间,这就是时间片轮询调度算法。时间片一般为 1~10 ms,其时间长短与具体的操作系统相关。

之前的调度策略认为任务是公平的,而优先级调度算法则是为了满足任务的紧迫性和重要性,将任务划分为不同的等级区别对待。当一个优先级高的任务处于运行状态时,优先级低的任务不能运行。而对于同优先级的任务,则使用时间片轮询调度算法。如果要求所有任务的优先级必须不同,则是完全基于优先级的调度算法。

当今的商业社会,企业为了实现利润最大化,常常为优先级高的客户提供更多的服务,为优先级低的客户提供相对少的服务。带优先级的时间片轮询调度算法对待任务就像企业对待客户一样,也分等级(优先级)。尽管优先级高的任务可以得到更大的时间片,但优先级低的任务在优先级高的任务就绪时也可运行,仅仅是得到的时间片相对来说较短而已。

在使用时间片轮询调度算法的操作系统中,会在 2 种情况下进行任务切换:

(1) 任务主动请求调度

任务在调用操作系统提供的"等待"类服务(如延时、获得信号量、等待消息等)时,会主动请求调度。

(2) 分配给任务的时间片已到

对于完全基于优先级调度算法的操作系统来说,调用任何一个系统函数,或任何一个中断服务程序结束时,都可能让高优先级的任务处于可执行状态,都可能进行任务调度。不是任务主动放弃 CPU 而造成的任务调度就是抢占式任务调度。而事实上,所用的操作系统都是使用一个周期性的中断来管理时间片的,在这个中断服务程序中,判断任务是否用完自己的时间片。除了协作式多任务操作系统外,其他的多任务操作系统都只在 2 个时刻进行任务切换,即任务主动调用 OS 提供的函数时或中断服务程序结束时。

5.4.2 整体规划

1. 内核 API

在协作式多任务操作系统中,由于受到任务调度程序的影响,如果其中一个任务死掉了,则往往会造成整个系统崩溃。为了克服 TinyOS51 V1.0 版本固有的缺点,于是进一步为 TinyOS51 添加多任务调度算法,使 TinyOS51 从 V1.0 向 V1.1 版本进化。由于 V1.1 版本的大部分代码与 V1.0 相同,故新增加的代码将用加粗字体表示。

为了帮助初学者快速入门,并掌握嵌入式操作系统的机理,TinyOS51 V1.1 使用最简单的时间片轮询调度算法,在每个时钟节拍中断时调度,即每次分配给任务的时钟节拍数都是一个时钟节拍。

由此可见,在任务控制块中不仅不需要保存任务剩余的时钟节拍数,而且也不必编写计算任务的剩余时间和设置任务时间片的代码。

延时服务是所有操作系统都提供的一种基本服务,时间片轮询多任务操作系统也不例外。既然已经有了时钟节拍中断,那么增加以时钟节拍为单位的延时服务程序也就非常方便了。我们不妨规定:在 TinyOS51 中,时钟节拍中断将由用户选择。

由于 TinyOS51 V1.1 已经进化为时间片轮询多任务操作系统,因此不再给用户提供任务切换函数,它仅提供给 TinyOS51 内核使用,并更换新的名字为 __tnOsSched()。而事实上,__tnOsSched() 函数对用户是不可见的,因此用户不能直接调用它。由于增加了延时服务,所以增加了一个 tnOsTimeDly() 函数,详见表 5.11。因为时钟节拍中断是由用户选择的,所以提供一个 tnOsTimeTick() 函数以供用户中断服务程序调用,详见表 5.12。

表 5.11 tnOsTimeDly() 函数

名 称	tnOsTimeDly()
函数原型	void tnOsTimeDly (unsigned int uiTick)
输入参数	uiTick:等待的时间,以时钟节拍为单位。为 0 则放弃本次时间片
描 述	让任务等待一定的时间

表 5.12 tnOsTimeTick() 函数

名 称	tnOsTimeTick()
函数原型	void tnOsTimeTick (void)
描 述	时钟节拍处理函数,必须在某个周期性中断服务函数末尾调用。用户只需要在一个中断服务程序中调用即可

2. 资源配置与示例

TinyOS51 的基本使用方法参考 5.3.1 小节,本节范例仅介绍与之不同的地方。

▶ 资源配置没有变化,main() 函数和全局变量定义相同。

> 由于需要定时切换任务,所以必须增加时钟节拍中断服务程序 time0ISR(),详见程序清单 5.23(75~78)。

注意:必须将时钟节拍中断设置为最低优先级,只有这样才能保证在其他中断服务程序的执行过程中禁止任务切换,以保证其他中断服务程序的完整性。

> 任务 0 增加了时钟节拍中断初始化代码,详见程序清单 5.23(42~47)。
> 删除了 tnOsSched()任务切换函数。

程序清单 5.23 时间片轮询多任务操作系统测试范例(main.c)

```
29    static idata unsigned char    __GucTaskStks[2][32];    //分配任务堆栈
30    static unsigned char          __GucTask0;              //任务 0 测试变量
31    static unsigned char          __GucTask1;              //任务 1 测试变量
32
40    void task0 (void)
41    {
42        TMOD =(TMOD & 0xF0)|0x01;                          //时钟节拍中断初始化
43        TL0  =0x00;
44        TH0  =0x00;
45        TR0  =1;
46        ET0  =1;
47        TF0  =0;                                           //允许 time0 中断
48
49        while (1) {
50            __GucTask0++;
51        }
52    }
53
61    void task1 (void)
62    {
63        while (1) {
64            __GucTask1++;
65        }
66    }
67
75    void timer0ISR (void) __interrupt 1                    //时钟节拍中断服务程序
76    {
77        tnOsTimeTick();                                    //时钟节拍处理程序
78    }
79
87    void main (void)
88    {
89        tnOsInit();
90        tnOsTaskCreate(task0, __GucTaskStks[0]);
91        tnOsTaskCreate(task1, __GucTaskStks[1]);
```

```
92            tnOsStart();
93       }
```

初学者可以在程序清单5.23(77)处设置断点,多次全速运行,观察变量__GucTask0 和__GucTask1 的变化,以加深对时间片的理解。

5.4.3 任务控制块

由于 TinyOS51 V1.1 增加了任务延时服务功能,因此必须在 TCB 中增加一个记录任务延时时间的成员 uiTicks。新的 TCB 关联图详见图 5.13。若 uiTicks 为 0,说明任务已经完成延时,则任务不需要等待。在任务状态字中也需要增加一个用于指示当前任务正处于延时状态的标志__TN_TASK_FLG_DLY,详见程序清单 5.24。

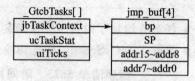

图 5.13 TCB 关联图

程序清单 5.24 任务控制块(tiny_os_51_core.c)

```
36    #define __TN_TASK_FLG_DEL      0x00          //任务被删除
37    #define __TN_TASK_FLG_RDY      0x01          //任务就绪
38    #define __TN_TASK_FLG_DLY      0x02          //任务延时

43    struct tn_os_tcb {
44        jmp_buf           jbTaskContext;        //任务上下文
45        unsigned char     ucTaskStat;           //任务状态
46        unsigned int      uiTicks;              //任务延时时间
47    };
48    typedef struct tn_os_tcb    TN_OS_TCB;

53    static data TN_OS_TCB    __GtcbTasks[TN_OS_MAX_TASKS];    //任务控制块数组
```

5.4.4 内部变量初始化

由于 TCB 增加了一个 uiTicks,因此必须初始化,详见程序清单 5.25。

程序清单 5.25 OS 初始化(tiny_os_51_core.c)

```
64    void tnOsInit (void)
65    {
66        TN_OS_TASK_HANDLE thTask;               //操作的任务
67
68        for (thTask=0; thTask<TN_OS_MAX_TASKS; thTask++){
69            __GtcbTasks[thTask].ucTaskStat=__TN_TASK_FLG_DEL;  //任务处于删除状态
70            __GtcbTasks[thTask].uiTicks=0;      //设置初值
71        }
72        __GthTaskCur=0;                         //初始化 0 号任务
73    }
```

5.4.5 创建任务

在协作式操作系统中,由于程序都是一次性执行完毕的,根本不存在被打断的现象,所以也就不必关心临界区的问题。当然,这里所说的打断仅仅是逻辑上的打断,而事实上中断服务程序肯定会打断它。但在协作式操作系统中,中断服务程序不会改变这些函数所用到的任何数据,因此无论是否打断都没有区别。

对于时间片轮询多任务操作系统来说,在时钟节拍中断服务的最后,可能会发生任务切换。而时钟节拍中断可能发生在任何时候,如程序清单 5.26(157)处。假设此时系统切换到另一个任务,而且也想创建一个新任务,可想而知,此时两个任务的任务句柄是一样的,且占用同一个任务控制块,这势必会引起系统混乱。因此,在创建任务的过程中,必须禁止任务切换,最简单的方法就是"先禁止中断,然后再允许中断"。

一般来说,为了提高可移植性,几乎都采用一个宏或函数来编写禁止中断和允许中断程序。由于 TinyOS51 仅适合 80C51 系列单片机,故直接使用了"EA＝0;"和"EA＝1;",详见程序清单 5.26。函数原型为:

TN_OS_TASK_HANDLE tnOsTaskCreate (void (* pfuncTask)(void), idata unsigned char * pucStk)

其中,pfuncTask 为指向任务函数的函数指针,pucStk 为指向任务堆栈栈顶的指针。以程序清单 5.23 为例,创建任务的示例如下:

tnOsTaskCreate(task0, __GucTaskStks[0]);

程序清单 5.26　创建任务(tiny_os_51_core.c)

```
142     TN_OS_TASK_HANDLE tnOsTaskCreate ( void ( * pfuncTask)(void),
                                                             //指向任务函数的函数指针
                                         idata unsigned char * pucStk
                                                             //指向任务堆栈栈顶的指针
                                       )
143     {
144         TN_OS_TASK_HANDLE thRt;                          //返回值
146         /*
147          * *    搜索是否有空闲的任务控制块
148          */
149         for (thRt=0; thRt<TN_OS_MAX_TASKS; thRt++){
150
151             EA=0;                                         //禁止中断
152             if (__GtcbTasks[thRt].ucTaskStat==__TN_TASK_FLG_DEL) {
154                 /*
155                  * *    如果搜索到有空闲的 TCB,则创建任务
156                  */
157                 setTaskJmp (pfuncTask, pucStk, __GtcbTasks[thRt].jbTaskContext);
158                 __GtcbTasks[thRt].ucTaskStat=__TN_TASK_FLG_RDY;   //任务就绪
159                 EA=1;                                     //允许中断
160                 return thRt;
161             }
162             EA=1;
163         }
164         return -1;
```

```
165    }
```

5.4.6 启动多任务环境

在 TinyOS51 V1.1 中，如果不允许中断，则时钟节拍中断服务程序不会运行。因此，在启动操作系统时，必须增加允许中断的代码，详见程序清单 5.27。

程序清单 5.27　启动 OS(tiny_os_51_core.c)

```
82    void tnOsStart (void)
83    {
84        EA=1;                                          //允许中断
85        longjmp(__GtcbTasks[0].jbTaskContext);         //执行 0 号任务
86    }
```

5.4.7 任务调度

与 V1.0 版本相比，TinyOS51 V1.1 版本将 tnOsSched() 函数更名为 __tnOsSched()，增加了禁止中断和允许中断的代码，并仅供内核调用，详见程序清单 5.28。

程序清单 5.28　任务主动切换(tiny_os_51_core.c)

```
95     static void __tnOsSched (void)
96     {
97         TN_OS_TASK_HANDLE    thTask;                  //操作的任务
98         char                 cTmp1;
99         TN_OS_TASK_HANDLE    thTmp2;
100        volatile data char * pucTmp3=(void *)0;
101
102        thTmp2=__GthTaskCur;
104        /*
105         ** 执行下一个任务
106         */
107        EA=0;
108        for (thTask=0; thTask<TN_OS_MAX_TASKS; thTask++) {
109            thTmp2++;
110            if (thTmp2>=TN_OS_MAX_TASKS) {
111                thTmp2=0;
112            }
113            if ((__GtcbTasks[thTmp2].ucTaskStat & __TN_TASK_FLG_RDY)!=0) {
114
115                cTmp1=setjmp(__GtcbTasks[__GthTaskCur].jbTaskContext);
                                                          //保存当前任务的上下文
116                if (cTmp1==0) {
117                    __GthTaskCur=thTmp2;
118                    longjmp(__GtcbTasks[thTmp2].jbTaskContext);    //执行指定任务
119                }
120                EA=1;
```

```
121                return;
122            }
123        }
124        EA=1;
126        /*
127         * * 如果所有任务都未就绪,则等待本任务就绪,相当于一般操作系统的空闲任务
128         */
129        pucTmp3=(volatile data char *)(&(__GtcbTasks[thTmp2].ucTaskStat));
130        while ((*pucTmp3 & __TN_TASK_FLG_RDY)==0) {
131        }
132    }
```

5.4.8 时钟节拍中断

大多数操作系统的延时管理和中断服务程序中的任务切换功能,分别是用两个函数实现的。由于 TinyOS51 V1.1 是纯粹的时间片轮询多任务操作系统,除了在 timer0ISR()时钟节拍中断服务程序中切换任务外,在其他的中断服务程序中不进行任务切换操作,所以将延时管理(程序清单 5.29(241~248))与中断服务程序中的任务切换(程序清单 5.29(250~269))功能,写在 tnOsTimeTick()时钟节拍处理函数(程序清单 5.29)中。

1. 延时管理

由于任务延时是在 tnOsTimeTick()函数中处理的,因此,应依次查看每一个任务是否处于延时状态。

▶ 如果 uiTicks 不为 0,即任务处于延时状态,则缩短延时时间。为了与 TinyOS51 更高的版本向上兼容,所以未用任务状态标志(TCB 的 ucTaskStat 成员)作为判断条件。这是因为 TinyOS51 更高的版本具有超时功能,它是借用延时功能代码来实现的。而事实上,任务状态中并没有独立的等待超时状态,因此,只能通过 TCB 的 uiTasks 成员本身来判断任务是否完成延时(程序清单 5.29(242、243))。

▶ 如果 uiTicks 为 0,即任务已经完成延时,则将任务设置为就绪状态。为了向上兼容超时代码,即区分系统服务是正常返回还是超时返回,未直接将任务设置为就绪状态,而使用"|="(位或)的方法(程序清单 5.29(244、245))。

2. 任务切换

实际上延时管理代码之后的程序就是任务切换。对于 80C51 来说,规定:C 语言函数返回使用 RET 指令,中断返回使用 RETI 指令。由于 longjmp()函数是由 RET 指令返回的,如果继续使用 longjmp(),则任务切换后 CPU 会认为中断仍未退出,同级中断(包括自身)依旧被屏蔽,从而造成整个系统执行错误。因此,必须将 longjmp()函数修改为 longjmpInIsr()(程序清单 5.30)。

程序清单 5.29 时间片用完切换(tiny_os_51_core.c)

```
232    void tnOsTimeTick (void)
233    {
234        TN_OS_TASK_HANDLE thTask;                              //操作的任务
```

```
235        char                    cTmp1;
236        TN_OS_TASK_HANDLE thTmp2;
238        /*
239         **   缩短任务等待的时间(延时管理)
240         */
241        for (thTask=0; thTask<TN_OS_MAX_TASKS; thTask++) {
242            if (__GtcbTasks[thTask].uiTicks!=0) {
243                __GtcbTasks[thTask].uiTicks--;
244                if (__GtcbTasks[thTask].uiTicks==0) {
245                    __GtcbTasks[thTask].ucTaskStat|=__TN_TASK_FLG_RDY;
246                }
247            }
248        }
249
250        thTmp2=__GthTaskCur;
252        /*
253         **   执行下一个任务
254         */
255        for (thTask=0; thTask<TN_OS_MAX_TASKS; thTask++) {
256            thTmp2++;
257            if (thTmp2>=TN_OS_MAX_TASKS) {
258                thTmp2=0;
259            }
260            if ((__GtcbTasks[thTmp2].ucTaskStat & __TN_TASK_FLG_RDY)!=0) {
261                cTmp1=setjmp(__GtcbTasks[__GthTaskCur].jbTaskContext);
262                if (cTmp1==0) {
263                    __GthTaskCur=thTmp2;
264                    longjmpInIsr(__GtcbTasks[thTmp2].jbTaskContext);
265                }
266                return;
267            }
268        }
269    }
```

由于 tnOsTimeTick() 函数是由 timer0ISR() 调用的，因此，当执行 timer0ISR() 时，由于 CPU 已经处于中断状态，所以不会执行 __tnOsSched() 函数。也就是说，不再需要禁止中断，然后允许中断的保护措施。

如果在 tnOsTimeTick() 函数中增加等待任务就绪代码，那么当所有的任务处于延时状态时，也就是说，没有任务处于就绪状态，系统就会锁死。延时状态只能由程序清单 5.29(245) 设置为就绪状态，而同优先级(包括自身)和更低优先级的中断，则必须等 timer0ISR() 退出后才能执行。也就是说，永远不会执行到程序清单 5.29(245)，当然系统处于死锁状态，所以 tnOsTimeTick() 函数不允许增加等待任务就绪代码。

5.4.9 longjmpInIsr()

longjmpInIsr() 的定义详见程序清单 5.30，函数原型为：

```
char longjmpInIsr (jmp_buf jbBuf) __naked
```

longjmpInIsr()使用关键字__naked修饰,这是与longjmp()的不同之处。SDCC51编译器规定,如果使用此关键字修饰函数,则说明此函数是无保护函数,即禁止编译器为函数生成开始和结尾代码。也就意味着,使用者将完全掌握这个过程,比如,保存任何需要被保护的寄存器,选择合适的寄存器组,在最后产生返回指令等。实际上,它意味着函数的这部分代码必须使用内嵌汇编来编写,在这里主要是为RETI指令准备的。

由于longjmpInIsr()函数是无保护函数,因此其返回值必须由用户自己来处理。由于SDCC51规定:char类型的返回值保存在DPL中,因此必须增加"DPL=1;"指令。

以程序清单5.29为例,时间片用完切换的示例如下:

```
longjmpInIsr(__GtcbTasks[thTmp2].jbTaskContext);
```

程序清单 5.30　longjmpInIsr()定义(_setjmp.c)

```
100    char longjmpInIsr (jmp_buf jbBuf) __naked
101    {
102        unsigned char ucSpSave;                            //用于保存堆栈指针的变量
103        data unsigned char * pucBuf=(data void *)0;        //指向上下文信息存储位置的指针
104
105        pucBuf=(data unsigned char *)jbBuf;
106        ucSpSave                                        = *pucBuf++;
107        bp                                              = *pucBuf++;
108        *((data unsigned char *)ucSpSave)               = *pucBuf++;
109        *((data unsigned char *)((char)(ucSpSave-1))) = *pucBuf;
110        SP                                              =ucSpSave;
111
112        DPL=1;
113        __asm
114        RETI
115        __endasm;
116    }
```

5.4.10　任务延时

在无操作系统支持的应用系统中,往往使用类似程序清单5.31所示的空循环来实现软件延时。由于CPU完全处于空转状态,因此其效率大大降低。为了提高CPU的使用效率,大部分操作系统都提供延时服务。也就是说,在任务处于延时期间,其他的任务仍然可以继续运行。因此,TinyOS51 V1.1及更高版本的OS均提供任务延时服务。

程序清单 5.31　软件延时代码

```
void delay (unsigned int uiDly)
{
    unsigned int i, j;
    for (i=0; i<uiDly; i++) {
        for (j=0; j<1000; j++) {
```

第5章 TinyOS51 嵌入式操作系统微小内核

```
            }
        }
    }
```

由于在延时期间其他任务还需要继续运行,因此,不能使用软件延时的方法实现延时功能。最好的办法就是,设置一个周期性的中断,然后用这个中断服务程序来记录当前任务的剩余延时时间。

TinyOS51 V1.1 的设计目标是实现一个基于时间片轮询的多任务操作系统。此前已经设置一个周期性的中断:时钟节拍中断 timer0ISR(),它是通过调用 tnOsTimeTick() 函数来记录当前任务的剩余延时时间的。由于所有任务可能同时延时,所以将记录当前任务剩余延时时间的变量 uiTicks 放在 TCB 中同样也是合理的。

由此可见,任务延时包括设置任务为延时状态、设置 TCB 的 uiTicks 成员为延时时间以及任务切换。而实际的延时工作是由 tnOsTimeTick() 函数处理的。任务延时详见程序清单 5.32。

程序清单 5.32 任务延时(tiny_os_51_core.c)

```
209  void tnOsTimeDly (unsigned int uiTick)
210  {
211      /*
212       ** 设置任务为等待时间状态
213       */
214      if (uiTick !=0) {
215          EA=0;
216          __GtcbTasks[__GthTaskCur].ucTaskStat=__TN_TASK_FLG_DLY;
217          __GtcbTasks[__GthTaskCur].uiTicks=uiTick;
218          EA=1;
219      }
220
221      __tnOsSched();
222      __GtcbTasks[__GthTaskCur].ucTaskStat=__TN_TASK_FLG_RDY;   //等待结束
223  }
```

当延时时间 uiTick 为 0 时,不能直接调用任务切换函数。TinyOS51 规定:当任务延时时间 uiTick 为 0 时,其仅仅是任务调度,不进行真正意义上的延时处理,即放弃当前时间片。也就是说,如果延时时间 uiTick 为 0,也就不需要设置任务控制块中的成员。

5.4.11 删除任务

tnOsTaskDel() 删除任务函数详见程序清单 5.33。与 V1.0 版本相比,TinyOS51 V1.1 版本在 tnOsTaskDel() 函数中增加了 2 部分内容:

➢ 由于 TCB 增加了一个 uiTicks,所以必须初始化;

➢ 禁止中断和允许中断。

程序清单 5.33 删除任务(tiny_os_51_core.c)

```
174  void tnOsTaskDel (TN_OS_TASK_HANDLE thTask)
```

```
175    {
176         /*
177         **   检查参数
178         */
179         if (thTask==-1) {
180             thTask=__GthTaskCur;
181         }
182         if (thTask>=TN_OS_MAX_TASKS||thTask<0) {
183             return;
184         }
186         /*
187         **   删除任务
188         */
189         EA=0;
190         __GtcbTasks[thTask].ucTaskStat=__TN_TASK_FLG_DEL;
191         __GtcbTasks[thTask].uiTicks=0;
192         EA=1;
194         /*
195         **   删除自身,则执行下一个任务
196         */
197         if (thTask==__GthTaskCur) {
198             __tnOsSched();
199         }
200    }
```

5.5 信号量

TinyOS51 V1.2 是 V1.1 的升级版,本节主要介绍它们之间的区别,其中新增加的代码用加粗字体表示。

5.5.1 概　述

通信是人类最基本的需求,比如,演员最常用的交互手段就是对白,对白就是一方发出声音(数据信息),另一方接收声音,声音的传递是通过空气与电缆等方式进行的。与此相类似,任务之间的通信是一个任务发出某种数据信息,另一个任务接收数据信息,这些数据信息通过一个共享的存储空间进行传递。

1. 信号量(Semaphore)

在任务共享同一个地址空间的系统中,任务可以通过全局变量来传递数据信息。而在一些多任务操作系统中,由于不同的任务可能占用不同的地址空间,所以一个任务不能直接访问另一个任务定义的变量,因此也就不能使用全局变量。

为了解决上述问题,1965 年荷兰学者 Dijkstra 提出了一种卓有成效的同步机制——信号灯机制。其原型来源于铁路的运行:在一条单轨铁路上,任何时候只能有一列火车行驶在上面,而管理这条铁路的系统就是信号量,详见图 5.14。其基本思想是在多个相互合作的任务

第5章 TinyOS51嵌入式操作系统微小内核

之间使用简单的信号来同步,即通过简单的信号量让多个任务进行某种形式的合作,比如,可以迫使一个任务在某一时刻停止,直至接收到一个特定的信号量为止。

很显然,这是一种互斥型信号量,它的值只能取 0/1(或 False/True),描述了"临界资源"当前是否可用。由于 TinyOS51 的特殊定位,因此在规划时没有考虑增加互斥信号量,在此不再详细阐述,下面将重点介绍计数型信号量。

2. 计数型信号量

一般来说,酒店的桌子数是固定的,因此可以这样理解,其最大桌子数就是计数器的初值。假设一人占用一张桌子,当每次进去一个人时,则计数器就会自动减1,而只有出去一人时,计数器才会自动加1。也就是说,如果计数器大于0,就可以进去吃饭,否则只好等待有人出来才能进去,这样的计数信号就是信号量。

图 5.14 信号量来源于铁路信号系统

在嵌入式多任务系统中,为了使系统达到高效处理和快速响应的目的,大量采用事件驱动(Event-driven)的方式来编写任务。而事件可能是外部的,比如,来自外部设备的中断;也可能是内部产生的,比如,一个任务给另一个任务发送信号量或消息,于是将用于任务之间同步和通信的信号量、消息邮箱等称为事件。

信号量如同通行证,因此,任务要想运行就必须先拿到通行证。如果信号量已被其他任务占用,那么,该任务只能被挂起(Pending),直到信号量被当前使用者释放为止。

> **注意**:在初始化信号量时一定要为其赋初值,并将获得信号量事件列表清空。

5.5.2 整体规划

1. 内核 API

对于标准 80C51 系列单片机来说,其片内的 RAM 和 ROM 资源是极其有限的,比如,idata 仅为 128 字节或 256 字节。即便是仅有的这些 RAM,也还不能全部给用户使用,比如,R0~R7 需要占用部分 RAM。因此,在引入信号量之后,规划 TinyOS51 时必须节省 RAM。具体如下:

- 由用户代码来定义信号量类型变量,且必须将其定义在 idata 中。既然信号量类型变量是由用户代码定义的,因此无须删除信号量函数。
- 将任务本身等待的事件保存到 TCB 中,用指向等待事件的指针 pvEvent 来记录。
- 为了便于返回以负数表示的错误状态,信号量计数值可保存在一个有符号数 char 类型字节变量中,其计数范围为 0~127。

由于信号量属于一种事件,因此 TinyOS51 V1.2 规划了事件的返回值,详见程序清单 5.34。

程序清单 5.34 事件的返回值(tiny_os_51.h)

```
41  #define TN_OS_OK            0           //正确
```

42	#define TN_OS_PAR_ERR	−1	//参数错误
43	#define TN_OS_TIME_OUT	−2	//等待时间到
44	#define TN_OS_EVENT_FULL	−3	//事件已满

信号量的标准操作包括创建信号量(初始化)、获得信号量和发送信号量,分别详见表 5.13~5.15。

表 5.13 tnOsSemCreate()函数

名 称	tnOsSemCreate()
函数原型	char tnOsSemCreate(data TN_OS_SEM * posSem, char cCount)
输入参数	posSem:指向信号量的指针;cCount:信号量初始值
描 述	创建一个信号量

表 5.14 tnOsSemPend()函数

名 称	tnOsSemPend()
函数原型	char tnOsSemPend(data TN_OS_SEM * posSem, unsigned int uiDlyTicks)
输入参数	posSem:指向信号量的指针 uiDlyTicks:等待时限(以时钟节拍为单位)。当等待时限为 0 时,即为无限期等待
返回值	信号量当前值
描 述	获得一个信号量

2. 资源配置与示例

TinyOS51 的一般使用请参考 5.3.1 小节,这里不再作详细介绍。

使用信号量必须注意:先创建,后使用。信号量的使用范例是在 5.4.2 小节范例的基础上修改而来的,其中的 main()函数和时钟节拍中断服务程序是一模一样的,仅任务代码有所区别,详见程序清单 5.35。具体变化如下:

表 5.15 tnOsSemPost()函数

名 称	tnOsSemPost()
函数原型	char tnOsSemPost(data TN_OS_SEM * posSem)
输入参数	posSem:指向信号量的指针
返回值	参考程序清单 5.34
描 述	发送一个信号量

➢ 资源配置没有变化,main()函数完全相同,全局变量增加信号量定义;
➢ 任务 0 增加初始化信号量与获得信号量代码,详见程序清单 5.35(50~52);
➢ 任务 1 增加发送信号量和延时代码,详见程序清单 5.35(68、69)。

程序清单 5.35 信号量使用范例(main.c)

```
29     static idata unsigned char   __GucTaskStks[2][32];   //分配任务堆栈
30     static unsigned char         __GucTask0;             //任务 0 测试变量
31     static unsigned char         __GucTask1;             //任务 1 测试变量
32     static TN_OS_SEM             __GosSem;               //定义信号量
33
41     void task0 (void)
```

```
42    {
43        TMOD = (TMOD & 0xF0)|0x01;              //时钟节拍中断初始化
44        TL0  = 0x0;
45        TH0  = 0x0;
46        TR0  = 1;
47        ET0  = 1;
48        TF0  = 0;                                //允许 time0 中断
49
50        tnOsSemCreate(&__GosSem, 0);
51        while (1) {
52            tnOsSemPend(&__GosSem, 0);
53            __GucTask0++;
54        }
55    }
56
64    void task1 (void)
65    {
66        while (1) {
67            __GucTask1++;
68            tnOsSemPost(&__GosSem);
69            tnOsTimeDly(10);
70        }
71    }
72
80    void timer0ISR (void) __interrupt 1         //时钟节拍中断服务程序
81    {
82        tnOsTimeTick();                          //时钟节拍处理程序
83    }
84
92    void main (void)
93    {
94        tnOsInit();
95        tnOsTaskCreate(task0, __GucTaskStks[0]);
96        tnOsTaskCreate(task1, __GucTaskStks[1]);
97        tnOsStart();
98    }
```

初学者可以在程序清单 5.35(82)中设置断点,多次全速运行,观察变量__GucTask0 和__GucTask1 的变化,体会信号量的作用。

5.5.3 任务控制块

如果将等待信号量的任务列表保存在信号量变量中,那么任务控制块须增加一个指示当前任务正处于等待信号量状态的__TN_TASK_FLG_SEM 标志,不过这样会占用大量的内存。

由于任务在同一时刻只能等待一个事件,因此,可以用指向等待事件的指针 pvEvent 指示任务正在等待哪个具体的事件,这样仅需占用较小的内存,并通过扫描所有 TCB 的 pvEvent

成员,即可获得等待信号量的任务列表。任务控制块成员结构示意图详见图5.15,任务控制块及相关定义见程序清单5.36。其中,pvEvent为指向等待事件的指针,用于指示这个任务在等待哪个具体的事件。如果pvEvent的值为空指针((data void *)0),则说明无等待的事件。比如:

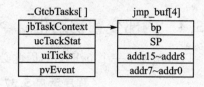

图 5.15　TCB 关联图

```
__GtcbTasks[__GthTaskCur].pvEvent=(data void *)0;        //无等待的事件
```

程序清单 5.36　任务控制块(tiny_os_51_core.c)

```
41    #define __TN_TASK_FLG_DEL    0x00        //任务被删除
42    #define __TN_TASK_FLG_RDY    0x01        //任务就绪
43    #define __TN_TASK_FLG_DLY    0x02        //任务延时
44    #define __TN_TASK_FLG_SEM    0x04        //任务等待信号量

49    struct tn_os_tcb {
50        jmp_buf          jbTaskContext;      //任务上下文
51        unsigned char    ucTaskStat;         //任务状态
52        unsigned int     uiTicks;            //任务延时时间
53        data void        *pvEvent;           //指向等待事件的指针
54    };
55    typedef struct tn_os_tcb    TN_OS_TCB;
60    static data TN_OS_TCB    __GtcbTasks[TN_OS_MAX_TASKS];    //任务控制块数组
```

> **小知识：包含等待任务列表的信号量定义**
> 一般来说,操作系统的信号量中都包含等待任务列表,其一般定义如下:
>
> ```
> struct xxxxx_sem {
>     信号量计数值;
>     其他辅助成员;
>     等待任务列表;
> };
> typedef struct tn_os_sem    XXXX_SEM;
> ```

针对不同的操作系统,"信号量计数值"可能为8位、16位或32位整数。而"等待任务列表"可能是一个成员,也可能由多个成员组成(可以认为是一个结构体,只是没有明确定义出来罢了)。

对于"等待任务列表",不同的操作系统,其具有不同的定义。例如,对于完全基于优先级调度的操作系统来说,"等待任务列表"一般为"位数组"(数组成员为一位的数组,C语言并没有位数组,一般用8位整数数组模拟位数组,用8位整数数组中一个成员存储位数组中的8个成员),数组中每一个成员代表一个任务,0表示没有等待,1表示等待。而对于时间片轮询调度的操作系统来说,"等待任务列表"可能为环形队列(参考3.2节)、链表等形式。

对于 TinyOS51 来说,如果使用环形队列实现等待任务列表,虽然环形队列可以保存所有的任务,但其大小至少需要"任务数目+2"字节。这样,每增加一个信号量,RAM 占用的空间就增加"任务数目+2"字节。由此可见,信号量一多,占用的 RAM(针对80C51)就会越多。

5.5.4 内部变量初始化

TCB 增加了一个 pvEvent，因此必须初始化，详见程序清单 5.37。

程序清单 5.37　OS 初始化(tiny_os_51_core.c)

```
71    void tnOsInit (void)
72    {
73        TN_OS_TASK_HANDLE thTask;                       //操作的任务
74
75        for (thTask=0; thTask<TN_OS_MAX_TASKS; thTask++) {
76            __GtcbTasks[thTask].ucTaskStat=__TN_TASK_FLG_DEL;  //任务处于删除状态
77            __GtcbTasks[thTask].uiTicks=0;              //无限延时
78            __GtcbTasks[thTask].pvEvent=(data void *)0; //无等待的事件
79        }
80        __GthTaskCur=0;                                 //初始化 0 号任务
81    }
```

5.5.5 信号量定义

信号量不再包含等待任务列表，而只包含信号量的值。程序清单 5.38 即为信号量的定义，首先声明一个 struct tn_os_sem 类型，它代表信号量，在这里只有一个用于保存信号量计数值的成员 cCount，占用 1 字节；然后将 TN_OS_SEM 定义为 struct tn_os_sem 类型的变量，即 TN_OS_SEM 具有 struct tn_os_sem 类型的结构。

程序清单 5.38　信号量的定义(tiny_os_51.h)

```
54    struct tn_os_sem {
55        char cCount;                           //定义用于保存信号量计数值的成员
56    };
57    typedef struct tn_os_sem    TN_OS_SEM;
```

信号量的存储空间不仅可以由操作系统分配，而且也可以由用户程序分配。为了节省内存，在 TinyOS51 中，信号量的存储空间由用户分配。__GosSem 就是用户在程序清单 5.35(32) 信号量使用范例中定义的一个 TN_OS_SEM 类型变量。比如：

```
32    static TN_OS_SEM        __GosSem;         //定义信号量
```

5.5.6 创建信号量

在使用一个信号量之前，必须先调用创建信号量函数来创建这个信号量。而信号量的创建实际上就是对信号量进行初始化，即初始化信号量的计数值。函数原型为：

```
char tnOsSemCreate (data TN_OS_SEM * posSem, char cCount)
```

先声明一个用于传递信号量计数器值的参数变量 cCount，但此变量是一个局部变量。虽然变量 cCount 的名字与程序清单 5.38 定义的用于保存信号量计数器值的信号量变量__GosSem 的成员 cCount 是一样的，但不代表同一个对象。posSem 是指向信号量变量的指针，属于

TN_OS_SEM 类型变量，即将信号量计数器的值保存到 posSem 所指向的 __GosSem 信号量变量中，详见图 5.16。

由于需要修改信号量类型变量内部成员的值，因此，必须将信号量变量的地址传递给信号量管理函数，才能使用指向信号量变量的指针来标识信号量。以程序清单 5.35 为例，创建信号量的示例如下：

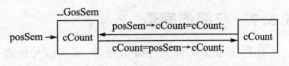

图 5.16 结构体变量的引用

```
tnOsSemCreate(&__GosSem, 0);    //用变量的地址作为实参值调用 tnOsSemCreate 函数
```

即将 __GosSem 信号量变量的首地址作为函数实参传递给被调函数的形参。相当于：

```
posSem = &__GosSem;              //将变量 __GosSem 的首地址赋值给指针变量 posSem
```

其执行结果就是将信号量变量 __GosSem 的首地址赋值给指针变量，使 posSem 指向 __GosSem，即可对 __GosSem 的成员 cCount 赋值了。比如：

```
posSem->cCount = cCount;         //将信号量置初值为 cCount
```

也可取出信号量计数值并保存，比如：

```
cCount = posSem->cCount;         //取出信号量计数值并保存
```

注意：cCount 的初值不一定为 0。由于本示例 cCount 的初值为 0，因此，当信号量创建成功后，将信号量清空。

如程序清单 5.39 所示为信号量的函数。信号量变量中不包含等待任务列表，且任务在初始化任务控制块时，已经初始化为不等待任何事件（程序清单 5.37），如果不进行参数检查，则只需要初始化信号量的计数值即可。

程序清单 5.39 tnOsSemCreate() 函数（tiny_os_51.c）

```
288    char tnOsSemCreate (data TN_OS_SEM * posSem,    //指向信号量变量的指针
                          char cCount                  //声明传递信号量计数值的参数变量
                          )
289    {
290        if (posSem == (data TN_OS_SEM *)0) {
291            return TN_OS_PAR_ERR;                   //如果 posSem 指针为空指针，则返回参数错误
292        }
293        posSem->cCount = cCount;                    //将信号量置初值为 cCount
294        return TN_OS_OK;                            //若信号量创建成功，则返回正确
295    }
```

一般来说，参数不可能为空指针。如果 posSem 指针为空指针（(data TN_OS_SEM *)0），说明程序异常，返回参数错误，告诉用户代码可能有问题。如果用户能够保证永远不出现这种情况，则可以删除这 3 行代码（程序清单 5.39(290～292)）。

当信号量创建成功后，将信号量置初值，即将信号量计数器的初始值保存到信号量中。函

数的返回值表示创建信号量的结果,如果成功,则返回值为 TN_OS_OK;如果 posSem 指针为空指针,则返回值为 TN_OS_PAR_ERR。

5.5.7 获得信号量

获得信号量又称为等待信号量、请求信号量或接收信号量,被控制方通过调用"获得信号量"函数来获得信号量,它是信号量的一种基本操作。函数原型为:

```
char tnOsSemPend ( data TN_OS_SEM * posSem, unsigned int uiDlyTicks)
```

其中,posSem 为指向信号量变量的指针;uiDlyTicks 为等待时限,即等待信号量的最长时间(以系统节拍为单位)。当等待时限为 0 时,表示无时间限制,一直等到控制方发送信号量为止。以程序清单 5.35 为例,获得信号量的示例如下:

```
tnOsSemPend(&__GosSem, 0);               //0 表示无限期等待
```

其具体的操作如下:

- 如果 posSem 为空指针(程序清单 5.40(309~311)),通常是程序异常引起的,那么函数返回 0,表明没有获得信号量。
- 如果信号量的计数值不为 0(程序清单 5.40(314)),则信号量计数器减 1(程序清单 5.40(315)),返回信号量的计数值之后(程序清单 5.40(318)),继续维持运行状态。
- 如果信号量的计数值为 0,则进入等待状态(程序清单 5.40(324~329))。如果任务正在等待 __GosSem 信号量,则 pvEvent 的值就是 &__GosSem。比如:

```
__GtcbTasks[__GthTaskCur].pvEvent=(data void * )posSem;  //任务在等待这个信号量
```

也就是说,任务控制块的成员 pvEvent 与 posSem 同时指向信号量变量 __GosSem。

从理论上来讲,tnOsSemPend()不需要第 2 个参数 uiDlyTicks。但应用程序往往不希望一直等待某个信号量,而是希望在等待一段时间后,即使未获得信号量也返回,并且希望等待的时间由应用程序指定。当然,如果未获得信号量,则需要系统通过某种方式告诉任务,即函数返回"超时"错误状态。

当任务再次运行后,任务会分别存在 2 种状态,即"超时时间到"和"获得信号量"。而实际上,时钟节拍处理程序会使任务处于超时时间到的状态,发送信号量会使任务处于获得信号量的状态,即任务都会重新处于可运行状态。

到底如何区分这两种情况呢?超时管理代码(程序清单 5.29(241~248))将任务状态设置为 __TN_TASK_FLG_SEM | __TN_TASK_FLG_RDY,而发送信号量代码(程序清单 5.41)将任务状态设置为 __TN_TASK_FLG_RDY。因此,程序可以通过检查任务状态来区分这两种状态。

与任务延时一样,超时管理是在 tnOsTimeTick()中处理的。由于任务延时和超时不可能同时发生,且处理流程一致,所以事件的超时管理借用任务延时所使用的 uiTicks 变量,使用同一个变量和同一段代码完成这两件事情。

程序清单 5.40 tnOsSemPend()函数(tiny_os_51.c)

```
305   char tnOsSemPend (data TN_OS_SEM * posSem,      //指向信号量变量的指针
                       unsigned int uiDlyTicks        //等待时限
```

```
                )
306     {
307         unsigned char cCount;                          //定义传递信号量计数值的参数变量
308
309         if (posSem==(data TN_OS_SEM *)0) {
310             return 0;                                  //如果posSem为空指针,返回0表明未获得信号量
311         }
312
313         EA=0;
314         if (posSem->cCount>0) {
315             posSem->cCount--;                          //信号量计数器减1
316             cCount=posSem->cCount;                     //取出信号量计数值并保存
317             EA=1;
318             return cCount;                             //返回信号量计数值后,则继续维持运行状态
319         }
321         /*
322         **   如果信号量计数值为0,则进入等待状态,说明任务处于等待信号量的状态
323         */
324         __GtcbTasks[__GthTaskCur].uiTicks    =uiDlyTicks;      //等待多少时间
325         __GtcbTasks[__GthTaskCur].ucTaskStat=__TN_TASK_FLG_SEM;
                                                               //任务正在等待信号量
326         __GtcbTasks[__GthTaskCur].pvEvent    =(data void *)posSem;
                                                               //任务在等待这个信号量
327
328         EA=1;
329         __tnOsSched();                                  //任务切换
330         EA=0;
331
332         if (__GtcbTasks[__GthTaskCur].ucTaskStat==__TN_TASK_FLG_RDY) {
                                                               //等到信号量
333             cCount=posSem->cCount;                     //取出信号量计数值并保存
334             EA=1;
335             return cCount;                             //返回信号量计数值后,则继续维持运行状态
336         }
338         /*
339         **   没有等到信号量
340         */
341         __GtcbTasks[__GthTaskCur].ucTaskStat=__TN_TASK_FLG_RDY;  //任务就绪
342         __GtcbTasks[__GthTaskCur].pvEvent    =(data void *)0;   //无等待的事件
343         EA=1;
344         return TN_OS_TIME_OUT;                         //返回等待时间到信息,告诉用户超时
345     }
```

由此可见,当任务切换后且获得信号量时,信号量却并没有减1(程序清单5.40(333~335)),因为此时信号量的减小是在tnOsSemPost()函数中进行的,从而保证了任务获得信号

量与信号量的减小是同步的。否则，当多个任务竞争信号量时，势必会错误地获得信号量。

5.5.8 发送信号量

发送信号量是信号量的一种基本操作，它是通过调用 tnOsSemPost()函数来实现的，其代码详见程序清单5.41。函数原型为：

```
char tnOsSemPost (data TN_OS_SEM * posSem)
```

其中，posSem 为指向信号量的指针。以程序清单5.35为例，发送信号量的示例如下：

```
tnOsSemPost(&__GosSem);
```

其具体的操作如下：
- 如果信号量未加到最大值，则增加信号量，然后再查看是否还有任务获得信号量；
- 如果有，则减小信号量，并将某个处于等待状态的任务设置为就绪状态；
- 如果没有，则根据信号量的大小返回成功或计数值已满。

程序清单5.41 tnOsSemPost( )函数 (tiny_os_51.c)

```
354    char tnOsSemPost (data TN_OS_SEM * posSem)
355    {
356        TN_OS_TASK_HANDLE thTask;            //操作的任务
357
358        if (posSem==(data TN_OS_SEM *)0) {
359            return TN_OS_PAR_ERR;            //如果posSem指针为空指针,则返回参数错误
360        }
361
362        EA=0;
363
364        /*
365         * * 如果posSem指针不是空指针,即少于0x7f,则信号量增加
366         */
367        if (posSem->cCount<0x7f) {            //信号量计数范围为0～127
368            posSem->cCount++;
369        }
370
371        /* 查找等待信号量的任务,判断一个任务是否等待这个信号量的方法如下:
372         * * 任务必须处于等待信号量状态,即任务控制块的成员 ucTaskStat 的值为
                __TN_TASK_FLG_SEM
373         * / 等待的必须是这个信号量,即任务控制块的成员 pvEvent 与 posSem 同时
                指向变量__GosSem
374        for (thTask=0; thTask<TN_OS_MAX_TASKS; thTask++) {
375            if (__GtcbTasks[thTask].ucTaskStat==__TN_TASK_FLG_SEM) {
376                if (__GtcbTasks[thTask].pvEvent==(data void *)posSem) {
377                    break;
378                }
379            }
```

```
380        }
381
382        if (thTask>=0 && thTask<TN_OS_MAX_TASKS) {
383
384            /*
385            ** 如果找到等待这个信号量的任务,则激活它
386            */
387            posSem->cCount--;                                    //信号量计数器减1
388            __GtcbTasks[thTask].ucTaskStat=__TN_TASK_FLG_RDY;    //任务就绪
389            __GtcbTasks[thTask].pvEvent=(data void *)0;          //无等待的事件
390        }
391
392        if (posSem->cCount<0x7f) {
393            EA=1;
394            return TN_OS_OK;
395        }
396        EA=1;
397        return TN_OS_EVENT_FULL;                                 //返回信号量计数值已满
398    }
```

5.5.9 删除任务

由于 TCB 增加了 pvEvent,所以需要初始化,详见程序清单 5.42。

程序清单 5.42 删除任务(tiny_os_51_core.c)

```
182    void tnOsTaskDel (TN_OS_TASK_HANDLE thTask)
183    {
184        /*
185        ** 检查参数
186        */
187        if (thTask==-1) {
188            thTask=__GthTaskCur;
189        }
190        if (thTask>=TN_OS_MAX_TASKS||thTask<0) {
191            return;
192        }
193
194        /*
195        ** 删除任务
196        */
197        EA=0;
198        __GtcbTasks[thTask].ucTaskStat=__TN_TASK_FLG_DEL;
199        __GtcbTasks[thTask].uiTicks=0;
200        __GtcbTasks[thTask].pvEvent=(data void *)0;    //无等待的事件
201        EA=1;
202
```

```
203         /*
204          **  删除自身,则执行下一个任务
205          */
206         if(thTask==__GthTaskCur){
207             __tnOsSched();
208         }
209     }
```

5.6 消息邮箱

TinyOS51 V1.3 是在 V1.2 的基础上进化而来的,本节主要介绍它们之间的区别,其中新增加的代码用加粗字体表示。

5.6.1 概 述

当用信号量作为行为同步工具时,只能提供同步的时刻信息,不能提供内容信息。若控制方在对被控制方进行控制的同时,还需要向被控制方提供内容信息,比如,数据或字符串,则信号量就无能为力了,而消息邮箱(Message Postbox)则是一种更有效的方式。

实际上,一段有意义的文字、声音、图片、图像、数字等信息都可以称为"消息(Message)"。对于操作系统来说,既可以将消息定义为一个整数,也可以将消息定义为指针,还可以将消息定义为一段结构化的内存存储内容。由此可见,消息就是一定范围内的数,而消息邮箱就是任务之间传递这个数的一种机制。

当两个任务是信息系统链条中的相邻两个环节时,前一个任务的输出信息就是后一个任务的输入信息。消息邮箱就是连接这两个任务的桥梁。

在消息邮箱看来,提供消息的任务(或 ISR)是生产者,读取消息的任务是消费者。在正常情况下,消息的消费时间比消息的生产时间要短,消费者总是在等待消息的到来。这时,生产者每向消息邮箱发送一次消息,都会立即被消费者取走,两者达到理想的同步效果。比如,数据采集任务、数据处理任务与显示输出任务就构成典型的信息链条,前一个任务为后一个任务提供数据,它们之间就可以用消息邮箱来实现行为同步。

一般来说,对消息邮箱必须有 3 种基本的操作:创建消息邮箱(初始化)、获得消息、发送消息。如果消息邮箱接收的任务未读取消息,那么消息邮箱也就不能保存新消息。当然消息邮箱也可以设计为新消息覆盖旧消息。

> 注意:① 消息邮箱中仅能保存一条消息;② 当初始化消息邮箱时,一定要给消息赋初值,并将等待消息邮箱的任务列表清空。

5.6.2 整体规划

1. 内核 API

为了节省 RAM 和 ROM 空间,对消息邮箱的规划如下:

- 消息邮箱类型变量由用户代码定义，而且必须定义在 idata 中；
- 既然消息邮箱类型变量是由用户代码定义的，因此无须删除消息邮箱函数；
- 将任务本身等待的事件保存在 TCB 中，用指向等待事件的指针 pvEvent 来记录；
- 消息定义为不包括 0 的 16 位无符号整数，消息为 0，则表明没有消息。

消息邮箱的标准操作有建立消息邮箱（初始化）、获得消息、发送消息，分别详见表 5.16～5.18。

表 5.16　tnOsMsgCreate( )函数

名　称	tnOsMsgCreate()
函数原型	char tnOsMsgCreate(data TN_OS_MSG * posMsg, unsigned int uiMsg)
输入参数	posMsg：指向消息邮箱的指针；uiMsg：传递消息的参数变量，消息初始值
返回值	参考程序清单 5.34
描　述	创建一个消息邮箱

表 5.17　tnOsMsgPend( )函数

名　称	tnOsMsgPend()
函数原型	unsigned int tnOsMsgPend(data TN_OS_MSG * posMsg, unsigned int uiDlyTicks)
输入参数	posMsg：指向消息邮箱的指针 uiDlyTicks：等待时限（以时钟节拍为单位），当等待时限为 0 时，即为无限期等待
返回值	其值不为 0，则为消息；其值为 0，说明直至等待时限到时，还未等到消息
描　述	获得一个消息

表 5.18　tnOsMsgPost( )函数

名　称	tnOsMsgPost()
函数原型	char tnOsMsgPost(data TN_OS_MSG * posMsg, unsigned int uiMsg)
输入参数	posMsg：指向消息邮箱的指针；uiMsg：传递消息的参数变量，发送的消息不能为 0
返回值	参考程序清单 5.34
描　述	发送一个消息

2. 资源配置与示例

TinyOS51 的使用请参考 5.3.1 小节，这里不再详细介绍。但需要注意的是，在使用消息邮箱前，必须先创建消息邮箱。

消息邮箱的使用范例是在 5.4.2 小节介绍范例的基础上修改而来的，其中，main()函数和时钟节拍中断服务程序一模一样，仅任务代码有所区别，详见程序清单 5.43。具体变化如下：

- 资源配置没有变化，main()函数完全相同；
- 全局变量信号量改为消息邮箱定义，详见程序清单 5.43(32)；
- 任务 0 初始化信号量改为初始化消息邮箱，详见程序清单 5.43(50)；
- 任务 0 获得信号量改为获得消息，详见程序清单 5.43(52)；
- 任务 0 删除了变量自增代码，详见程序清单 5.43(53)；

第5章 TinyOS51 嵌入式操作系统微小内核

➢ 任务1发送信号量代码改为发送消息代码,详见程序清单 5.43(67)。

程序清单 5.43　消息邮箱使用范例(main.c)

```
29    static idata unsigned char      __GucTaskStks[2][32];        //分配任务堆栈
30    static unsigned char            __GucTask0;                  //任务0测试变量
31    static unsigned char            __GucTask1;                  //任务1测试变量
32    static TN_OS_MSG                __GomMsg;                    //定义消息邮箱
33
41    void task0 (void)
42    {
43        TMOD =(TMOD & 0xF0)|0x01;                                //时钟节拍中断初始化
44        TL0  =0x0;
45        TH0  =0x0;
46        TR0  =1;
47        ET0  =1;
48        TF0  =0;                                                 //允许 time0 中断
49
50        tnOsMsgCreate(&__GomMsg, 0);
51        while (1) {
52            __GucTask0=tnOsMsgPend(&__GomMsg, 0);
53        }
54    }
55
63    void task1 (void)
64    {
65        while (1) {
66            __GucTask1++;
67            tnOsMsgPost(&__GomMsg, __GucTask1);
68            tnOsTimeDly(10);
69        }
70    }
71
79    void timer0ISR (void) __interrupt 1                           //时钟节拍中断服务程序
80    {
81        tnOsTimeTick();                                           //时钟节拍处理程序
82    }
83
91    void main (void)
92    {
93        tnOsInit();
94        tnOsTaskCreate(task0, __GucTaskStks[0]);
95        tnOsTaskCreate(task1, __GucTaskStks[1]);
96        tnOsStart();
97    }
```

初学者可以在程序清单 5.43(81)设置断点,多次全速运行,观察变量 __GucTask0 和

__GucTask1 的变化,体会消息邮箱的作用。

5.6.3 任务标志与消息邮箱

TinyOS51 V1.3 事件标志的变化情况详见程序清单 5.44,其中,pvEvent 用于指示这个任务具体等待哪个事件。若 pvEvent 的值为空指针((data void *)0),则说明无等待的事件。比如:

```
__GtcbTasks[__GthTaskCur].pvEvent=(data void *)0;        //无等待的事件
```

程序清单 5.44　任务标志(tiny_os_51_core.c)

```
46    #define __TN_TASK_FLG_DEL    0x00           //任务被删除标志
47    #define __TN_TASK_FLG_RDY    0x01           //任务就绪标志
48    #define __TN_TASK_FLG_DLY    0x02           //任务延时标志
49    #define __TN_TASK_FLG_SEM    0x04           //任务获得信号量标志
50    #define __TN_TASK_FLG_MSG    0x08           //任务等待消息邮箱标志

55    struct tn_os_tcb {
56        jmp_buf           jbTaskContext;        //任务上下文
57        unsigned char     ucTaskStat;           //任务状态
58        unsigned int      uiTicks;              //任务延时时间
59        data void         *pvEvent;             //指向等待事件的指针
60    };
61    typedef struct tn_os_tcb       TN_OS_TCB;

66    static data TN_OS_TCB   __GtcbTasks[TN_OS_MAX_TASKS];   //任务控制块数组
```

消息邮箱变量中不包含等待任务列表,消息邮箱只包含消息。程序清单 5.45 即为消息邮箱的定义,首先声明一个 struct tn_os_msg 类型,它代表消息邮箱,在这里只有一个用于保存消息的成员 uiMsg,占用 1 字节;然后将 TN_OS_MSG 定义为一个 struct tn_os_msg 类型的变量,即 TN_OS_MSG 具有 struct tn_os_msg 类型的结构。

程序清单 5.45　消息邮箱定义(tiny_os_51_core.h)

```
67    struct tn_os_msg {
68        unsigned int   uiMsg;                   //定义用于保存消息的成员
69    };
70    typedef struct tn_os_msg   TN_OS_MSG;
```

消息邮箱的存储空间既可以由操作系统分配,也可以由用户程序分配。为了节省内存,在 TinyOS51 中,消息邮箱的存储空间由用户分配。__GomMsg 就是用户在程序清单 5.43(32) 消息邮箱使用范例中,定义的一个 TN_OS_MSG 类型变量。比如:

```
32    static TN_OS_MSG    __GomMsg;               //定义消息邮箱
```

5.6.4 创建消息邮箱

在使用一个消息邮箱之前,必须先调用"创建消息邮箱"函数来创建这个消息邮箱。创建消息邮箱的方式与创建信号量很相似,详见程序清单 5.46。函数原型为:

```
char tnOsMsgCreate (data TN_OS_MSG * posMsg, unsigned int uiMsg)
```

先声明一个用于传递消息初始值的参数变量 uiMsg,但此变量是一个局部变量。虽然变量 uiMsg 的名字与程序清单 5.45 中定义的用于保存消息的消息邮箱__GomMsg 的成员 uiMsg 是一样的,但不代表同一个对象。posMsg 为指向消息邮箱变量的指针,属于 TN_OS_SEM 类型变量,即将消息保存到 posMsg 所指向的消息邮箱变量中。以程序清单 5.43 为例,创建消息邮箱的示例如下:

```
tnOsMsgCreate(&__GomMsg, 0);        //用变量的地址作为实参传值调用 tnOsMsgCreate 函数
```

其作用是通过创建消息邮箱函数将__GomMsg 变量的地址传递给 posMsg。

注意:uiMsg 的初值不一定为 0(在发送消息时,uiMsg 的内容不能为 0)。由于本示例 uiMsg 的初值为 0,因此,当消息邮箱创建成功后,将消息邮箱清空。

程序清单 5.46   tnOsMsgCreate( )函数(tiny_os_51_core.c)

```
414    char tnOsMsgCreate (data TN_OS_MSG * posMsg,     //指向消息邮箱变量的指针
                          unsigned int uiMsg            //声明传递消息的参数变量
                         )
415    {
416        if (posMsg==(data TN_OS_MSG *)0) {
417            return TN_OS_PAR_ERR;                    //如果 posMsg 指针为空指针,则返回参数错误
418        }
419
420        EA=0;
421        posMsg->uiMsg=uiMsg;                         //将消息邮箱置初值为 uiMsg
422        EA=1;
423        return TN_OS_OK;                             //消息邮箱创建成功,则返回正确
424    }
```

一般来说,参数不可能为空指针。如果 posMsg 指针为空指针((data TN_OS_MSG *)0),说明程序异常,返回参数错误,告诉用户代码可能有问题。如果用户能够保证永远不出现这种情况,则可以删除这 3 行代码(程序清单 5.46(416~418))。

当消息邮箱创建成功后,则将消息邮箱置初值,即将消息的初始值保存到消息邮箱中。函数的返回值表示创建邮箱的结果,如果成功,则返回值为 TN_OS_OK;如果 posMsg 指针为空指针,则返回值为 TN_OS_PAR_ERR。

5.6.5 获得消息

获得消息又称等待消息、请求消息或接收消息。被控制方通过调用"获得消息"函数来获得消息。它是消息邮箱的一种基本操作方式,其代码与获得信号量很相似,详见程序清单 5.47。函数原型为:

```
unsigned int tnOsMsgPend (data TN_OS_MSG * posMsg, unsigned int uiDlyTicks)
```

其中,posMsg 为指向消息邮箱变量的指针;uiDlyTicks 为等待时限,即等待消息的最长时间(以系统节拍为单位)。当等待时限为 0 时,表示无时间限制,一直等到控制方发送消息为止。以程序清单 5.43 为例,获得消息的示例如下:

```
tnOsMsgPend(&__GomMsg, 0);                              //0 表示无限期等待
```

其具体的操作方式如下:
- 如果 posMsg 为空指针(程序清单 5.47(438)),通常是程序异常所引起的,则函数返回 0,表明没有获得消息。
- 如果邮箱有消息(程序清单 5.47(443)),则取出消息并保存(程序清单 5.47(444)),并将邮箱清空(程序清单 5.47(445)),返回消息退出之后(程序清单 5.47(447)),继续维持运行状态。
- 如果邮箱没有消息,则当前任务进入等待状态(程序清单 5.47(453～457))。如果任务正在等待 __GomMsg 消息邮箱,则 pvEvent 的值就是 &__GomMsg。比如:

```
__GtcbTasks[__GthTaskCur].pvEvent=(data void *)posMsg;  //任务在等待这个消息
```

也就是说,任务控制块的成员 pvEvent 与 posMsg 指向同一个变量。
- 在等待消息的过程中,如果其他任务或中断服务程序在指定的时间发送了消息,则将此任务设置为就绪状态,等待消息的函数返回消息(程序清单 5.47(461～464))。
- 如果指定的时间到了,任务还没有等到消息,系统也会将此任务设置为就绪状态,tnOsMsgPend()函数返回"超时"错误状态。

程序清单 5.47　tnOsMsgPend( )函数(tiny_os_51_core.c)

```
434   unsigned int tnOsMsgPend (data TN_OS_MSG * posMsg,   //指向消息邮箱变量的指针
                                unsigned int uiDlyTicks    //等待时限
                               )
435   {
436       unsigned int uiMsg;                              //声明传递消息的参数变量
437
438       if (posMsg==(data TN_OS_MSG *)0) {
439           return 0;                                    //如果 posMsg 为空指针,则返回 0,表明未获得消息
440       }
441
442       EA=0;
443       if (posMsg->uiMsg>0) {
444           uiMsg=posMsg->uiMsg;                         //如果邮箱有消息,则取出消息保存
445           posMsg->uiMsg=0;                             //接着将消息邮箱清空
446           EA=1;
447           return uiMsg;                                //返回消息退出之后,继续维持运行状态
448       }
449
450       /*
451        **   如果邮箱没有消息,则当前任务进入等待状态,说明任务处于等待消息的状态
452        */
```

```
453         __GtcbTasks[__GthTaskCur].uiTicks=uiDlyTicks;       //等待多少时间
454         __GtcbTasks[__GthTaskCur].ucTaskStat=__TN_TASK_FLG_MSG;
                                                                //任务正在等待消息
455         __GtcbTasks[__GthTaskCur].pvEvent=(data void *)posMsg;
                                                                //任务在等待这个消息
456         EA=1;
457         __tnOsSched();                                      //任务切换
458
459         EA=0;
460         if (__GtcbTasks[__GthTaskCur].ucTaskStat==__TN_TASK_FLG_RDY) {
461             uiMsg=posMsg->uiMsg;          //等到消息,取出消息并保存
462             posMsg->uiMsg=0;              //接着将消息邮箱清空
463             EA=1;
464             return uiMsg;                 //返回消息退出之后,继续维持运行状态
465         }
466
467         /*
468          * * 没有等到消息
469          */
470         __GtcbTasks[__GthTaskCur].ucTaskStat=__TN_TASK_FLG_RDY;   //任务就绪
471         __GtcbTasks[__GthTaskCur].pvEvent  =(data void *)0;      //无等待的事件
472         EA=1;
473         return 0;
474     }
```

5.6.6 发送消息

发送消息是消息邮箱的一种基本操作,其代码与发送信号量很相似,详见程序清单 5.48。函数原型为:

```
char tnOsMsgPost (data TN_OS_MSG * posMsg, unsigned int uiMsg)
```

其中,posMsg 为指向消息邮箱变量的指针;uiMsg 为发送的消息,其内容不能为 0。以程序清单 5.43 为例,发送消息的示例如下:

```
tnOsMsgPost(&__GomMsg, __GucTask1);     //__GucTask1 为发送的消息
```

其具体的操作如下:

- 一般来说,uiMsg 参数不会为 0。如果为 0,则说明程序异常。如果用户能够保证永远不出现这种情况,则可以删除这 3 行代码(程序清单 5.48(494~496))。
- 如果邮箱有消息(程序清单 5.49(499)),则返回消息邮箱已满(程序清单 5.48(501));否则将消息存入邮箱(程序清单 5.48(503)),然后再查看是否还有任务在等待此消息。
- 如果还有任务等待消息(程序清单 5.48(516)),则将此任务设置为就绪状态(程序清单 5.48(521、522)),从而保证在下次进行任务调度时,有可能运行这个任务。
- 如果没有任务等待消息,则不处理。

➤ 返回"发送消息正常"。

程序清单 5.48　tnOsMsgPost( )函数(tiny_os_51_core.c)

```
484    char tnOsMsgPost (data TN_OS_MSG * posMsg,      //指向消息邮箱变量的指针
                          unsigned int uiMsg            //声明传递消息的参数变量
                          )
485    {
486        TN_OS_TASK_HANDLE thTask;                    //操作的任务
487
488        /*
489         ** 检查参数
490         */
491        if (posMsg==(data TN_OS_MSG *)0) {
492            return TN_OS_PAR_ERR;                    //如果 posMsg 指针为空指针,则返回参数错误
493        }
494        if (uiMsg==0) {
495            return TN_OS_PAR_ERR;                    //uiMsg 为 0,说明程序异常,返回参数错误
496        }
497
498        EA=0;
499        if (posMsg->uiMsg !=0) {                     //说明已经有消息
500            EA=1;
501            return TN_OS_EVENT_FULL;                 //返回消息已满
502        }
503        posMsg->uiMsg=uiMsg;                         //将消息保存到消息邮箱
504
505        /*查找等待消息的任务,判断一个任务是否等待这个消息邮箱的方法如下:
506         *任务必须处于等待消息状态,即任务控制块的成员 ucTaskStat 的值为
                __TN_TASK_FLG_MSG
507         /*等待的必须是这个消息,即任务控制块的成员 pvEvent 与 posMsg 同时
                指向变量__GomMsg
508        for (thTask=0; thTask<TN_OS_MAX_TASKS; thTask++) {
509            if (__GtcbTasks[thTask].ucTaskStat==__TN_TASK_FLG_MSG) {
510                if (__GtcbTasks[thTask].pvEvent==(data void *)posMsg) {
511                    break;
512                }
513            }
514        }
515
516        if (thTask>=0 && thTask<TN_OS_MAX_TASKS) {
```

```
517
518          /*
519          **   激活等待消息的任务
520          */
521          __GtcbTasks[thTask].ucTaskStat=__TN_TASK_FLG_RDY;      //任务就绪
522          __GtcbTasks[thTask].pvEvent   =(data void *)0;          //无等待的事件
523      }
524
525      EA=1;
526      return TN_OS_OK;
527  }
```

第 6 章

程序设计基础

> **本章导读**
>
> 本书不是一本基于嵌入式实时操作系统程序设计技术的专著,所以本章仅重点介绍 TinyOS51 V1.4 版本嵌入式操作系统常用函数的基本用法。本章的最大特点是,不仅示例程序简洁明了,而且电路也非常简单,希望初学者能一看就懂、一学就会,达到快速入门的目的。

6.1 任务设计

在基于操作系统的应用程序设计中,任务设计是整个应用程序的基础,其他软件的设计工作都是围绕任务设计来展开,任务设计就是设计任务函数(和相关的数据结构)。

6.1.1 任务的分类

任务函数的结构按任务的执行方式可以分为 3 类:单次执行类、周期执行类和事件触发执行类。下面分别介绍其结构特点。

1. 单次执行的任务

此类任务在创建后只执行一次,在执行结束时自己删除自己。单次执行的任务函数的结构见程序清单 6.1。

程序清单 6.1 单次执行的任务函数的结构

```
void   MyTask(void)                           //单次执行的任务函数
{
    进行准备工作的代码;
    任务实体代码;
    调用任务删除函数;                          //调用 tnOsTaskDel(-1)
}
```

单次执行的任务函数由 3 部分组成:第一部分是进行准备工作的代码,用于完成各项准备工作,如定义和初始化变量、初始化某些设备等,这部分代码的多少根据实际需要来决定,也可能完全空缺;第二部分是任务实体代码,这部分代码完成该任务的具体功能,其中通常包含对若干系统函数的调用,除若干临界段代码(中断被关闭)外,任务的其他代码均可以被中断;第三部分是调用任务删除函数,该任务将自己删除自己,操作系统将不再管理它。

单次执行的任务采用创建任务函数来启动。当该任务被另外一个任务(或主函数)创建时,就进入就绪状态,等待一定时间后获得运行权,进入运行状态,任务完成后再自行删除。

2. 周期性执行的任务

周期性执行的任务是指按一个固定的周期来执行的任务。周期性执行的任务函数的结构见程序清单6.2。

程序清单6.2　周期性执行的任务函数的结构

```
void   MyTask（void）                        //周期性执行的任务函数
{
    进行准备工作的代码；
    while（1）{                               //无限循环
        任务实体代码；
        调用系统延时函数；                    //调用 OSTimeDly( )
    }
}
```

周期性执行的任务函数也由3部分组成：第一部分进行准备工作的代码和第二部分任务实体代码的含义与单次执行任务的含义相同；第三部分是调用系统延时函数,把CPU的控制权主动交给操作系统,使自己挂起,再由操作系统来启动其他已经就绪的任务。当延时时间到后,周期性执行的任务重新进入就绪状态,通常能够很快获得运行权。

3. 事件触发执行的任务

事件触发执行的任务是指,平时处于等待状态,某个事件产生时才执行一次的任务。此类任务在创建后,虽然很快可以获得运行权,但任务实体代码的执行需要等待某种事件的发生,在相关事件发生之前,则被操作系统挂起。相关事件发生一次,该任务实体代码就执行一次。其任务函数的结构见程序清单6.3。

程序清单6.3　事件触发执行的任务函数的结构

```
void   MyTask（void）                        //事件触发执行的任务函数
{
    进行准备工作的代码；
    while（1）  {                             //无限循环
        调用获取事件的函数；                  //如：获得信号量等
        任务实体代码；
    }
}
```

事件触发执行的任务函数也由3部分组成：第一部分进行准备工作的代码和第三部分任务实体代码的含义与前面两种任务的含义相同；第二部分是调用获取事件的函数,使用操作系统提供的某种通信机制,等待另外一个任务(或 ISR)发出的信息(如信号量或邮箱中的消息),在取得这个信息之前处于等待状态(挂起状态),当另外一个任务(或 ISR)发出相关信息时(调用了操作系统提供的通信函数),操作系统就使该任务进入就绪状态,通过任务调度,任务的实体代码获得运行权,完成该任务的实际功能。

6.1.2 任务的划分

在对一个具体的嵌入式应用系统进行任务划分时,可以有不同的任务划分方案。为了选择最佳划分方案,就必须知道任务划分的目标。目标可以总结为:

① 任务数目合理:对于同一个应用系统,当任务划分的数目较多时,每个任务需要实现的功能就简单一些,任务的设计也简单一些;但任务的调度操作和任务之间的通信活动增加,使系统运行效率下降,资源开销加大。当任务划分的数目较少时,每个任务需要实现的功能就繁杂一些,但可以免除不少通信工作,减少共享资源的数量,减轻操作系统的负担,减少资源开销。合理地合并一些任务,使任务数目适当少一些还是比较有利的。

② 简化软件系统:一个任务要实现其功能,除了需要操作系统的调度功能支持外,还需要操作系统的其他服务功能支持,如时间管理功能、任务之间的同步功能、任务之间的通信功能、内存管理功能等。合理划分任务,可以减少对操作系统的服务要求,使操作系统的功能得到裁减,简化软件系统,减小软件代码的规模。

③ 降低资源需求:合理划分任务,减少或简化任务之间的同步和通信需求,就可以减小相应数据结构的内存规模,从而降低对系统资源的需求。

6.2 系统函数使用概述

6.2.1 系统函数总览

TinyOS51 V1.4 为用户提供了 12 个函数,每个函数具有不同的功能,可以在不同的场合使用,也具有不同的使用限制,详见表 6.1。

表 6.1 TinyOS51 系统函数总览

所属类别		函 数	功 能	使 用 限 制
初始化函数		tnOsInit()	操作系统初始化	在调用其他函数之前的 main() 函数中调用一次
		tnOsStart()	启动操作系统	只能在 main() 函数中调用一次,该函数不会返回
任务管理函数		tnOsTaskCreate()	创建任务	无限制,但很少在中断服务程序中调用
		tnOsTaskDel()	删除任务	不能在中断服务程序中调用
时间管理函数		tnOsTimeDly()	任务等待一定的时间	必须在任务中调用
		tnOsTimeTick()	时钟节拍处理函数	必须在某个周期性中断服务程序的末尾调用
事件管理函数	信号量	tnOsSemCreate()	创建一个信号量	无限制,但很少在中断服务程序中调用
		tnOsSemPend()	获得一个信号量	必须在任务中调用
		tnOsSemPost()	发送一个信号量	可在任务中或中断服务程序中调用
	消息邮箱	tnOsMsgCreate()	创建一个消息邮箱	无限制,但很少在中断服务程序中调用
		tnOsMsgPend()	获得一个消息	必须在任务中调用
		tnOsMsgPost()	发送一个消息	可在任务中或中断服务程序中调用

6.2.2 中断服务程序调用函数的限制

在所有的操作系统中,中断服务程序不能调用可能会导致任务调度的函数,否则要么系统崩溃,要么系统忽略这些操作。中断服务程序也不应该进行创建和删除任务、创建和删除事件(信号量、消息邮箱)等操作,这样只会使程序更复杂,很容易出错。对于 TinyOS51 V1.4 来说,允许在中断服务程序中使用的函数见表 6.2。

表 6.2 中断服务程序中允许使用的函数

允许使用的函数	功 能
tnOsSemPost()	发送一个信号量
tnOsMsgPost()	发送一个消息

6.2.3 系统函数的分类

根据功能不同,TinyOS51 的系统函数可以分为初始化函数、任务管理函数、时间管理函数和事件管理函数。

1. 初始化函数

TinyOS51 的初始化函数有 2 个: tnOsInit() 和 tnOsStart()。它们不能在任何任务和/或中断服务程序中使用,仅在 main() 函数中按照一定的规范被调用,其中,tnOsInit() 函数初始化 TinyOS51 内部变量,OSStart() 函数启动多任务环境。

2. 任务管理函数

任务管理函数是操作与任务相关功能的函数,包括任务的建立与删除、任务优先级的改变、任务的挂起与恢复、任务堆栈的检查、任务状态的查询等。TinyOS51 V1.4 版本仅包含 tnOsTaskCreate() 任务创建函数和 tnOsTaskDel() 任务删除函数。

3. 时间管理函数

一般的操作系统都提供时间管理函数,最基本的就是延时函数,TinyOS51 也不例外。TinyOS51 V1.4 仅包含两个时间管理函数,其中,tnOsTimeDly() 为让任务以时钟节拍为单位的延时函数,延时误差与就绪任务数目有关;而 tnOsTimeTick() 为时钟节拍处理函数,需要由时钟节拍中断处理程序调用,用户一般不会使用它。

4. 事件管理函数

TinyOS51 把信号量等都称为事件,管理它们的就是事件管理函数。TinyOS51 V1.4 具有的事件包括信号量和消息邮箱,它们是 TinyOS51 用于同步与通信的工具。

6.3 系统函数的使用场合

6.3.1 时间管理

1. 控制任务的执行周期

时间管理函数中使用率最高的是延时函数 tnOsTimeDly(),其主要应用场合是控制周期性任务的执行周期,其程序结构见程序清单 6.4。

程序清单 6.4　用延时函数控制任务执行周期

```
void  MyTask（void）                       //周期性执行的任务函数
{
    进行准备工作的代码；
    while(1) {                            //无限循环
        任务实体代码；
        调用系统延时函数；                  //调用 OSTimeDly( )
    }
}
```

延时函数 tnOsTimeDly( )是以系统节拍数为参数的。设系统节拍为 50 ms，调用函数 OSTimeDly(20)的效果是延时 1 s。

2. 控制任务的运行节奏

在任务函数的代码中，可以通过插入延时函数来控制任务的运行节奏，以便将空闲 CPU 时间利用起来，供其他任务使用。如某任务由 3 部分操作组成，相邻操作之间需要有一个时间间隔，其任务代码结构如程序清单 6.5 所示，各种时间顺序控制任务可以用这种结构的任务函数实现。

程序清单 6.5　用延时函数控制任务运行节奏

```
void  MyTask（void）                       //任务函数
{
    进行准备工作的代码；
    while(1){                             //无限循环
        调用获取事件的函数；                //如：获得信号量等
        第一部分操作代码；
        调用系统延时函数；                  //调用 OSTimeDly( )
        第二部分操作代码；
        调用系统延时函数；                  //调用 OSTimeDly( )
        第三部分操作代码；
        …
    }
}
```

3. 状态查询

如果任务需要得到某种状态信息才能进行下一步操作，通常采用获得信号量或消息的方法来处理。但有时这种状态消息不能通过具有行为同步功能的通信方法得到，必须由任务主动去查询。对于时间片轮询多任务操作系统来说，查询过程可以使用如下代码实现：

```
while（查询的条件不成立）{
}
```

这种代码会大量占用 CPU 时间，很浪费资源。解决这个问题的办法是用定时查询代替连续查询，即在查询的过程中插入延时函数，不断地将 CPU 交出来，供其他任务使用。状态查询的函数结构可以参考程序清单 6.6。

第 6 章　程序设计基础

程序清单 6.6　状态查询函数参考结构

```
void    MyTask（void）                              //任务函数
{
    进行准备工作的代码；
    while(1){                                       //无限循环
        while（查询的条件不成立){
            调用系统延时函数；                      //调用 OSTimeDly( )
        }
        其他处理代码；
    }
}
```

6.3.2　资源同步

被两个以上并发程序单元(任务或 ISR)访问的资源称为共享资源。共享资源一定是全局资源。但不要以为全局资源就一定是共享资源，那些只为一个任务（或 ISR)使用的全局资源并不是共享资源，而是这个任务（或 ISR)的私有资源。对自己的私有资源进行读/写操作是不受限制的，例如，显示任务可以随时使用点阵字体数组(点阵字体数组常常定义为全局数组)。

任务对共享资源进行访问的代码称为临界区。各个任务访问同一共享资源的关键段落必须互斥，只有这样才能保障共享资源信息的可靠性和完整性。这种使不同任务访问共享资源时能够确保共享资源信息可靠和完整的措施称为资源同步。资源同步可通过以下手段实现：① "进入然后退出临界区"*。"进入然后退出临界区"是通过调用禁止中断(EA＝0)和允许中断(EA＝0)实现的。② 使用信号量。

6.3.3　行为同步

在实时操作系统的支持下，系统的整体功能是通过各个任务和 ISR 的协同运行来实现的，其中运行步骤的协调就是行为同步。一个任务的运行过程需要和其他任务的运行配合，才能达到预定的效果。任务之间的这种动作配合和协调关系称为"行为同步"。由于行为同步过程往往由某种条件来触发，故又称为"条件同步"。行为同步的结果体现为任务之间的运行按某种预定的顺序来进行，故又称为"顺序控制"。在每一次同步的过程中，其中一个任务(或 ISR)为"控制方"，它使用操作系统提供的某种通信手段发出控制信息；另一个任务为"被控制方"，通过通信手段得到控制信息后即进入就绪状态，或者立即进入运行状态，或者随后某个时刻进入运行状态。被控制方的运行状态受到控制方发出的信息来控制，即被控制方的运行状态由控制方发出的信息来同步。

为实现任务之间的行为同步，TinyOS51 V1.4 提供了两种通信手段来适应不同场合的需要，它们分别是：信号量和消息邮箱。

在嵌入式应用系统中，ISR 与任务之间、任务与任务之间必然伴随数据通信。在 TinyOS51

---

* "进入然后退出临界区"是工程上的简称。系统在进入临界区之前，要执行一段代码；刚刚退出临界区之后，要执行另一段代码。通过执行这两段代码，使系统一个时刻最多有一个任务处于临界区中。因为一段代码是在进入临界区之前执行(称为"进入临界区")，另一段代码是在退出临界区之后执行(称为"退出临界区")，所以工程上把这种保护临界区的技术简称为"进入然后退出临界区"。

V1.4 中，可以使用全局变量、消息邮箱实现 ISR 与任务之间、任务与任务之间的通信。

全局变量（包括全局数组和全局结构体）可以充当一种共享资源，用来在任务之间传输数据。提供数据的任务或 ISR（生产者）对全局变量进行"写操作"，使用数据的任务或 ISR（消费者）对全局变量进行"读操作"，从而实现数据在任务或 ISR 之间的传输过程。这时，全局变量是一种共享资源，对其进行的访问必须遵循资源同步的规则（如"进入然后退出临界区"）。因为全局变量访问速度很快，所以使用"进入然后退出临界区"的方法（通常使用禁止、允许中断实现）最合适。事实上，所有的事件实现代码中都使用这种方法访问自己的全局变量。

> **注意**：指针可能是局部变量，但只要指针指向的变量是全局变量，那么对于指针指向的变量，就要当做全局变量来处理。

6.4 时间管理

TinyOS51 V1.4 提供了若干个时间管理服务函数，可以满足任务在运行过程中对时间管理的需求。在使用时间管理服务函数时，必须十分清楚一个事实：时间管理服务函数是以系统节拍为处理单位的，实际的时间与希望的时间是有误差的，最大误差与就绪任务数目成正比。假如系统就绪任务数目为 3，则最大误差为 3 个系统节拍。一个特例为就绪任务数目为 0，其最大误差为 1 个系统节拍。因此，时间管理服务函数只能用在对时间精度要求不高的场合，或者时间间隔较长的场合。

TinyOS51 提供这样一种系统服务：申请该服务的任务可以延时一段时间，这段时间的长短是由时钟节拍的数目来确定的，实现这个系统服务的函数就是 tnOsTimeDly()。调用该函数会使 TinyOS51 进行一次任务调度，且执行下一个处于就绪态的任务。

下面以图 6.1 为例说明 tnOsTimeDly()函数的用途。设计一个任务让一个 LED 以 50 个时钟节拍为单位闪烁，参考程序见程序清单 6.7。

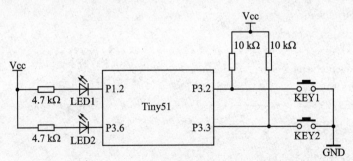

图 6.1　键盘、LED 与蜂鸣器参考电路原理图

程序清单 6.7　LED 延时闪烁程序

```
23    #include<80C51.h>                          //芯片寄存器定义文件
24    #include ".\tiny_os_51\tiny_os_51.h"       //操作系统头文件
29    #define OSC           11059200             //晶振频率
30    #define TICKS_PER_SEC 200                  //时钟节拍频率
```

```c
31    #define LED1              P1_2             //定义LED1使用的I/O口
32    #define LED2              P3_6             //定义LED1使用的I/O口
33    #define KEY1              P3_2             //定义按键1使用的I/O口
34    #define KEY2              P3_3             //定义按键2使用的I/O口
36    /****************************************************************
37    **  全局变量定义
38    ****************************************************************/
39    static idata unsigned char __GucTaskStks[4][40];    //分配任务堆栈
41    /****************************************************************
42    **  Function name：     time0ISR
43    **  Descriptions：      定时器0中断处理函数
47    ****************************************************************/
48    void time0ISR (void) __interrupt 1
49    {
50        TL0  =(65535-((OSC/12)/TICKS_PER_SEC)) % 256;
51        TH0  =(65536-((OSC/12)/TICKS_PER_SEC))/256;
52        tnOsTimeTick();
53    }
55    /****************************************************************
56    **  Function name：     __timer0Init
57    **  Descriptions：      初始化定时器0
61    ****************************************************************/
62    static void __timer0Init (void)
63    {
64        TMOD =(TMOD & 0xf0)|0x01;
65        TL0  =(65535-((OSC/12)/TICKS_PER_SEC)) % 256;
66        TH0  =(65536-((OSC/12)/TICKS_PER_SEC))/256;
67        TR0  =1;
68        ET0  =1;
69        TF0  =0;
70    }
72    /****************************************************************
73    **  Function name：     main
74    **  Descriptions：      系统主函数
78    ****************************************************************/
79    void main (void)
80    {
81        static void __taskLed(void);
82
83        __timer0Init();
84
85        tnOsInit();
86        tnOsTaskCreate(__taskLed, __GucTaskStks[0]);
87        tnOsStart();
88    }
```

```
90      /*****************************************************************
91      ** Function name:          __taskLed
92      ** Descriptions:           LED 闪烁任务
96      *****************************************************************/
97      static void __taskLed (void)
98      {
99          while (1) {
100             LED1=0;                                 //点亮 LED
101             tnOsTimeDly(TICKS_PER_SEC/4);           //延时 1/4 s
102             LED1=1;                                 //熄灭 LED
103             tnOsTimeDly(TICKS_PER_SEC/4);           //延时 1/4 s
104         }
105     }
```

程序清单6.7分为以下几部分：

① 通用代码：包括程序清单6.7(23～24、41～70)。如果使用定时器0作为时钟节拍中断，这部分代码一般不需要改变。

② 范例宏定义：包括程序清单6.7(29～34)，这部分代码根据应用不同可能有很大变化。

③ main()函数与任务堆栈：包括程序清单6.7(39、79～88)。一般来说，每个任务需要的堆栈数目不一样，每个应用程序的堆栈定义可能有较大变化。对于简单的嵌入式系统来说，一般在main()创建所有的任务，而没有删除任务的代码。此时，main()函数的变化仅是创建任务代码的变化而已。

④ 任务代码：包括程序清单6.7(97～105)，这是(在硬件相同的情况下)一个嵌入式系统区别另一个嵌入式系统的主要部分。

> **提 示**
>
> 本章所有例子均使用图6.1所示电路，晶振频率均为11.0592 MHz，时钟节拍均为200 Hz，均使用定时器0作为时钟节拍中断。因此，所有例子中main()函数之前的代码(程序清单6.7(79)之前的代码)，仅可能增加一些全局变量和函数的定义，其他则一模一样。而main()函数的代码也仅是根据任务函数及其数目的不同，其创建任务部分(程序清单6.7(81、86))有所不同而已。为减少篇幅，本章后续例子仅提供任务函数及相关代码。

6.5 临界区

与其他内核一样，TinyOS51 V1.4为了处理临界段代码需要先禁止中断，处理完毕再允许中断。这样处理能够避免同时有其他任务或中断服务进入临界区代码。TinyOS51 V1.4没有定义禁止中断和允许中断的函数(或宏)，用户可以直接使用"EA=0;"禁止中断，使用"EA=1;"允许中断。

假设设计两个任务，它们都对全局变量uiSum1和uiSum2操作。一个任务让这两个变量始终相等，并不断计数；另一个任务不断判断这两个变量是否相等，不相等则点亮LED，参考程序见程序清单6.8。

程序清单 6.8　通过全局变量通信程序

```
40      static data    unsigned int    __GuiSum1=0, __GuiSum2=0;    //定义两个全局变量用于测试
93      /**************************************************************
94      ** Function name:              __taskLed
95      ** Descriptions:               全局变量校验任务
99      **************************************************************/
100     static void __taskLed (void)
101     {
102         while (1) {
103             EA=0;                                           //禁止中断
104             if (__GuiSum1 != __GuiSum2) {
105                 LED1=0;                                     //点亮 LED
106             }
107             EA=1;                                           //允许中断
108         }
109     }
111     /**************************************************************
112     ** Function name:              __taskSumAdd
113     ** Descriptions:               两个全局变量自加
117     **************************************************************/
118     static void __taskSumAdd (void)
119     {
120         while (1) {
121             EA=0;                                           //禁止中断
122             __GuiSum1++;                                    //全局变量__GuiSum1自加
123             __GuiSum2++;                                    //全局变量__GuiSum2自加
124             EA=1;                                           //允许中断
125         }
126     }
```

读者调试程序清单 6.8 可以发现，如果不修改代码，LED 永远不会点亮，说明任务 taskLed()认为变量__GuiSum1 和__GuiSum2 永远相等。如果把禁止中断和允许中断的代码注释掉(程序清单 6.8(103、107、121、124))，则很快 LED 就被点亮，说明任务 taskLed()在某个时刻检测到变量__GuiSum1 和__GuiSum2 不相等。

6.6　信号量

6.6.1　简　介

在多任务系统中，信号量被广泛用于：任务间对共享资源的互斥、任务和中断服务程序之间的同步、任务之间的同步。

在 TinyOS51 V1.4 中，当任务调用 tnOsSemPost()函数发送信号时，如果没有任务获得信号量，则信号量的值加 1 并返回；如果有任务在等待该信号量，则信号量的值不加 1，某个获

得信号量的任务将得到信号量并进入就绪态(理论上是一个任务发送信息之后信号量加1,然后另一个任务获得信息之后信号量再减1,所以信号量的值不加1)。等到下次任务调度时,获得信号量的任务就可能运行了。

如果任务调用 tnOsSemPend()函数接收信息时信号量的值大于0,即信号量有效,则信号量的值减1,然后返回信号量的当前值,获得信号量的任务继续运行。

如果任务调用 tnOsSemPend()函数获得信号量时信号量的值为0,则获得信号量的任务被设置为等待这个信号量的状态,它将等待另一个任务(或中断服务程序)发出信号量后才可能解除该等待状态,或者在超时的情况下运行。

tnOsSemPend()函数允许用户定义一个最长的等待时间作为它的第二个参数,这样可以避免该任务无休止地等待下去。如果在限定的时间之内任务还是没有收到信号量,那么该任务就进入就绪态并继续运行,且同时返回出错信息告诉任务没有等到信号量(超时了)。

信号量最好在系统初始化时创建,不要在系统运行的过程中动态地创建和删除信号量。在确保成功地创建信号量之后,才可接收和发送信号量。

6.6.2 信号量的工作方式

1. 同 步

在实际的应用中,常用信号量实现同步。有两种基本同步:任务同步中断服务程序、任务间同步。

在信号量的同步应用中,tnOsSemPend()函数和 tnOsSemPost()函数会出现在不同任务的不同函数中,但不一定成对出现。一对一是最典型、最常见的工作方式。如图6.2所示,一个任务接收信号量1,多个任务或中断发送信号量也是很常见的。

在实际的应用中,还有多对多、一对多信号量操作的情况,但很不常见。建议读者不要设计这样的操作方式,因为这样会带来很多麻烦。

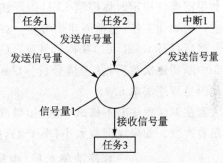

图6.2 一个任务接收,多个任务或中断发送

> 注意:中断服务程序只能调用 tnOsSemPost()函数,而不能调用 tnOsSemPend()函数,也就意味着只有任务同步中断,而没有中断同步任务,也没有中断间同步。

2. 资源共享

在嵌入式系统中,同一个资源(如显示器、串行口、非易失存储器等)往往会被多个任务使用。一些资源可以被多任务互不干扰地使用,最典型的是只读存储器(ROM),但大多数资源不能被多任务互不干扰地使用。例如,一个任务在显示器上显示"aaaaa",另一个任务在同一个显示器上显示"bbbbb",如果没有特别的措施,真正显示的内容可能是"aabbababab"或其他的字符串,使用者根本不能辨认发生了什么事。而另一些资源具有时序特征,例如,某个系统连接了 SPI 接口串行 Flash,多个任务同时想将自己的数据保存到 Flash 中,如果没有采取特别的措施,互相之间就可能干扰,造成时序不对,可能谁都没有写成功,也可能将数据写到了规定以外的区域。如果这个时序电路是性命攸关的,则可能带来灾难。

使用信号量可以解决上述问题,方法如下:

① 首先建立一个信号量用于资源共享,信号量的初始值与资源数目一致。在嵌入式系统中,一般不存在完全一样的资源。即使看起来一样的设备,如多个串行口,因为连接的对象不一样,也不能互相替代,因此它们也是不同的资源。信号量的初始值一般为1。

② 在使用资源前获得信号量。

③ 在资源使用完毕发送信号量。

在多个任务同时使用同一个资源时,任务间也隐含同步操作。因此,使用同一种资源造成的任务间隐含的同步也称为资源同步。

一般来说,为了避免程序员大意出错,任务使用资源时不需要直接调用 tnOsSemPend()函数和 tnOsSemPost()函数,它们的调用出现在资源驱动程序中。资源驱动程序会在提供的服务函数的开始调用 tnOsSemPend()函数,结束时调用 tnOsSemPost()函数。同理,一般在资源驱动提供的初始化函数中调用 tnOsSemCreate()函数来创建自己需要的信号量,而不是由任务主动创建。为了简单起见,本节的例子没有这样编写。

6.6.3　任务同步中断服务程序

在实际的应用中,通过中断服务程序发送信号量,而另一个任务接收信号量是很常见的。

如果需要使用定时器控制 LED 闪烁频率,我们可以这样做,设计一个任务__taskLed(),它先进行初始化工作,包括创建信号量__GosSem、初始化定时器1。初始化工作只需要执行一次。然后任务 taskLed()获得信号量__GosSem,获得后让 LED 闪烁一下,如此循环。在定时器1中断指定次数后,发送信号量__GosSem。改变这个指定次数,就可以改变闪烁频率。参考代码见程序清单6.9。

大家在调试程序时不妨试一试,如果改变程序清单6.9(85)中的立即数,则 LED 的闪烁频率跟着改变。如果立即数太小(小于4),则 LED 一直点亮。

程序清单6.9　中断服务程序与任务同步示例

```
40      static TN_OS_SEM         __GosSem;                      //定义信号量
73      /***************************************************************
74      **  Function name:         timer1ISR
75      **  Descriptions:          定时器1中断处理函数
79      ***************************************************************/
80      void timer1ISR (void) __interrupt 3
81      {
82          static unsigned char ucSum;                          //用于构建24位定时器
83
84          ucSum++;
85          if (ucSum>=15) {
86              ucSum=0;
87              tnOsSemPost(&__GosSem);
88          }
```

```
89      }
90
91      /****************************************************************
92      * * Function name:             __timer0Init
93      * * Descriptions:              初始化定时器1
97      ****************************************************************/
98      static void __timer1Init (void)
99      {
100         EA    =0;                                       //进入临界区
101         TMOD =(TMOD & 0x0f)|0x10;
102         TL1   =0;
103         TH1   =0;
104         TR1   =1;
105         ET1   =1;
106         TF1   =0;
107         EA    =1;                                       //退出临界区
108     }
128     /****************************************************************
129     * * Function name:             __taskLed
130     * * Descriptions:              获得信号量然后 LED1 闪烁
134     ****************************************************************/
135     static void __taskLed (void)
136     {
137         tnOsSemCreate(&__GosSem, 0);                    //创建信号量
138         __timer1Init();
139         while (1) {
140             tnOsSemPend(&__GosSem, 0);                  //获得信号量
141             LED1=0;                                     //点亮 LED
142             tnOsTimeDly(TICKS_PER_SEC/4);               //延时 1/4 s
143             LED1=1;                                     //熄灭 LED
144         }
145     }
```

6.6.4 任务间同步

在日常生活中,当我们列队跑步前进时,教练一声令下:"跑步前进",我们就以同样的步伐、同一速度,保持相同的队形,一起跑步前进。当教练说:"停!",大家就全部停下来,而且保持同一队形。这就是同步。

在嵌入式系统中,经常使用信号量实现多个任务之间的同步。而用来实现任务间同步的信号量在创建时,初始值可以为 0 或者 1,详见 tnOsSemCreate()函数。

在实际的应用中,一个任务发送信号量,而另一个任务接收信号量也是很常见的。假设任务__taskLed()使一个 LED 以 0.5 Hz 的频率闪烁,且每按键一次,LED 闪烁一次。并且规定:任务__taskLed()并不检测按键。很显然按键的速度与 LED 闪烁的速度不匹配,那么如何让它们同步起来呢?

第6章 程序设计基础

此时,任务__taskLed()应先进行初始化工作,主要是创建信号量__GosSem。初始化工作只需要执行一次。然后任务__taskLed()获得信号量__GosSem,之后让LED闪烁一下,如此循环。与此同时,另一个任务__taskKey()也在运行。任务__taskKey()用于检测按键是否按下,其工作步骤如下:

① 初始化指定I/O口为输入状态,以便能够检测按键状态;
② 等待按键按下;
③ 发送信号量__GosSem;
④ 等待按键释放;
⑤ 跳转到步骤②。

参考代码见程序清单6.10。

程序清单6.10 任务间同步示例

```
40    static TN_OS_SEM        __GosSem;                    //定义信号量
93    /***************************************************************
94     * * Function name:      __taskLed
95     * * Descriptions:       获得信号量然后LED1闪烁
99     ***************************************************************/
100   static void __taskLed (void)
101   {
102       tnOsSemCreate(&__GosSem, 0);                     //创建信号量
103       while (1) {
104           tnOsSemPend(&__GosSem, 0);                   //获得信号量
105           LED1=0;                                      //点亮LED
106           tnOsTimeDly(TICKS_PER_SEC/4);                //延时1/4 s
107           LED1=1;                                      //熄灭LED
108           tnOsTimeDly(TICKS_PER_SEC/4);                //延时1/4 s
109       }
110   }
112   /***************************************************************
113    * * Function name:      __taskKey
114    * * Descriptions:       按键任务
118    ***************************************************************/
119   static void __taskKey (void)
120   {
121       KEY1=1;                                          //设置I/O口为输入
122   
123       while (1) {
124   
125           /*
126            *  等待按键按下
127            */
128           while (KEY1==1) {
129           }
130           tnOsTimeDly(1);                              //延时5 ms
```

```
131             if (KEY1==1) {
132                 continue;
133             }
134
135             tnOsSemPost(&__GosSem);                    //发送信号量
136
137             /*
138              * 等待按键释放
139              */
140             while (1) {
141                 while (KEY1==0) {
142                 }
143                 tnOsTimeDly(1);                         //延时 5 ms
144                 if (KEY1==1) {
145                     break;
146                 }
147             }
148         }
149     }
```

读者全速运行程序清单 6.10 可以发现,每按一次 KEY1,LED1 闪烁一次。

6.6.5 资源同步

在嵌入式系统中,经常使用信号量访问共享资源以实现资源同步。而用来实现资源同步的信号量在创建时,初始值为资源的数目,不过嵌入式系统中极少出现完全等同的资源,所以一般初始化为 1,详见 tnOsSemCreate() 函数。

假设设计两个任务,它们分别以不同的频率使 LED 点亮 0.25 s,然后熄灭 0.5 s,并要求这两个任务不会互相干扰。不妨将"使 LED 点亮 0.25 s,然后熄灭 0.5 s"作为一个函数来设计。假定函数名为 __led,__led() 函数需要在开始处调用 tnOsSemPend() 函数获得信号量,在结束处调用 tnOsSemPost() 函数发送信号量。而每个任务都可以先调用 __led() 函数实现 LED 闪烁,然后调用 tnOsTimeDly() 延时确定闪烁周期,依次循环。只要延时的时间不同,闪烁的周期就不同。因为使用了信号量,所以闪烁互不干扰。当然,在使用 __led() 函数前需要初始化指定的信号量。参考代码见程序清单 6.11。

程序清单 6.11 LED 闪烁:资源同步示例

```
40  static TN_OS_SEM        __GosSem;                      //定义信号量
93  /****************************************************************
94   * * Function name:      __led
95   * * Descriptions:       具有资源同步的 LED 闪烁程序
99   ****************************************************************/
100 static void __led (void)
101 {
102     tnOsSemPend(&__GosSem, 0);                          //获得信号量
```

```
103            LED1=0;                                       //点亮 LED
104            tnOsTimeDly(TICKS_PER_SEC/4);                 //延时 1/4 s
105            LED1=1;                                       //熄灭 LED
106            tnOsTimeDly(TICKS_PER_SEC/2);                 //延时 1/2 s
107            tnOsSemPost(&osSem);                          //发送信号量
108        }
110   /***************************************************************
111    * * Function name:          __taskLed1
112    * * Descriptions:           LED 闪烁任务 1
116    ***************************************************************/
117   static void __taskLed1 (void)
118   {
119       tnOsSemCreate(&__GosSem, 1);
120       while (1) {
121           __led();
122           tnOsTimeDly(TICKS_PER_SEC * 10);
123       }
124   }
126   /***************************************************************
127    * * Function name:          __taskLed2
128    * * Descriptions:           LED 闪烁任务 2
132    ***************************************************************/
133   static void __taskLed2 (void)
134   {
135       while (1) {
136           __led();
137           tnOsTimeDly(TICKS_PER_SEC * 15);
138       }
139   }
```

6.7 消息邮箱

6.7.1 简　介

消息是任务之间的一种通信手段,当同步过程需要传输具体内容时就不能使用信号量。此时可以选择消息邮箱,即通过内核服务可以给任务发送消息。

对于 TinyOS51 V1.4 来说,邮箱用来在任务之间或中断与任务之间传递一个不包含 0 的无符号整数,这个整数就是消息邮箱传递的消息,其意义由应用程序自己解释。消息邮箱仅是暂时保存来自一个发送者的消息,直到接收者准备读这些消息为止。

tnOsMsgPend()函数允许用户定义一个最长的等待时间作为它的第二个参数,这样可以避免该任务无休止地等待下去。如果在限定的时间之内任务还是没有收到消息,那么该任务就进入就绪态,在下次任务调度时可能继续运行,且同时返回 0 表示等待超时错误。如果在限定的时间之内邮箱非空,则将邮箱中的消息值返回给调用的任务,操作成功并返回。

☞ **要点**：消息邮箱可以存放一条完整的内容信息。而用信号量进行行为同步时，只能提供同步时刻的信息，不能提供内容信息。这就是消息邮箱与信号量最大的区别。

6.7.2 消息邮箱的工作方式

① 一对一的工作方式：这种工作方式即一个任务（或中断服务程序）发送消息到消息邮箱，而另一个任务从消息邮箱中读取消息。这种工作方式最简单，也最常用。如图6.3所示为一对一的消息邮箱工作方式。

② 多对一的工作方式：这种工作方式即多个任务（或中断服务程序）发送消息到同一个消息邮箱，而另外只有一个任务从这个消息邮箱中读取消息。这种工作方式也很常见，如图6.4所示为多对一的消息邮箱工作方式。

一对多的工作方式、多对多与全双工的工作方式均不常见，在此不再作介绍。

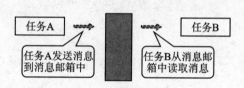

图 6.3　一对一的消息邮箱工作方式

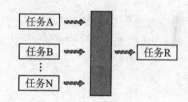

图 6.4　多对一的消息邮箱工作方式

6.7.3 中断服务程序与任务通信

在实际的应用中，通过中断服务程序发送消息，而另一个任务接收消息是很常见的。

如果需要使用定时器控制LED闪烁频率，并且LED的点亮时间也由定时器中断服务程序控制，那么可以这样做：设计一个任务__taskLed()，它先进行初始化工作，包括创建消息邮箱__GomMsg、初始化定时器1。初始化工作只需要执行一次。然后任务__taskLed()等待消息邮箱__GomMsg中的消息，等到后根据消息的值让LED点亮一定的时间，然后熄灭，如此循环。而在定时器1中断指定次数后，向消息邮箱__GomMsg发送消息。改变这个指定次数，就可以改变闪烁频率。而改变消息的内容，LED点亮的时间也随之改变。这样，程序能够完成达到要求。参考代码见程序清单6.12。

程序清单 6.12　中断服务程序发送消息

```
40      static TN_OS_MSG          __GomMsg;                       //定义消息邮箱
73      /*******************************************************************
74      ** Function name:        timer1ISR
75      ** Descriptions:         定时器1中断处理函数
79      *******************************************************************/
80      void timer1ISR (void) __interrupt 3
81      {
82          static unsigned char ucMsg;                            //发送的消息
83          static unsigned char ucSum;                            //用于构建24位定时器
```

```
84
85          ucSum++;
86          if (ucSum>=30) {
87              ucSum=0;
88
89              ucMsg=ucMsg+16;                              //增加点亮时间
90              tnOsMsgPost(&__GomMsg, ucMsg);               //发送消息
91          }
92      }
94  /************************************************************
95   ** Function name：        __timer1Init
96   ** Descriptions：         初始化定时器0
100  ************************************************************/
101 static void __timer1Init (void)
102 {
103     EA    =0;                                            //进入临界区
104     TMOD =(TMOD & 0x0f)|0x10;
105     TL1   =0;
106     TH1   =0;
107     TR1   =1;
108     ET1   =1;
109     TF1   =0;
110     EA    =1;                                            //退出临界区
111 }
131 /************************************************************
132  ** Function name：        __taskLed
133  ** Descriptions：         获得信号量然后LED1闪烁
137  ************************************************************/
138 static void __taskLed (void)
139 {
140     unsigned int uiMsg;                                  //获得的消息
141
142     tnOsMsgCreate(&__GomMsg, 0);                         //创建消息邮箱
143     __timer1Init();
144     while (1) {
145         uiMsg=tnOsMsgPend(&__GomMsg, 0);                 //等待消息
146         if (uiMsg==0) {
147             continue;
148         }
149         LED1=0;                                          //点亮LED
150         tnOsTimeDly(uiMsg);                              //延时
151         LED1=1;                                          //熄灭LED
152     }
153 }
```

6.7.4 任务间数据通信

在实际的应用中,一个任务向另一个任务发送消息,而另一个任务接收消息是很常见的。如果需要用按键控制 LED 闪烁,按下按键 1,LED 闪烁一次,按下按键 2,LED 闪烁两次。因此,可以设计 3 个任务分别管理 LED 闪烁、按键 1 的检测和按键 2 的检测。假设 LED 闪烁任务为__taskLed(),按键 1 的检测任务为__taskKey1()、按键 2 的检测任务为__taskKey2()。

__taskLed()任务的流程如下:
① 建立一个消息邮箱__GomMsg;
② 等待消息邮箱__GomMsg 的消息,假设获得的消息为 uiMsg;
③ 点亮 LED;
④ 延时一段时间;
⑤ 熄灭 LED;
⑥ 延时一段时间;
⑦ 减小 uiMsg;
⑧ 如果 uiMsg 大于 0,则跳转到③;
⑨ 跳转到②。

__taskKey1()任务和__taskKey2()任务的流程如下:
① 设置对应的 I/O 口为输入;
② 等待按键按下;
③ 发送消息,其中,__taskKey1()发送的消息为 1,__taskKey2()发送的消息为 2;
④ 跳转到②。

这样就可以达到目的了。参考程序见程序清单 6.13,其中按键去抖的说明参考 6.6.4 小节。

程序清单 6.13 任务间数据通信

```
40      static TN_OS_MSG        __GomMsg;                        //定义消息邮箱
95      /***********************************************************************
96      * * Function name:          __taskLed
97      * * Descriptions:           获得信号量然后 LED1 闪烁
101     ***********************************************************************/
102     static void __taskLed (void)
103     {
104         unsigned int uiMsg;                                   //获得的消息
105
106         tnOsMsgCreate(&__GomMsg, 0);                          //创建消息邮箱
107         while (1) {
108             uiMsg=tnOsMsgPend(&__GomMsg, 0);                  //等待消息
109             if (uiMsg==0) {
110                 continue;
111             }
112             do {
113                 LED1=0;                                       //点亮 LED
```

第6章 程序设计基础

```
114            tnOsTimeDly(TICKS_PER_SEC/4);                //延时 1/4 s
115            LED1=1;                                       //熄灭 LED
116            tnOsTimeDly(TICKS_PER_SEC/4);                //延时 1/4 s
117        } while (--uiMsg !=0);
118    }
119 }
121 /*******************************************************************
122  * * Function name：         __taskKey1
123  * * Descriptions：          按键1任务
127  *******************************************************************/
128 static void __taskKey1 (void)
129 {
130     KEY1=1;                                                //设置 I/O 口为输入
131
132     while (1) {
133
134         /*
135          *   等待按键按下
136          */
137         while (KEY1==1) {
138         }
139         tnOsTimeDly(1);                                    //延时 5 ms
140         if (KEY1==1) {
141             continue;
142         }
143
144         tnOsMsgPost(&__GomMsg, 1);                         //发送消息
145
146         /*
147          *   等待按键释放
148          */
149         while (1) {
150             while (KEY1==0) {
151             }
152             tnOsTimeDly(1);                                //延时 5 ms
153             if (KEY1==1) {
154                 break;
155             }
156         }
157     }
158 }
160 /*******************************************************************
161  * * Function name：         __taskKey2
162  * * Descriptions：          按键2任务
166  *******************************************************************/
```

```c
167  static void __taskKey2 (void)
168  {
169      KEY2=1;                                         //设置I/O口为输入
170  
171      while (1) {
172  
173          /*
174           * 等待按键按下
175           */
176          while (KEY2==1) {
177          }
178          tnOsTimeDly(1);                              //延时5 ms
179          if (KEY2==1) {
180              continue;
181          }
182  
183          tnOsMsgPost(&__GomMsg, 2);                   //发送消息
184  
185          /*
186           * 等待按键释放
187           */
188          while (1) {
189              while (KEY2==0) {
190              }
191              tnOsTimeDly(1);                          //延时5 ms
192              if (KEY2==1) {
193                  break;
194              }
195          }
196      }
197  }
```

第 7 章

保险箱密码锁控制器(方案二)

本章导读

针对保险箱密码锁控制器,本章详细阐述了基于80C51单片机使用TinyOS51的开发过程与方法,希望读者充分利用开发方案一阶段所积累的软硬件技术成果,用方案二来完成此项目的开发。

虽然采用方案一与方案二都能完成项目的需求,但两种不同的实现方法各有特点和更佳的适用性,唯有通过比较才能让初学者体会其中的奥妙。

7.1 软件开发流程

第 4 章是从设计任务书开始规划,实现保险箱密码锁控制器的软硬件设计。方案二是在方案一的基础上基于TinyOS51的实现方法。因此,本章的重点是探讨基于TinyOS51的研发过程与方法,而不是保险箱密码锁控制器的开发。

嵌入式软件与计算机软件一样,具有同样的开发复杂度。虽然有大量关于软件开发流程方面的资料,比如,软件工程学中的瀑布模型、迭代模型等,但这些资料主要针对大公司中大软件的开发流程,很少见到针对个人或小组开发流程的指导资料,从而造成个人开发随心所欲的现象比比皆是。当产品开发到后期时,其结果往往与开始的设想相差甚远。有时即使产品开发成功了,但大多数产品却并未发挥出作者的真实水平,产品质量堪忧。

作者经过多年的开发与思考,总结出一套嵌入式软件开发流程,相对来说比较简单,希望对读者有所帮助。一般来说,可以将嵌入式软件开发流程分成5个步骤,依次为:决策、模块划分、接口定义、编写代码和测试与验收。

① 决策。决策阶段是解决做什么的问题,主要是确定项目的限制条件和开发目标。开发任何软件都要注意运行软件的限制条件,也要制定所要达到的目标。有时限制条件和目标之间不能完全分开,因此,嵌入式软件开发的第一个步骤就是分析其限制条件和开发目标,并以文档的形式确定下来。

② 模块划分。在嵌入式软件开发中,模块划分是很重要的,有可能决定项目的生死。模块划分的目的主要是确定模块的功能与模块之间的关系,加快编码的速度,避免重复劳动。单人开发项目往往容易忽略这一步,很多人一上来就是"噼里啪啦"地编程,最后的结果和进度都很不理想。

③ 接口定义。决策和模块划分两个阶段侧重于嵌入式软件的分析。接口定义分为两部分：软件对外部的接口和软件内部模块间的接口。

④ 编写代码。一般来说，编程部分将占用大部分时间。如果按照本流程认真执行，则编程所占用的时间将大大缩短。

⑤ 测试与验收。产品设计完成后，最重要的工作就是测试与验收，检验产品是否达到设计的目标。单人开发项目往往容易忽略这一步，很多人编程之前根本没有设定的目标，因为他们并没有实施决策这一步。由于没有目标或目标不明确，当然也就无法确定是否达到目标。

7.2 决 策

7.2.1 概 述

确定限制条件和开发目标是决策阶段最重要的工作，只有完成这一步，软件开发成果才是可评估的。限定条件和开发目标不是泛泛而谈的，文档对于任何一项都应当给出足够的论据，以表明这一项是必要的。同时，开发目标应当是可检验的，不应该包含一个无法确定是否能够实现的目标。

决策是发挥个人创造力的步骤，决策好坏决定项目的成败。一般来说，由于嵌入式项目个性化的特点，因此决策往往很难总结出系统的方法，需要读者自己不断地探索和总结经验教训，提高决策水平。本章介绍的电子密码保险箱项目的决策结果相对来说比较简单，仅起到抛砖引玉的作用。

7.2.2 总体目标

总体目标是用比较简单的语言描述项目要得到的结果，这也往往是项目发起之前项目发起人头脑中的想法。所有其他目标均以这个目标为前提，项目负责人必须将总体目标细化到可实施的目标。

根据 A 公司的具体情况，A 公司立项开发电子密码保险箱项目的总体目标为：一个相对廉价、可靠且性价比高的电子密码箱，并与市场上的电子密码箱使用方法类似。

7.2.3 使用说明

要设计电子密码保险箱，首先要知道如何使用电子密码保险箱。使用说明是嵌入式软件开发的一个重要限制条件，同时也是一个重要的开发目标。

因为本章的主要目的是探讨基于 TinyOS51 的研发过程与方法，而不是讨论电子密码保险箱的研发，所以本章只实现电子密码保险箱的最基本功能：正常开锁、正常关锁和修改密码功能。其详细的使用说明详见 4.2.2 小节，在此不再重复列出。

7.2.4 限制条件

做任何一件事情都是有限制条件的，嵌入式软件开发同样如此。因此，在决策阶段分析项目的限制条件非常有必要。不过一些限制条件与开发目标往往很难完全区分开来，将它们放在限制条件中还是放在开发目标中，由项目负责人斟酌。

① 硬件限制条件。因为本章主要介绍软件的开发,因此,不再描述与硬件有关的内容。

② 选择 SDCC51 编译器的理由。公司要求使用正版软件,且公司没有购买编译器的预算;而 SDCC51 可以免费使用,并且 SDCC51 在不断地更新维护。因此,决定选择 SDCC51 编译器。

③ 使用 TinyOS51 的理由。使用操作系统更容易开发和维护,且编译器为 SDCC51;而 TinyOS51 不仅免费,还在更新维护,更重要的是开发人员已有 TinyOS51 的开发经验。因此,决定选择 TinyOS51。

④ 状态转换图。状态转换图详见 4.5 节,在此不再重复列出。

7.2.5 具体开发目标

对于一个项目来说,不但需要有总体目标,还需要将目标细化,形成具体目标。相对来说,总体目标一般是模糊的概念,无法度量,因此,无法评估项目执行的好坏。而具体目标是可度量的,可以用来评估项目。

本章主要讲述嵌入式软件开发,因此,不会涉及关于项目硬件、成本等与软件无关的项目目标,仅介绍软件方面的目标。

一般来说,项目目标分为功能目标和非功能目标。功能目标主要描述软件要达到的功能,相对来说比较容易评估。而非功能目标主要指软件质量方面的目标,包括软件的健壮性、容错性、兼容性与可扩展性等,一般不容易度量。

具体目标一般由项目负责人组织制定。下面介绍此项目的具体目标。

1. 功能目标

① 完全按照 7.2.3 小节实现人机交互程序,不超出 7.2.3 小节的范围;

② 掉电时密码不丢失;

③ 显示频率不小于 75 Hz。

2. 非功能目标

① 输入灵敏,不错、不漏、不重复;

② 层次化好,可扩展性好;

③ 健壮性和容错性强。

7.2.6 其他决策内容

在决策阶段,除了以上提到的几类决策外,可能还有一些其他的决策内容。这些决策有可能是全局性的,也可能是局部性的,都可以在这里记录。

① 任务的划分。根据项目的设计要求划分 3 个任务,即主任务、键盘任务与蜂鸣器任务。主任务实现如图 4.7 所示的状态机,键盘任务用于实现键盘扫描,蜂鸣器任务用于控制蜂鸣器的鸣叫。

② 任务间通信。主任务与键盘任务之间通过消息邮箱进行通信,其超时时间设置为 15 s。消息传送方向是从键盘任务到主任务,消息的值为键码。主任务与蜂鸣器任务之间通过消息邮箱进行通信,其超时时间设置为 0。消息传送方向从主任务到蜂鸣器任务,消息的值为鸣叫类型。

③ 显示扫描将在时钟节拍中断中完成,时钟节拍频率设置为 500 Hz。
④ 未编程的 E^2PROM 认为密码为 123456。

7.3 模块划分

7.3.1 概述

在嵌入式软件开发过程中,模块划分是一项十分重要的工作,甚至有可能关系到项目的生死。如果开发人员在编写代码的过程中逐步完成模块的划分,则各个模块的功能可能会比较含糊,相互之间的关系也不会非常清晰。如果在编写代码之前就已经将模块划分好,理顺模块间的关系并形成文档,则对编写代码非常有利,且可以减少不必要的重复劳动。

关于软件模块划分的方法,大家可以找到非常多的资料,比如,分层模型就是一种非常适合嵌入式软件开发的方法。不过,在划分模块时,很多工程师都有一个误区:虽然划分了模块,却没有给出模块间的关系,这样势必影响后续的编码。

要想将模块划分得好,有利于后续的编码,至少需要两方面的知识,不仅需要软件工程方面的知识,而且还需要对软件的操作对象了解得非常清除。但这不是一朝一夕能够达到的,需要读者不断地学习和总结经验教训,并大量参考相关资料来实现。

经过决策阶段后,开发人员对项目已经有了充分的了解,此时可以划分软件模块了。虽然不同的人对同样的软件需求可能有不同的划分方法,但对于嵌入式系统软件,一般建议采取分层法划分软件模块。图 7.1 就是电子保险箱控制器完整的模块划分图。

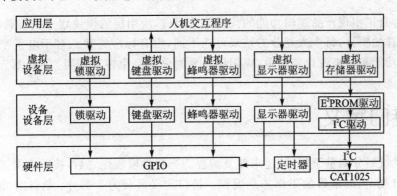

图 7.1 电子保险箱控制器模块划分图

7.3.2 硬件层

硬件层永远在嵌入式系统软件的底层,嵌入式软件模块范例划分可以从这里开始。电子密码保险箱的硬件框图详见图 4.6,在此不再重复。

7.3.3 设备驱动层

嵌入式系统的硬件功能部件没有软件支持是无法正常工作的,支持这些功能部件的代码称为驱动程序。为了便于编程,最好的办法是将所有的驱动程序放在同一个层次来编写,这个层次就是设备驱动层。很显然,每个硬件功能部件的驱动程序都可以划分为一个独立的软件模块,于是就自然地获得了设备驱动层模块图,详见图7.1所示的设备驱动层部分。

7.3.4 虚拟设备层

一般来说,通过设备驱动层可以直达应用层。但由于嵌入式系统的硬件电路变化多样,如果应用层直接操作设备层,则应用层代码受硬件的牵制太大。如果硬件电路发生改变,势必将影响到应用层,项目进度将大打折扣。

比如,键盘和显示器都是通过扫描来实现的,为了节省I/O,常会采用一些技巧性的方法,让键盘和显示器共用一些I/O口,并将键盘和显示器合并为人机交互模块。如果到项目后期才发现成本超标,进而选用I/O更少的单片机来降低成本,假如此时才考虑将键盘和显示器模块合并为人机交互模块,那么代码改动的工作将大大增加,从而导致开发成本提高,并且影响产品上市时间。

由此可见,最好的办法是增加一个虚拟设备层应对硬件的变更,那么最多只影响虚拟设备层相关的代码,且需要修改的代码非常有限。

虚拟设备层的模块划分以应用层的需求为标准,而不是以硬件功能模块为标准。从7.2节可知,电子密码保险箱的应用层需要键盘作为输入,显示器用于显示输出,蜂鸣器用于鸣响,存储器用于获得和保存密码。当然最重要的是控制锁的打开和关闭。因此,虚拟设备层可以划分为虚拟键盘驱动、虚拟显示器驱动、虚拟蜂鸣器驱动、虚拟锁驱动与虚拟存储器驱动5个模块,详见图7.1所示的虚拟设备层部分。

7.3.5 应用层

应用层由真正实现产品逻辑功能的代码部分组成,应用层的模块划分以宏观功能为标准。尽管如此,同样的项目,每个人划分的结果可能不同,没有标准答案。对于电子密码保险箱这个项目来说,功能相对来说比较简单,应用层只要划分为一个模块即可,详见图7.1所示的应用层部分。

7.4 接口定义

决策与模块划分侧重于软件,还未涉及编程。当软件模块化之后,接下来的工作就是定义归一化的接口规范,而最后的工作才是编程。接口定义可分为2部分:软件对外的接口和软件内部模块间的接口。

值得注意的是,接口并不仅仅是接口函数,还包括配置方法、相关的宏、变量、数据结构与使用方法等。

7.4.1 密码的输出、存储与显示

密码的输出、存储与显示都使用ASCII码表示。当存储密码时,则用"♯"表示密码已经结束。

7.4.2 应用层接口

应用层仅包含一个人机交互程序,主要用于实现如图4.7所示的状态机。

1. 提供给上层的接口

因为人机交互程序内聚性很强,所以将它规划为任务。

人机交互函数：mainTask(),完成所有与人交互的工作。

函数原型：void mainTask (void)

输入参数与返回值：无

2. 使用的下层接口

应用层实际上使用虚拟设备层操作实际的设备。人机交互程序使用虚拟显示器驱动显示信息,使用虚拟键盘驱动获得用户输入的信息,使用虚拟存储器驱动获得和保存密码,使用虚拟锁驱动开锁和关锁,使用虚拟蜂鸣器驱动发出声音。

3. 其他注意点

人机交互程序的堆栈数组名为 GucMainTaskStk。人机交互程序为系统创建的第一个任务。

7.4.3 虚拟设备层接口

虚拟驱动用于屏蔽对象的控制细节,应用层即可用统一的方法来实现,而无须关心具体是如何实现的。若控制方法不一样,则不必重新编写应用层的程序。

虚拟设备层包含虚拟锁驱动、虚拟键盘驱动、虚拟蜂鸣器驱动、虚拟显示器驱动和虚拟存储器驱动。

1. 可复用的虚拟驱动

虚拟锁驱动、虚拟显示器驱动与虚拟存储器驱动可分别直接使用 4.4.1 小节的虚拟锁驱动、4.4.4 小节的虚拟显示器驱动与 4.4.5 小节的虚拟存储器驱动,这里省略其接口设计。

虚拟锁驱动、虚拟显示器驱动与虚拟存储器驱动分别使用锁驱动、显示器驱动与 CAT1024 驱动。

2. 虚拟键盘驱动

① 提供给上层的接口：键盘的主要作用就是读按键,再加上设备的初始化,因此,可规划虚拟键盘为上层提供 2 个函数。需要注意的是,如果在给定时间内没有按键输入,则设备可能进入待机态。因此,读按键的 API 需要给定一个等待按键的时间,其具体要求如下：

函数原型：char virKeyInit(void)   //虚拟键盘模块初始化

返 回 值：0——成功,-1——失败

函数原型：char virKeyGet(unsigned int uiDly)   //获得按键的 ASCII 码

输入参数：uiDly——以 ms 为单位,设定最大等待的时间,0 为无限期等待

返 回 值：≥0——键的 ASCII 码,-1——失败

② 使用的下层接口：虚拟键盘驱动使用键盘驱动。

③ 其他注意点：虚拟键盘驱动应当使用一个任务来实现。

3. 虚拟蜂鸣器驱动

① 提供给上层的接口。蜂鸣器的主要作用就是通过鸣叫提示相关的信息,再加上设备的

初始化,因此,可规划虚拟蜂鸣器驱动为上层提供2个函数。又由于应用层需要多种鸣叫方式,因此,鸣叫的API需要一个参数指定鸣叫的方式。其具体要求如下:

  函数原型:char virBuzzerInit(void)　　　　　　//虚拟蜂鸣器初始化
  返 回 值:0——成功,-1——失败

  函数原型:char virBuzzerTweet (unsigned char ucMod)　//控制蜂鸣器鸣叫
  输入参数:ucMod——鸣叫方式
      VIR_BUZZER_STOP——停止鸣叫
      VIR_BUZZER_SHORT——1声短鸣叫
      VIR_BUZZER_TWO_SHORT——2声短鸣叫
      VIR_BUZZER_LONG——1声长鸣叫
  返 回 值:0——成功,-1——失败

② 使用的下层接口:虚拟蜂鸣器驱动使用蜂鸣器驱动。
③ 其他注意点:虚拟蜂鸣器驱动应当使用一个任务来实现。

7.4.4 设备驱动层接口

设备驱动层的驱动用于直接控制相应的物理设备。一般来说,设备驱动层的驱动只实现硬件的基本功能,其高级功能在虚拟设备层实现。

设备驱动层分为键盘驱动、显示器驱动、蜂鸣器驱动、锁驱动、I^2C驱动与CAT1024驱动。由于前后的接口方式完全一样,因此,直接使用4.3.3小节的键盘驱动、蜂鸣器驱动与显示器驱动以及4.3.2小节的锁驱动。

7.5 编写代码

7.5.1 概 述

大多数开发人员将编写代码与调试放在第一步来进行,在没有经验时,摸着石子过河也是一种很好的选择。

前面的步骤就是给"过河"制定一条路线图,当有了正确的路线图之后,则"过河"就是一件容易的事情了。同理,有了前面的步骤和正确的结果后,编写代码与调试同样也是一件轻松的事情,其所花费的时间往往不足整个开发过程的1/3。

1. 步　骤

每个模块的开发其实也可以看做是一个独立的嵌入式软件的开发,7.2节、7.3节和7.4节所制定的内容可以看做是这个模块的限制条件。因此,每个模块的开发步骤可以遵循整个软件的开发步骤,同样按照决策、模块划分、接口定义、编写代码和测试与验收5个步骤进行。

① 决策。7.2节是针对整个软件的,不会将每个模块的所有决策都囊括进来。因此,一些遗漏的决策需要在编写代码之前决定好。

② 模块划分。如果这个模块本身比较复杂,则可以在模块内部划分更小的模块。如果模

块非常简单,则不必再划分模块。因此,是否需要细分模块,由模块负责人决定。

③ 接口定义。7.4 节已经制定了模块的外部接口,如果这个模块不再划分更小的模块,则不需要再制定接口定义。如果这个模块内部还有更小的模块,则还需要制定内部模块之间的接口。

④ 编写代码。这是一个递归的过程,只要这个模块还需要划分更小的模块,就又要重复决策、模块划分、接口定义、编写代码与测试验收 5 个步骤。如果通过决策认为此模块不再需要划分为更小的模块,则可以真正地编写代码了。

⑤ 测试与验收。代码编写完成后,需要确定其是否达到要求,这就需要测试与验收。测试与验收一般由更高一级的模块负责人执行。

2. 调 试

当模块划分和接口设计工作完成之后,实际中的模块编程无先后关系。根据接口规范,模块可以分派给多人并行编写,分别测试,最后组装测试。比如,当编写完人机交互程序需要测试时,可以利用成熟的 UART 驱动来模拟大部分模块(如键盘和显示)。保存密码、开锁和关锁的控制都可以通过串行口输出信息来模拟,而获得密码只需提供固定的数据即可,但是这样会增加很多测试代码。如果仅一个人编写代码,则可以采取自底向上的方法,即先编写驱动层,再编写虚拟驱动层,最后编写应用层。这样测试代码相对会少很多。

7.5.2 可复用的驱动

由于前后的接口方式完全一样,因此,只需直接使用 4.3.3 小节的键盘驱动、蜂鸣器驱动与显示器驱动以及 4.3.2 小节的锁驱动即可。

7.5.3 I^2C 驱动

I^2C 驱动在 4.3.3 小节 I^2C 驱动的基础上,增加了用于互斥操作的信号量,其变化如下:
① 函数 zyI2cInit()改名为__zyI2cInit();
② 函数 zyI2cWrite()改名为__zyI2cWrite();
③ 函数 zyI2cRead()改名为__zyI2cRead();
④ 增加以下代码:

```
32      static TN_OS_SEM      __GosI2c;                    //定义信号量
369     /********************************************************************
371     ** Descriptions:          初始化I²C为主模式
376     ********************************************************************/
377     char zyI2cInit (void)
378     {
379         tnOsSemCreate(&__GosI2c, 1);                    //创建信号量
380
381         return __zyI2cInit();
382     }

384     /********************************************************************
386     ** Descriptions:          将数据写入I²C从器件
```

```
394          *************************************************************/
395          unsigned char zyI2cWrite (unsigned char ucAddr,
396                                    unsigned int uiRegAddr,
397                                    unsigned char ucRegAddrLen,
398                                    unsigned char * pucData,
399                                    unsigned char ucDataLen)
400          {
401              unsigned char ucRt;                              //返回值
402
403              tnOsSemPend(&__GosI2c, 0);                       //等待信号量
404              ucRt=__zyI2cWrite(ucAddr, uiRegAddr, ucRegAddrLen, pucData, ucDataLen);
405              tnOsSemPost(&__GosI2c);                          //发送信号量
406
407              return ucRt;
408          }

410          /*************************************************************
412          * * Descriptions:           从 I²C 从器件读数据
419          *************************************************************/
420          unsigned char zyI2cRead (unsigned char ucAddr,
421                                   unsigned int uiRegAddr,
422                                   unsigned char ucRegAddrLen,
423                                   unsigned char * pucData,
424                                   unsigned char ucDataLen)
425          {
426              unsigned char ucRt;                              //返回值
427
428              tnOsSemPend(&__GosI2c, 0);                       //等待信号量
429              ucRt=__zyI2cRead(ucAddr, uiRegAddr, ucRegAddrLen, pucData, ucDataLen);
430              tnOsSemPost(&__GosI2c);                          //发送信号量
431
432              return ucRt;
433          }
```

7.5.4　CAT1024 驱动

CAT1024 驱动是在 4.3.3 小节的基础上，增加了用于互斥操作的信号量，其变化如下：

① 函数 zyCat1024Init() 改名为 __zyCat1024Init()；
② 函数 zyCat1024Write() 改名为 __zyCat1024Write()；
③ 函数 zyCat1024Read() 改名为 __zyCat1024Read()；
④ 增加以下代码：

```
38           static TN_OS_SEM        __GosCat1024;                //定义信号量

123          /*************************************************************
125          * * Descriptions:           初始化 CAT1024
130          *************************************************************/
```

```
131   char zyCat1024Init (void)
132   {
133       tnOsSemCreate(&__GosCat1024, 1);            //创建信号量
134
135       return __zyCat1024Init();
136   }

138   /****************************************************************
140    * * Descriptions：       向 CAT1024 写数据
146    ****************************************************************/
147   unsigned char zyCat1024Write (unsigned char ucAddr, unsigned char * pucData,
                                     unsigned char ucDataLen)
148   {
149       unsigned char ucRt;                         //返回值
150
151       tnOsSemPend(&__GosCat1024, 0);              //等待信号量
152       ucRt=__zyCat1024Write(ucAddr, pucData, ucDataLen);
153       tnOsSemPost(&__GosCat1024);                 //发送信号量
154
155       return ucRt;
156   }

158   /****************************************************************
160    * * Descriptions：       从 CAT1024 中读数据
165    ****************************************************************/
166   static unsigned char zyCat1024Read (unsigned char ucAddr,
167                                        unsigned char * pucData,
168                                        unsigned char ucDataLen)
169   {
170       unsigned char ucRt;                         //返回值
171
172       tnOsSemPend(&__GosCat1024, 0);              //等待信号量
173       ucRt=__zyCat1024Read(ucAddr, pucData, ucDataLen);
174       tnOsSemPost(&__GosCat1024);                 //发送信号量
175
176       return ucRt;
177   }
```

7.5.5 虚拟键盘驱动

1. 决 策

物理键盘仅完成获得键盘瞬时状态的工作,获得的也是键值而不是 ASCII 码。因此,虚拟键盘驱动需要完成以下工作:
① 键盘去抖;
② 键值与 ASCII 码转换。
键值与 ASCII 码转换可以直接用语句实现,也可以通过查表实现,这里使用查表实现。

第7章 保险箱密码锁控制器(方案二)

至于表格的建立,可以对比硬件推理出来,也可以用程序测试出来,具体使用哪种方法,由编程者自己决定。而读键不能采取长期等待的方法,必须给出一个最长的等待时间。因此,虚拟键盘驱动使用任务扫描键盘,并通过消息邮箱发送键值。

2. 接口定义

① 使用 7.4 节制定的接口。
② 码表定义为 char 类型全局数组 __GcKeyTable。
③ 任务堆栈使用全局数组 GucTaskKeyStks。
④ 消息邮箱使用全局变量 GomKeyMsg,虚拟键盘驱动的全局变量定义详见程序清单 7.1。
⑤ 键盘扫描任务使用函数 __taskKey(),详见程序清单 7.2。

程序清单 7.1　虚拟键盘全局变量定义(vir_key.c)

```
32    static code char __GcKeyTable[]={                //按键转换表
33                    '#','0','*','9','8','7','6','5','4','3','2','1',0
34                    };
35
36    static idata unsigned char    __GucTaskKeyStks[44];   //分配任务堆栈
37    static TN_OS_MSG              __GomKeyMsg;            //定义消息邮箱
```

⑥ 键盘扫描任务使用函数 __taskKey(),其详细说明如下:

　函数原型:static void __taskKey(void)　　　　　　//无参数与返回值

3. 编写代码

虚拟键盘驱动按照接口定义,需要编写 3 个相关的函数,即 __taskKey()、virKeyInit() 和 virKeyGet(),详见程序清单 7.2。

程序清单 7.2　虚拟键盘驱动代码(vir_key.c)

```
46    static void __taskKey (void)
47    {
48        char cOldKeyState;                           //键盘历史状态
49        char cTmp1, cTmp2;
50
51        cOldKeyState=-1;
52        while (1) {
54            /*
55             * 等待按键状态变化
56             */
57            while (1) {
58                cTmp1=zyKeyGet();
59                if (cTmp1 !=cOldKeyState) {
60                    break;
61                }
62                tnOsTimeDly(TICKS_PER_SEC/100);
63            }
```

```
65              /*
66               * 去抖
67               */
68              tnOsTimeDly(TICKS_PER_SEC/100);
69              cTmp2=zyKeyGet();
70              if (cTmp2==cTmp1) {
71                  cOldKeyState=cTmp1;
73                  /*
74                   * 有键按下,发送消息
75                   */
76                  if (cTmp1>=0) {
77                      cTmp1=__GcKeyTable[cTmp1];           //将键码转换为ASCII码
78                      tnOsMsgPost(&__GomKeyMsg, cTmp1);    //发送ASCII码
79                  }
80              }
81          }
82      }

92  char virKeyInit (void)
93  {
94      if (tnOsMsgCreate(&__GomKeyMsg, 0)<0) {              //创建消息邮箱
95          return-1;
96      }
97
98      if (tnOsTaskCreate(__taskKey, __GucTaskKeyStks)<0) { //创建任务
99          return-1;
100     }
101
102     return zyKeyInit();
103 }


113 char virKeyGet (unsigned int uiDly)
114 {
115     unsigned int uiMsg;                                   //获得的消息
117     /*
118      * 获得等待节拍数
119      */
120     if (uiDly !=0) {
121         uiDly=uiDly/(1000/TICKS_PER_SEC);
122         if (uiDly==0) {
123             uiDly=1;
124         }
125     }
126
127     uiMsg=tnOsMsgPend(&__GomKeyMsg, uiDly);               //等待按键
128     if (uiMsg==0) {
```

第7章 保险箱密码锁控制器(方案二)

```
129            return-1;
130        }
131        return (char)uiMsg;
132    }
```

7.5.6 虚拟蜂鸣器驱动

1. 决 策

根据前面为虚拟蜂鸣器驱动给出的大部分信息,只要再决定蜂鸣器频率就可以了,即蜂鸣器频率为8 000 Hz,并可配置。

2. 接口定义

虚拟蜂鸣器驱动的接口定义如下:
① 使用7.4节制定的接口。
② 定义一个用于配置蜂鸣器使用频率的宏,详见程序清单7.3。

程序清单7.3　虚拟蜂鸣器驱动配置(vir_buzzer_cfg.h)

```
34    /*******************************************************************
35        鸣叫频率定义
36    *******************************************************************/
37    #define __ZY_BUZZER_HZ        800
```

③ 任务堆栈使用全局数组 GucTaskKeyStks。
④ 消息邮箱使用全局变量 GomKeyMsg,与虚拟蜂鸣器驱动相关的全局变量定义详见程序清单7.4。

程序清单7.4　虚拟蜂鸣器驱动全局变量定义(vir_buzzer.c)

```
32    static idata unsigned char      __GucTaskBuzzerStks[44];    //分配任务堆栈
33    static TN_OS_MSG                __GomBuzzerMsg;             //定义消息邮箱
```

⑤ 虚拟蜂鸣器任务函数名为__taskBuzzer(),其详细说明如下:

函数原型:static void __taskBuzzer (void)   //无参数与返回值

3. 编写代码

虚拟蜂鸣器驱动按照接口定义,需要编写3个相关的函数,即函数__taskBuzzer()、virBuzzerInit() 和 virBuzzerTweet(),详见程序清单7.5。

程序清单7.5　虚拟蜂鸣器驱动代码(vir_buzzer.c)

```
42    static void __taskBuzzer (void)
43    {
44        unsigned int uiMsg;                                    //获得的消息
45    
46        while (1) {
47            uiMsg=tnOsMsgPend(&__GomBuzzerMsg, 0);
48    
49            switch (uiMsg) {
```

```c
50              case VIR_BUZZER_STOP:
51                  phyBuzzerStop();
52                  break;
53
54              case VIR_BUZZER_SHORT:
55                  phyBuzzerTweet(__ZY_BUZZER_HZ);
56                  tnOsTimeDly(TICKS_PER_SEC/10);
57                  phyBuzzerStop();
58                  tnOsTimeDly(TICKS_PER_SEC/10);
59                  break;
60
61              case VIR_BUZZER_TWO_SHORT:
62                  phyBuzzerTweet(__ZY_BUZZER_HZ);
63                  tnOsTimeDly(TICKS_PER_SEC/10);
64                  phyBuzzerStop();
65                  tnOsTimeDly(TICKS_PER_SEC/10);
66                  phyBuzzerTweet(__ZY_BUZZER_HZ);
67                  tnOsTimeDly(TICKS_PER_SEC/10);
68                  phyBuzzerStop();
69                  tnOsTimeDly(TICKS_PER_SEC/10);
70                  break;
71
72              case VIR_BUZZER_LONG:
73                  phyBuzzerTweet(__ZY_BUZZER_HZ);
74                  tnOsTimeDly(TICKS_PER_SEC/2);
75                  phyBuzzerStop();
76                  tnOsTimeDly(TICKS_PER_SEC/10);
77                  break;
78
79              default:
80                  break;
81              }
82          }
83      }
84
85  char virBuzzerInit (void)
86  {
87      if (tnOsMsgCreate(&__GomBuzzerMsg, 0)<0) {      //创建消息邮箱
88          return -1;
89      }
90
91      if (tnOsTaskCreate(__taskBuzzer, __GucTaskBuzzerStks)<0) {  //创建任务
92          return -1;
93      }
94
```

第 7 章 保险箱密码锁控制器(方案二)

```
104        return phyBuzzerInit();
105    }
119    char virBuzzerTweet (unsigned char ucMod)
120    {
121        tnOsMsgPost(&__GomBuzzerMsg, ucMod);
122        return 0;
123    }
```

7.5.7 人机交互程序

其实,人机交互程序与 4.5 节的主程序非常相似,只是实现方法不同而已,其代码详见程序清单 7.6。它与 4.5 节的程序清单 4.22 的不同之处用粗字体表示。

程序清单 7.6　人机交互程序

```
41     /*****************************************************************
43      * * Descriptions：打开保险箱
46      * * Returned value：  0——密码输入正确
47      * *                   1——超时
48      * *                  -1——密码输入错误
49      *****************************************************************/
50     static char __hmiBoxOpen (void)
51     {
52         unsigned char i, j;
53         char cTmp1;
54     
55         for (i=0; i<3; i++) {
57             /*
58              *  显示初始画面
59              */
60             strcpy(__GcHmiBuf, "------");
61             virShowPuts(__GcHmiBuf);
63             /*
64              *  输入密码
65              */
66             j=0;
67             while (1) {
68                 cTmp1=virKeyGet(15 * 1000);
69                 if (cTmp1<0) {
71                     /*
72                      *  超时
73                      */
74                     return 1;
75                 }
77                 if (cTmp1=='*') {                              //"*"为删除键
78                     if (j>0) {
```

```c
 79                 j--;
 80             }
 81             __GcHmiBuf[j]='-';
 82         } else {
 83             __GcHmiBuf[j]=cTmp1;            //保存输入的字符
 84             j++;
 85         }
 87         if (cTmp1=='#') {                   //密码输入完毕
 88             break;
 89         }
 91         /*
 92          * 第7个字符必须为"#"
 93          */
 94         if (j==7 && cTmp1!='#') {
 95             j--;
 96             __GcHmiBuf[6]=0;
 97             continue;
 98         }
100         /*
101          * 提示用户字符输入完成
102          */
103         virShowPuts(__GcHmiBuf);
104         virBuzzerTweet(VIR_BUZZER_SHORT);
105     }
107     /*
108      * 校验密码
109      */
110     virMemRead(USER_PASSWORD_ADDR, __GcPassword, 7);
111     if (__GcPassword[0]==(char)0xff) {      //CAT1024 未保存密码
112         memcpy(__GcPassword, "123456#", 7); //默认密码为"123456"
113     }
114     if (memcmp(__GcPassword, __GcHmiBuf, j)==0) {  //比较密码
116         /*
117          * 开锁
118          */
119         virShowPuts(" OPEN");
120         virBuzzerTweet(VIR_BUZZER_LONG);
121         virLockUnlock(0);
122         return 0;
123     }
125     /*
126      * 密码错误
127      */
128     if (i<2) {
129         virShowPuts(" error");
```

```
130            virBuzzerTweet(VIR_BUZZER_TWO_SHORT);
131            tnOsTimeDly(TICKS_PER_SEC * 2);
132            virKeyGet(1);                                    //忽略延时时按下的按键
133        }
134    }
136    /*
137     * 连续输入错误
138     */
139    virShowClr();
140    virBuzzerTweet(VIR_BUZZER_TWO_SHORT);
141    tnOsTimeDly(0);                                          //放弃 CPU 时间,让蜂鸣器任务运行
142    virBuzzerTweet(VIR_BUZZER_TWO_SHORT);
143    tnOsTimeDly(TICKS_PER_SEC * 60);
144    virKeyGet(1);                                            //忽略延时时按下的按键
145    return -1;
146 }
148 /************************************************************************
150  * * Descriptions:            设置用户密码
154  ***********************************************************************/
155 static char __hmiPasswordSet (void)
156 {
157     unsigned char i;
158              char cTmp1;
159
161     virBuzzerTweet(VIR_BUZZER_LONG);
162     tnOsTimeDly(0);
163     virBuzzerTweet(VIR_BUZZER_SHORT);
165     /*
166      * 显示初始画面
167      */
168     strcpy(__GcHmiBuf, "------");
169     virShowPuts(__GcHmiBuf);
171     /*
172      * 输入密码
173      */
174     i=0;
175     while (1) {
176         cTmp1=virKeyGet(0);
178         if (cTmp1=='*') {                                    //"*"为删除键
179             if (i>0) {
180                 i--;
181             }
182             __GcHmiBuf[i]='-';
183         } else {
184             __GcHmiBuf[i]=cTmp1;                             //保存输入的字符
```

```
185                i++；
186            }
188            if (cTmp1=='#') {                              //密码输入完毕
190                if (i!=1) {
191                    break；
192                }
194                /*
195                 *  不允许输入空密码
196                 */
197                i--；
198                continue；
199            }
201            /*
202             *  第7个字符必须为"#"
203             */
204            if (i==7 && cTmp1!='#') {
205                i--；
206                __GcHmiBuf[6]=0；
207                continue；
208            }
210            /*
211             *  提示用户字符输入完成
212             */
213            virShowPuts(__GcHmiBuf)；
214            virBuzzerTweet(VIR_BUZZER_SHORT)；
215        }
217        virMemWrite(USER_PASSWORD_ADDR,__GcHmiBuf,7)；//保存密码
218        virBuzzerTweet(VIR_BUZZER_LONG)；
219        tnOsTimeDly(TICKS_PER_SEC * 2)；
220        virShowPuts(" OPEN")；
221        return 0；
222    }
224    /****************************************************************
226     ** Descriptions:        人机交互程序
230     ****************************************************************/
231    void hmiTask(void)
232    {
233        char cTmp1；
234
235        zyI2cInit()；
237        virBuzzerInit()；
238        virKeyInit()；
239        virLockInit(0)；
240        virMemInit()；
```

```
241        virShowInit();
242
243        virBuzzerTweet(VIR_BUZZER_LONG);
244
245        while (1) {
247            virShowClr();                                //待机状态不显示
249            /*
250             * 等待用户输入"#"
251             */
252            while (virKeyGet(0) != '#') {
253            }
254            virBuzzerTweet(VIR_BUZZER_SHORT);
256            /*
257             * 进入关锁状态
258             */
259            if (__hmiBoxOpen() != 0) {
260                continue;
261            }
263            /*
264             * 进入开锁态,等待输入"*"和"#"
265             */
266            do {
267                cTmp1 = virKeyGet(0);
269                if (cTmp1 == '*') {
270                    __hmiPasswordSet();                   //进入设置密码态
271                }
272            } while (cTmp1 != '#');
274            /*
275             * 返回到待机态
276             */
277            virBuzzerTweet(VIR_BUZZER_SHORT);
278            tnOsTimeDly(0);                              //放弃CPU时间,让蜂鸣器任务运行
279            virBuzzerTweet(VIR_BUZZER_SHORT);
280            virLockLock(0);
281        }
282    }
```

7.5.8 主程序

主程序是按照 TinyOS51 的要求编写的,详见程序清单 7.7

程序清单 7.7 主程序(main.c)

```
23    #include<8051.h>
24    #include ".\device\led_display\led_display.h"
25    #include ".\device\buzzer\buzzer.h"
26    #include ".\tiny_os_51\tiny_os_51.h"
```

```
27    #include ".\tiny_os_51\tiny_os_51_cfg.h"
29    /****************************************************************
30        外部函数声明
31    ****************************************************************/
32    extern void hmiTask(void);
34    /****************************************************************
35        外部变量声明
36    ****************************************************************/
37    extern idata unsigned char GucHmiTaskStk[];
39    /****************************************************************
41    **  Descriptions:            定时器0中断处理函数
45    ****************************************************************/
46    void timer0ISR (void) __interrupt 1
47    {
48        TL0   =(65536-((OSC/12)/TICKS_PER_SEC))%256;
49        TH0   =(65536-((OSC/12)/TICKS_PER_SEC))/256;
50        zyLedDisplayScan();
51
52        tnOsTimeTick();
53    }
55    /****************************************************************
57    **  Descriptions:            初始化定时器0
61    ****************************************************************/
62    static void __timer0Init (void)
63    {
64        TMOD = (TMOD & 0xf0)|0x01;
65        TL0   =(65536-((OSC/12)/TICKS_PER_SEC))%256;
66        TH0   =(65536-((OSC/12)/TICKS_PER_SEC))/256;
67        TR0   =1;
68        ET0   =1;
69        TF0   =0;
70    }
72    /****************************************************************
74    **  Descriptions:            系统主函数
78    ****************************************************************/
79    void main (void)
80    {
81        tnOsInit();
82        tnOsTaskCreate(hmiTask, GucHmiTaskStk);
83        __timer0Init();
84        tnOsStart();
85    }
```

7.6 测试、验收与小结

硬件与软件均完成后就可以组装测试了。经过项目组内部测试、外部测试和客户测试后，即可安装调试。待安装调试后，经过项目组内部测试、外部测试，就可以交给客户验收了。待客户验收后则可以结束项目了，项目圆满完成。

本章以一个虚拟的项目为示例，通过对电子密码锁保险箱研发过程的描述，详细地阐述了基于前后台与 TinyOS51 的研发过程与方法。

按本章介绍的方案研发的电子密码保险箱，在功能上初步达到了使用说明的要求，以至于很多人陷入误区，误以为通过编程实现了功能就具有开发产品的能力了。而事实上，实际的项目却远比本书介绍的要复杂得多，比如，系统的可靠性、低功耗管理、电机控制与机械结构等还有待于进一步解决。

参 考 文 献

[1] 周立功,等.新编计算机基础教程[M].北京:北京航空航天大学出版社,2011.
[2] 周航慈.嵌入式系统软件中的常用算法[M].北京:北京航空航天大学出版社,2010.
[3] 周航慈,等.基于嵌入式实时操作系统的程序设计技术(第2版)[M].北京:北京航空航天大学出版社,2011.
[4] Tammy Noergaard. Embedded System Architecture[M].北京:人民邮电出版社,2008.
[5] (美)Qing Li.嵌入式系统的实时概念[M].王安生,译.北京:北京航空航天大学出版社,2004.
[6] 曹先彬,陈香兰.操作系统原理与设计[M].北京:机械工业出版社,2009.
[7] 邹恒明.计算机的心智操作系统之哲学原理[M].北京:机械工业出版社,2009.
[8] 曾平,郑鹏,金晶.操作系统教程(第2版)[M].北京:清华大学出版社,2009.
[9] 邓胜烂.操作系统基础[M].北京:机械工业出版社,2009.
[10] 罗蕾.嵌入式实时操作系统及其应用开发[M].北京:北京航空航天大学出版社,2005.
[11] (美)Wayne Wolf.嵌入式计算系统设计原理[M].孙玉芳,等译.北京:机械工业出版社,2002.
[12] (美)Jack Canssle.嵌入式系统设计的艺术(第二版)[M].李中华,等译.北京:人民邮电出版社,2011.
[13] (加)I. Scott MacKenzie,el al. 8051微控制器[M].张瑞峰,等译.北京:人民邮电出版社,2008.
[14] 何立民.单片机高级教程——应用与设计(第2版)[M].北京:北京航空航天大学出版社,2007.

选择ZLG,服务更专业
ZLG串口屏—轻松操作 真彩交互

☑ 支持GUI常用控件操作
☑ 海量数据存储
☑ 支持自定义组合指令处理

ZLG 更多产品信息,请浏览: http://www.zlgmcu.com 搜索
ZLG 技术支持论坛,请访问: http://bbs.zlgmcu.com 访问

ZLG串口屏是针对TFT应用需求而开发的智能显示终端系列产品,集成TFT控制器,具有软硬件设计简单、高性能及高可靠性等特点,为8位、16位及32位MCU的GUI设计提供了良好的解决方案。用户系统只需要通过串口显示终端进行通信,给终端发送相关的操作指令,即可实现与Windows相媲美的人机界面。

核心驱动模组选型

型号	分辨率	TFT接口	颜色	存储容量	工作温度	工作电压
ZTM800T1/2/3	320X240/	RGB DE模式	65536	16MByte	-40~+85℃	5V
ZTM800NT1/2/3	480X272	RGB DE模式	65536	128MByte	-40~+85℃	3.3V
ZTM3000	800X600	RGB DE模式	65536	128MByte	-40~+85℃	3.3V
ZTM2000	1024X768	RGB DE模式	65536	128MByte	-40~+85℃	3.3V

液晶模组选型

型号	分辨率	尺寸(英寸)	颜色	存储容量	工作温度	工作电压	其他
ZTM320240T35-0W	320 × 240	3.5寸	65536	16MByte	-20 ~ +70℃	5V	
ZTM320240T35-0WT	320 × 240	3.5寸	65536	16MByte	-20 ~ +70℃	5V	TP
ZTM480272T43-0W	480 × 272	4.3寸	65536	16MByte	-20 ~ +70℃	5V	
ZTM480272T43-0WT	480 × 272	4.3寸	65536	16MByte	-20 ~ +70℃	5V	TP
ZTM320240S35-0W	320 × 240	3.5寸	65536	128MByte	-20 ~ +70℃	5V	
ZTM320240S35-0WT	320 × 240	3.5寸	65536	128MByte	-20 ~ +70℃	5V	TP
ZTM480272S43-0W	480 × 272	4.3寸	65536	128MByte	-20 ~ +70℃	5V	
ZTM480272S43-0WT	480 × 272	4.3寸	65536	128MByte	-20 ~ +70℃	5V	TP
ZTM640480S56-0W	640 × 480	5.6寸	65536	128MByte	-20 ~ +70℃	12~26V	
ZTM640480S56-0WT	640 × 480	5.6寸	65536	128MByte	-20 ~ +70℃	12~26V	TP
ZTM800480S70-0W	800 × 480	7寸	65536	128MByte	-20 ~ +70℃	12~26V	
ZTM800480S70-0WT	800 × 480	7寸	65536	128MByte	-20 ~ +70℃	12~26V	TP
ZTM800600S80-0W	800 × 600	8寸	65536	128MByte	-20 ~ +70℃	12~26V	
ZTM800600S80-0WT	800 × 600	8寸	65536	128MByte	-20 ~ +70℃	12~26V	TP
ZTM800600S102-0W	800 × 600	10.2寸	65536	128MByte	-20 ~ +70℃	12~26V	
ZTM800600S102-0WT	800 × 600	10.2寸	65536	128MByte	-20 ~ +70℃	12~26V	TP
ZTM800600S104-0W	800 × 600	10.4寸	65536	128MByte	-20 ~ +70℃	12~26V	
ZTM800600S104-0WT	800 × 600	10.4寸	65536	128MByte	-20 ~ +70℃	12~26V	TP
ZTM1024768S-0W	1024 × 768	VGA接口	65536	128MByte	-20 ~ +70℃	12~26V	VGA
ZTM1024768S-1W	1024 × 768	LVDS	65536	128MByte	-20 ~ +70℃	12~26V	LVDS

特点:

- 支持矩形、圆、椭圆区域填充;
- 支持快速频谱、折线绘制;
- 支持光标、鼠标显示;
- 支持GUI常用控件操作,如软键盘、汉字拼音输入法等;
- 支持日历功能;
- 支持指令批处理;
- 支持图标、图片、字库预存储功能;
- 支持图片自动播放功能;
- 支持四线电阻触摸屏;
- 支持音频播放(ZTM2000、ZTM3000)。

智能串口液晶模组实物

3.5寸　4.3寸　5.6寸　7寸　8寸　10.2寸　10.4寸　VGA接口

选择ZLG,服务更专业
嵌入式微打驱动与机芯品牌供应商

ZLG 更多产品信息,请浏览: http://www.zlgmcu.com 搜索
ZLG 技术支持论坛,请访问: http://bbs.zlgmcu.com 访问

热敏微打控制模块

热敏微打控制模块采用32位ARM微控制器作为主控芯片,性能卓越、应用灵活、二次开发周期短,是产品升级、添加打印功能首选。

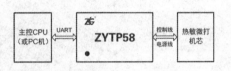

型号	串口[1]	字库[2]	特殊功能				基本参数					外形尺寸(mm³)
			90度制表	一维条码	二维条码	切刀	纸宽(mm)	打印宽度(mm)	打印速度(mm/s)	分辨率(dot/mm)	输入电源(V)	
ZYTP58-FT4B	TTL	24×24		√			58	48	70	8	3.5~8.5	31.8×20.3×6.5
ZYTP58-FT4C	TTL	24×24	√	√			58	48	70	8	3.5~8.5	31.8×20.3×6.5
ZYTP58-LT4B	TTL	24×24		√			58	48	70	8	3.5~8.5	31.8×20.3×6.5
ZYTP58-LT4C	TTL	24×24	√	√			58	48	70	8	3.5~8.5	31.8×20.3×6.5
ZYTP58-ST4B	TTL	24×24		√			58	48	70	8	3.5~8.5	31.8×20.3×6.5
ZYTP58-ST4C	TTL	24×24	√	√			58	48	70	8	3.5~8.5	31.8×20.3×6.5
ZYTP58-MT4B	TTL	24×24		√			58	48	70	8	3.5~8.5	31.8×20.3×6.5
ZYTP58-MT4C	TTL	24×24	√	√			58	48	70	8	3.5~8.5	31.8×20.3×6.5
ZYTP58-RT4B	TTL	24×24		√			58	48	70	8	3.5~8.5	31.8×20.3×6.5
ZYTP58-RT4C	TTL	24×24	√	√			58	48	70	8	3.5~8.5	31.8×20.3×6.5
ZYTP58-BT4BC	TTL	24×24		√		√	58	48	70	8	3.5~8.5	31.8×20.3×6.5
ZYTP58-BT4CC	TTL	24×24	√	√		√	58	48	70	8	3.5~8.5	31.8×20.3×6.5
ZYTP58-LT4BC	TTL	24×24		√		√	58	48	70	8	3.5~8.5	31.8×20.3×6.5
ZYTP58-LT4CC	TTL	24×24	√	√		√	58	48	70	8	3.5~8.5	31.8×20.3×6.5
ZYTP80-FT4B	TTL	24×24		√			80	72	70	8	3.5~8.5	31.8×20.3×6.5
ZYTP80-FT4C	TTL	24×24	√	√			80	72	70	8	3.5~8.5	31.8×20.3×6.5
ZYTP80-CT4EC	TTL	24×24	√	√		√	80	72	150	8	24	32×32×8

注:[1]其他通讯接口可定制 [2]其他字库可定制

特点

- 支持所有常见低压58mm热敏微打机芯
- 超低功耗,低功耗模式电流仅10μA(TTL)
- 模块设计,应用灵活
- 支持10种常见一维条码打印
- 宽打印电压(3.5~8.5V),自动调节打印速度
- 体积小(31.8×20.3×6.5mm³),打印速度快(70mm/s)
- 打印灰度可调,解决不同热敏纸颜色深浅不一问题
- 特色90度制表打印,制表灵活、多样,适用于多表项打印
- 支持字体倍宽、倍高、加粗、斜体、反白、加框、下划线打印
- 串口通信,支持RTS/CTS、Xon/Xoff、ESC/POS协议

ZYTP58模块支持所有低压58mm热敏微打机芯

富士通FTP-628MCL101 　富士通FTP-628MCL701 　爱普生M-T183

APS SS205 　APS ELM205 　精工LTPJ245

精工LTP1245 　三星SMP620 　三星SMP650

热敏微打机芯

热敏打印机打印速度快,噪音小,打印头很少出现机械损耗,并且不需要色带,免去更换色带的麻烦。广州周立功单片机发展有限公司推出的热敏微打机芯凭借以上特点已在POS终端、银行、移动警务、移动政务、医疗仪器、汽车计价器、手持设备等领域得到广泛应用,并呈现突增趋势。

型号	打印宽度	辨析率	点大小	纸宽	打印速度	寿命	加热电阻	加热电压	切纸	兼容
ZTP481S	48mm	8dots/mm	0.125mm	58mm	80mm/s	≥50 km	176	4.2~9.5V		LTP1245S
ZTP485A-H	48mm	8dots/mm	0.125mm	58mm	80mm/s	≥50 km	176	4.2~9.5V		ELM205-HS
ZTP486F-H101	48mm	8dots/mm	0.125mm	58mm	80mm/s	≥50 km	176	4.2~9.5V		FTP628MCL101
ZTP486F-08401	48mm	8dots/mm	0.125mm	58mm	80mm/s	≥50 km	176	4.2~9.5V	支持	FTP628MCL401
ZTP487F-H	48mm	8dots/mm	0.125mm	58mm	80mm/s	≥50 km	176	4.2~9.5V		FTP628MCL701
ZTP488A-H	48mm	8dots/mm	0.125mm	58mm	80mm/s	≥50 km	176	4.2~9.5V		SS205-HS
ZTP489S-HE	48mm	8dots/mm	0.125mm	58mm	80mm/s	≥50 km	176	4.2~9.5V		LTPJ245E
ZTP723F-H101	72mm	8dots/mm	0.125mm	80mm	80mm/s	≥50 km	176	4.2~9.5V		FTP638MCL101
ZTP723F-08401	72mm	8dots/mm	0.125mm	80mm	80mm/s	≥50 km	176	4.2~9.5V	支持	FTP638MCL401

工业ZigBee模块
无线物联 全面感知 可靠传送

ZM2410模块

ZICM2410模块

ZLG 更多产品信息,请浏览:
http://www.embedcontrol.com 搜索

ZM2410模块

- 频率: 2400～2483.5MHz;
- 数据速率: ≤1Mbps;
- 发射功率: 20dBm;
- 接收灵敏度: -103.5dBm;
- 链路预算: 最大123.5dBm;
- 5dbi天线实测1.5公里无障碍传播距离;
- 2.54间距排针封装,易于维护*;
- 高达7dBm的功率输出和-100dBm的接收灵敏度*;
- 内置RS-485方向切换管脚,可直接驱动RS-485芯片*。

注: *为CEL ZICM2410模块不支持功能。

ZigBee模块
在井下安全中的应用

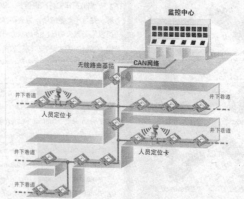

井下以CAN总线为有线主干网,贯穿于整个巷道,其上分布CAN转ZigBee节点,作为定位参考点,检测井下工人身上的定位卡,向监控中心汇报。